机器人机构学

◆ 刘 宇 徐文福 编著

電子工業出版社
Publishing House of Electronics Industry
北京 · BEIJING

内 容 简 介

本书首先对机器人机构学分析的重要工具——螺旋理论、线矢量、运动螺旋、力螺旋及螺旋相关性和相逆性进行了阐述，并以此为基础，深入地讲述了机器人机构拓扑结构分析的基本理论和方法，主要包括串联机器人机构、单回路机器人机构及并联机器人机构的拓扑结构特征与综合。接下来，对动平台输出为3T-0R 和 0T-3R 的两类并联机器人进行了重点介绍。最后，本书叙述了腿式移动机器人和轮式移动机器人的运动机构。

本书适合作为高等学校机器人工程相关专业的本科生教材，也可作为研究生和机器人工程技术人员的参考用书。

图书在版编目（CIP）数据

机器人机构学 / 刘宇，徐文福编著. — 北京：电子工业出版社，2022.3

ISBN 978-7-121-42992-7

Ⅰ. ①机… Ⅱ. ①刘… ②徐… Ⅲ. ①机器人机构 Ⅳ. ①TP24

中国版本图书馆 CIP 数据核字(2022)第 031553 号

责任编辑：刘 瑀　　特约编辑：王 楠

印　　刷：三河市鑫金马印装有限公司

装　　订：三河市鑫金马印装有限公司

出版发行：电子工业出版社

北京市海淀区万寿路 173 信箱　　邮编：100036

开　　本：787×1 092　1/16　印张：13.5　字数：324 千字

版　　次：2022 年 3 月第 1 版

印　　次：2023 年 1 月第 2 次印刷

定　　价：48.00 元

凡所购买电子工业出版社图书有缺损问题，请向购买书店调换。若书店售缺，请与本社发行部联系，联系及邮购电话：(010)88254888，88258888。

质量投诉请发邮件至 zlts@phei.com.cn，盗版侵权举报请发邮件至 dbqq@phei.com.cn。

本书咨询联系方式：liuy01@phei.com.cn。

前言

PREFACE

在国家以创新驱动谋求制造强国的大背景下，我国智能制造尤其是机器人技术得到了人们的高度关注并走上了产业发展的快车道。为了配合国家关于机器人的发展战略，培养该领域的合格人才，编写一套适应新形势的机器人机构方面的授课教材是时之所需。

机器人机构是机器人的骨架和执行器，决定了机器人的作业机理，是实现预期功能和性能的前提，在机器人设计方面占据优先主导地位。因此，尽管机构学本身相对传统，但在机器人工程专业教学方面依然为重中之重。机构学主要包含两部分内容，即机构的结构和运动。目前，关于机器人的教学和科研用书大部分以机构运动分析为主，主要讲述机器人的运动学、动力学、轨迹规划和控制等内容。可是，关于机器人机构拓扑结构综合的教材相对较少，而其恰恰是机构的核心，是机构原始创新和集成创新的源泉。因此，本书主要围绕机器人机构的结构进行分析，寻求机器人外在功能和机构结构之间的内在规律和联系。

作为机构分析的重要数学工具，螺旋理论可以解释和分析机构学理论方面的诸多挑战性难题。例如，Duffy 教授和黄真教授最早将螺旋理论应用在复杂并联机器人机构奇异性和自由度的分析方面，并取得了非常好的成果。鉴于此，本书将螺旋理论作为机器人机构拓扑结构分析的首要工具。与此相对应，本书第 2 章和第 3 章重点阐述螺旋理论基础、螺旋的相关性和相逆性，以便为后续学习机器人机构的结构综合打下基础。

接下来，进入本书的重点内容，即串联机器人机构拓扑结构特征与综合、单回路机器人机构拓扑结构特征与综合、并联机器人机构拓扑结构特征与综合，主要解决有固定基座机器人机构的拓扑结构设计与分析问题。在数理模型的基础上，考虑机构的运动学和动力学性能，本书建立了机构拓扑结构和功能之间的内在联系，形成一套行之有效的机构设计方法，从而降低了机构设计的经验性因素。作为机器人工程专业本科生专业核心课，仅仅学习机构拓扑结构的基本理论和分析方法还不够，许多同学学完相关理论之后仍会在实际运用过程中遇到种种障碍和困难，往往不能在功能给定的情况下经过拓扑分析，获得恰当的机器人机构。这一方面源于对理论掌握不够深入（盲目套用相关理论可能会得出错误的结论），另一方面也说明了实践环节的重要性。所以，第 4 章和第 5 章的末尾部分分别给出了机器人机构拓扑结构综合的具体示例，而第 7 章和第 8 章分别直接给出了并联机器人机构末端 3 个纯移动输出和 3 个纯转动输出的拓扑结构综合示例。同时，书中列举了大量的机器人机构结构形式以供分析。

为了保证教材的完整性，本书还介绍了非固定基座机器人——移动机器人的机构结构形式。事实上，移动机器人是当前机器人研究的热点，其研究范围更是涵盖了海陆空天。为了避免内容过于庞杂，本书主要叙述两类移动机器人，即腿式移动机器人和轮式移动机器人。腿式移动机器人部分重点阐述腿的步态及机构形式（包括常见的单腿机器人、双腿机器人、四腿机器人和六腿机器人）。轮式移动机器人部分重点阐述轮子的类型及常见的底盘结构。两类移动机器人都涉及静态稳定性和动态稳定性问题。

编者认为，本书作为一本致力于开展机器人创新设计及应用的本科生专业基础教材，必须突出理论和实际应用的平衡。通过对本书系统的学习，读者不仅可以掌握机器人机构拓扑结构分析的相关理论，而且能够以功能为导向，运用相关方法，开发特定功能和性能的新机构。这就意味着读者将会在机器人机构的原始创新和集成创新方面取得进步，进而为建设创新型社会做出贡献。

本书主要基于黄真老师等著的《高等空间机构学》，杨廷力老师著的《机器人机构拓扑结构学》及R·西格沃特等著的《自主移动机器人导论》，加之本人多年的教学心得编纂而成。在此谨向各位学者表示衷心的感谢。

本书既可作为本科生专业核心课教材，也可作为研究生和机器人工程技术人员的参考用书。本书的配套教学资源可在华信教育资源网(www.hxedu.com.cn)下载。如果本书能对读者有启发作用，编者将感到非常荣幸。同时，也希望各位读者能够对本书存在的问题批评指正。

编　者

于2022年1月

目录

CONTENTS

第 1 章 绪论

随着近年来机器人技术的高速发展，机器人正迅速走进我们的生活。无论是工厂、物流，还是家庭、医院、餐馆，都有相对应的机器人为我们服务。从广域上讲，机器人已经覆盖了海陆空天。未来，机器人必将发挥更加重要的作用。但无论机器人如何发展，它都离不开基本的骨架——机械系统，而机构是机械系统的核心。

1.1 现代机械系统

1.1.1 组成

传统的机械系统相对简单，只包含三部分，即原动机(电机、液压泵、气泵等)、传动机和工作机，如图 1-1(a)所示。普通车床、磨米机、搅拌机和电葫芦等均为传统机械系统。它们一般只能完成确定的工作，任务需求的任何改变对其而言都是极其困难的。

进入 20 世纪 80 年代，微电子技术得到快速发展，计算机功能越来越强，开始向传统机械系统渗透、融合，机电一体化技术逐步成熟，形成了具有革命性变化的现代机械系统，也称为机器人。数控机床就是机器人的一种，因为有了人机接口程序，它的工作轨迹、进给速度等参数随时可以按需调整。以机电一体化技术为核心的现代机械系统的组成如图 1-1(b)所示，主要包括机构子系统、驱动子系统、控制子系统、传感子系统以及信息处理子系统。这里的机构子系统主要对应于传统机械系统的传动机和工作机，但是驱动子系统并不限于原动机，如对于电机，还包括功率放大器件等。机构子系统、驱动子系统、控制子系统和传感子系统共同构成了现代机械系统的闭环反馈回路，而信息处理子系统是其调度中心。

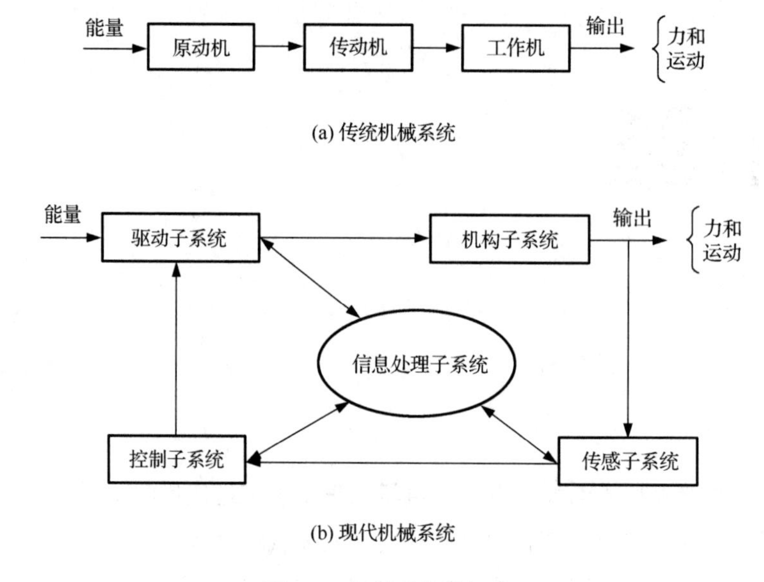

图 1-1　机械系统的组成

1.1.2　机器人设计的一般过程

机器人设计是一个从预定目标出发，不断进行综合(提出多种方案)、分析(方案优劣评判)和决策(方案优选)的过程。由于机器人融入了微电子技术，实现了机电一体化，因此，在传统机械设计的基础上还要考虑驱动和控制方面的设计。机器人设计的一般过程如图 1-2 所示。

与上述设计过程相对应，机器人的创新设计主要包含 6 方面，即基本原理、拓扑结构、驱动、运动尺度、动力学与控制器的创新设计。然而，这 6 种设计的创新程度并不相同，基本原理创新程度最高，拓扑结构创新程度其次。基本原理与拓扑结构的创新可纳入知识产权的范畴。

1.2　机器人机构学

机构学是研究机构的结构和运动等问题的学科，是机械原理的核心部分。关于机器人的运动问题，目前已经有较多书介绍，本书主要讲述机器人机构的拓扑结构问题，即如何根据用户给定的功能要求，进行机构结构综合，最终设计出符合用户要求的机器人机构。回顾机构学的发展历程，在 19 世纪，德国学派总结了当时发现的若干机构(如平面 4 杆机构，Stephenson 与 Wall 的 6 杆机构等)，提出了平面机构的 Gruebler 活动度公式，特别是建立了 Burmester 运动综合理论。20 世纪初，俄国学派提出了基于 Assur 组的结构组成原理，

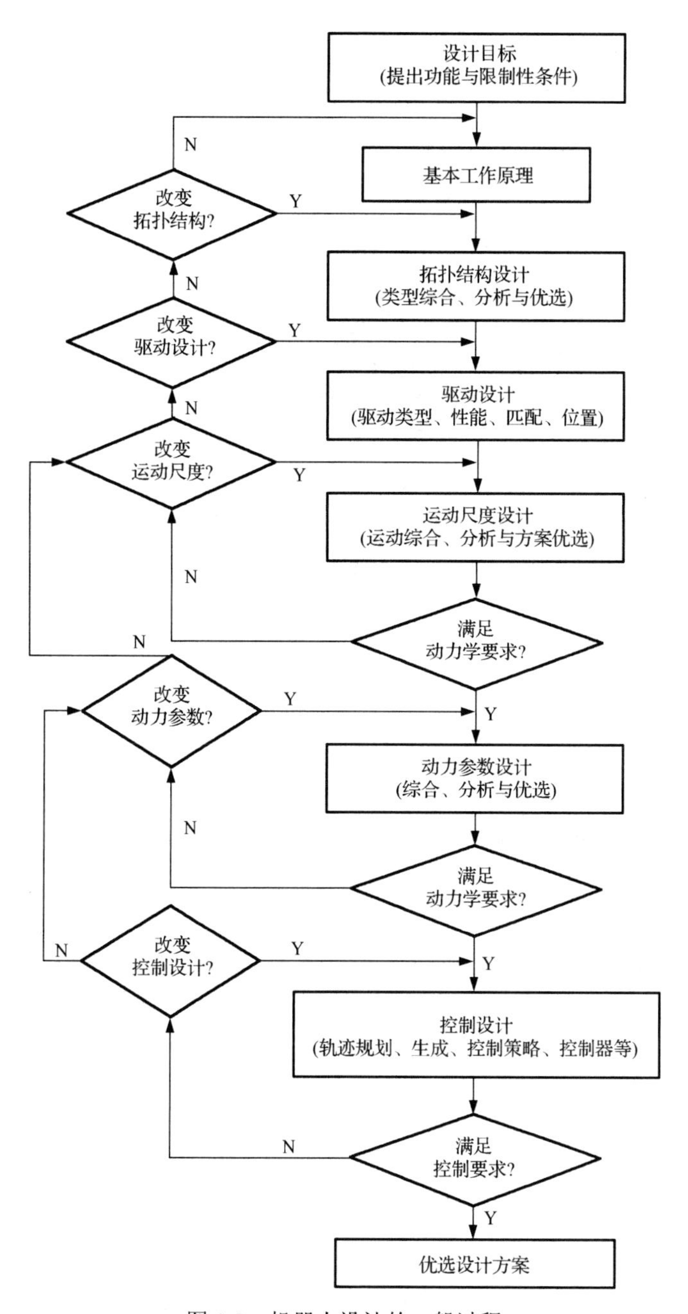

图 1-2　机器人设计的一般过程

并给出相应的运动分析方法(如 Assur 点法)。自 20 世纪 60 年代开始，以美国学者为代表的机构学专家将机构学与计算机技术相结合，并将图论的回路、割集等概念引入机构拓扑结构研究。接下来，机器人技术得到了快速发展，借此推动了现代机构学的发展，机器人机构拓扑结构设计理论与方法的研究成为国际机构学界关注的热点。随着相关理论与方法的不断完善，现代机构学将发展成为系统、严谨且实用的一门学科。

1.2.1 拓扑结构研究现状

按照机构的结构形式，机器人主要分为三类，即串联机器人、并联机器人和移动机器人，如图 1-3 所示。一般地，串联机器人机构的拓扑结构综合比较简单，研究也比较充分，优选的拓扑结构类型已得到广泛应用。

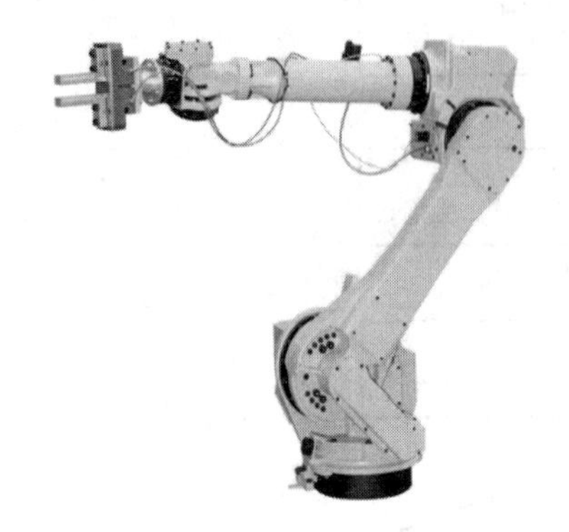

(a) 串联机器人（工业）

(b) 并联机器人（Delta）

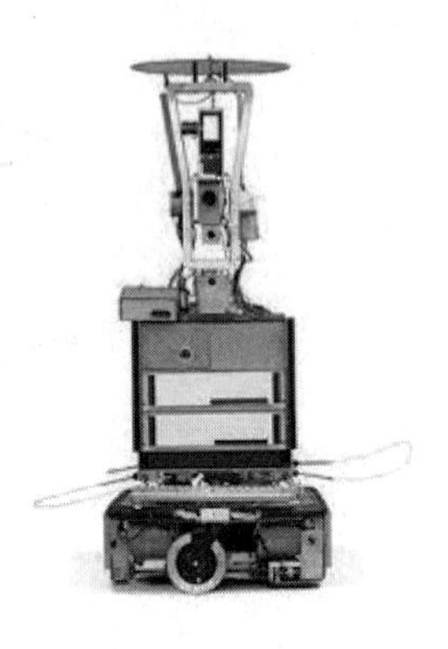

(c) 移动机器人（Shakey）

图 1-3　典型三类机器人

与传统串联机器人机构相比，并联机器人机构具有如下特点：①结构紧凑，刚度高，承载能力强；②累积误差小，精度高；③驱动装置可位于静平台或接近静平台位置，因此重量轻，速度快，动态响应好；④工作空间较小。并联机器人机构在工业包装领域的分拣、搬运，飞行或航海领域的运动模拟以及空间飞行器对接等场合都得到了应用。自 20 世纪 90 年代以来，并联机器人机构也开始用于数控机床，被认为是“彻底改变了 100 多年来机床的结构配置和运动学原理，并将成为 21 世纪新一代机床的范例”。然而，相比于串联机器人机构大量应用于工业生产流水线，并联机器人机构应用规模较小，这主要是由于并联机器人机构的工作空间受限。在研究层面，并联机器人机构比串联机器人机构要复杂得多，许多问题尚未得到很好的解决。另外，并联机器人机构拓扑结构综合有时难以与尺度综合分开，而少自由度并联机器人机构的拓扑结构综合更加困难。

与串联机器人和并联机器人相比，移动机器人最大的特点是无固定基座，在约束范围内，其工作空间是自由的，理论上可以无限大。20 世纪 60 年代，斯坦福大学推出了第一台真正意义上的移动机器人 Shakey。进入 20 世纪 90 年代，移动机器人得到了迅猛的发展。移动机器人运动过程是移动物体与环境的物理交互过程，需要关注交互过程的作用力及其生成机制。移动机器人主要包括腿式、轮式、履带式以及飞行机器人等，其与环境作用的实体分别是腿式机构、轮式机构、履带式机构以及飞行机构等。移动机器人具有高度灵活性和机动性的特点，这使其应用领域和范围不断扩大，并一直作为机器人研究的热点。但由于移动机器人形式多样，种类丰富，难以进行系统的理论分析，故本书只做简要介绍。

1.2.2　主要特点

在现代机械系统的 5 个子系统中，机构子系统指骨架与执行器，是机器人设计优劣的关键。

现代机构比传统机构更加复杂，其主要特点如下：

1) 现代机构的活动度较多，一般大于或等于 2，而传统机构活动度较少，一般只有 1 个活动度，这意味着现代机构更加灵活，运动性能更加突出。

2) 一般情况下，现代机构的每个活动度对应于一个可控的驱动器，这使现代机构能够实现高精度连续运动输出，而传统机构活动度对应的驱动器一般不施加控制或者采用手动，导致机构输出精度较差。

3) 现代机构通过自重构可使拓扑结构发生变化，进而导致尺寸参数和惯性参数发生变化，丰富了机构特性，而传统机构较单一。

4) 现代机构运动输出的数量和种类较传统机构多，现代机构的构型更加复杂。

1.2.3　研究的基本问题

机器人的发展推动着机构创新设计，进而推动着现代机构学的发展。现代机构学的首要任务是深入揭示机构结构和功能之间的内在联系与规律，探求以功能为导向、具有高选择性的新机构。简而言之，就是找到一套行之有效的理论方法，以减少筛选的盲目性，发现更多的新机构，让机构的创新设计更加高效。现代机构学有如下若干基本理论问题需要深入研究。

1．机器人本身的内在规律

1) 揭示机器人功能和性能与各子系统(机构、驱动、控制、传感、信息处理)功能和性能之间的内在联系，在实现系统整体功能和性能的前提下，确定各个子系统的设计目标及应具有的特性。

2) 揭示子系统之间相互联系与制约的内在规律，确定子系统之间的相应特性。

例如，设计一个并联机器人，要求动平台实现两平移、两转动输出，且非期望运动输出为常量。按此要求有如下不同设计方案。

方案 1：用 6 自由度并联机器人机构实现两平移、两转动输出，且非期望运动输出为常量。这需要根据运动学函数关系对机构子系统的各个主动输入进行控制。另外，并联机器人机构主动副位置的选择对机构和控制也会产生影响。因此，机构子系统、驱动子系统和控制子系统之间均存在内在的联系。

方案 2：用 4 自由度并联机器人机构实现两平移、两转动输出，且非期望运动输出为常量。由于运动输出由驱动控制来实现，故机构子系统、驱动子系统和控制子系统之间同样存在内在的联系。

方案 3：用 4 自由度并联机器人机构实现两平移、两转动输出，且非期望运动输出为常量，但考虑到便于运动规划，令该机构输入-输出控制解耦，故此种情况下控制子系统对机构子系统提出了更高的要求。

2．机构子系统的内在规律

揭示机构子系统拓扑结构与运动学、动力学特性以及其他子系统之间的内在联系。在结构组成的不同层次上[分别以连杆与运动副、有序单开链(含混合单开链)、回路和基本运动链为组成单元]，阐释机构的基本原理及特性，为机构创新设计打下坚实的理论基础。

1)并联机器人机构的运动输出特征与所有支路运动输出特征之间的逻辑运算关系，为并联机器人机构的拓扑结构创新设计提供重要的理论依据。

2)多回路机构(大于或等于两个回路的并联机器人机构)的耦合度计算，为机构的运动学和动力学分析提供理论依据。

3)机构活动度类型及其存在条件，为运动输入和输出之间的控制解耦机构设计提供理论依据。

4)机构主动副存在条件，为驱动器位置选择提供理论参考。

3．机构拓扑结构创新设计

一般地，机构拓扑结构创新设计分为两类：机构集成创新与机构原始创新。机构集成创新是通过对已知基本机构(元机构)及其功能进行重组，以实现较复杂机构系统的功能和原理创新。元机构及其子功能是集成创新知识库的基础。机构原始创新是发现具有特定功能的新的基本机构，其可以直接开发为新产品，又可作为机构集成创新的元机构。机构原始创新扩大了知识库的元机构集。

本书将在深入、系统地揭示机构拓扑结构组成规律的基础上，提出适用于现代机构创新设计的有效方法，扩大满足功能要求的拓扑结构类型集，杜绝筛选的盲目性，优选机构结构类型，从而获得满意的设计方案。

4．计算机辅助机构设计

随着计算机技术的快速发展，我们可以利用计算机对不同的机构结构设计进行大量的分析和比较，从而获得能够满足预定要求的最佳机构方案。具体设计思路是依据本书的机构拓扑结构相关理论，综合考虑各种因素(如结构对称性、控制解耦性、主动副配置、运动学和动力学计算以及非期望运动输出为常量等)，结合计算机辅助设计软件，深入分析机构结构和功能的内在联系，以创造并验证相应的机构方案。目前，最常用的机构动态仿真软件主要包含 ADAMS 和 RecurDyn 等。

1.2.4　适用的理论方法

最初，机构发明创造主要依赖设计者的经验、智慧以及联想或类推性思维方法；此后，又进一步发展为定性与定量分析相结合、专家经验判定与计算机辅助决策相结合的方法。目前，能够系统地解释已发现的机构，并综合出新机构的拓扑结构设计方法主要有如下三种。

1. 基于螺旋理论的拓扑结构设计方法

该方法的主要特点：①得到非瞬时机构和瞬时自由度，需要进行非瞬时性判定，有时这一判定较为困难；②用螺旋理论对机构拓扑结构分析属于线性运算范畴，形式上较简单；③所得机构存在的几何条件有时可能失去一般性；④适用于尺度型机构的拓扑结构设计。

2. 基于位移子群的拓扑结构设计方法

该方法的主要特点：①得到非瞬时机构和非瞬时自由度；②所得机构存在的几何条件具有一般性；③所用数学方法(如李群、子流形等)较为复杂；④适用于具有位移子群结构的机构，尚未给出位移子流形机构拓扑结构设计的一般方法。

3. 基于方位特征集的拓扑结构设计方法

该方法的主要特点：①得到非瞬时机构和非瞬时自由度；②所得机构存在的几何条件具有一般性；③运算较为简单，易于操作且物理意义明确；④适用于尺度型机构的拓扑结构设计。

由于螺旋理论对机构的拓扑结构分析相对简单，故本书基于传统的螺旋理论对串联、单回路和并联机器人的拓扑结构特征进行分析和综合，对于移动机器人本书仅给出典型的机构结构形式。

1.3　本书主要内容、特点与建议

1.3.1　主要内容

本书从螺旋理论出发，在深入、系统地学习线矢量、运动和力的螺旋表示以及螺旋相关性和相逆性的基础上，着重介绍了串联机器人机构拓扑结构特征与综合，单回路机构拓扑结构特征与综合、并联机器人机构拓扑结构特征与综合，并具体给出了 3T-0R 和 0T-3R 两种典型并联机器人机构输出的拓扑结构综合方法。最后，本书简要介绍了移动机器人运动机构的结构形式，其中重点包含两类典型的移动机器人，即腿式移动机器人和轮式移动机器人。

本书的关键在于掌握机器人机构的拓扑结构综合方法，这是发现新机构、开发先进机器人的有效手段。为此，必须深入、系统地学习机构学基本理论，以揭示机器人机构结构和功能之间的内在联系与规律。本书主要学习以下内容：

1）机构与其结构分解单元的类型。

2）机构与其结构分解单元的基本功能、拓扑结构和数学表示。

3）根据机构与其结构分解单元的拓扑结构关系，建立机构功能与单元功能之间的数学逻辑关系。

4）基于上述理论提出有效的机构拓扑结构综合方法。

1.3.2 特点与建议

本书主要从机器人机构的结构学角度来讨论机器人本体的设计问题，其主要特点如下。

1）从机器人系统的整体功能出发，进行机构的拓扑结构设计。不仅考虑机构的运动学、动力学要求（如非期望运动输出为常量、运动确定性、运动输出特征、运动学与动力学问题的复杂性等），也要考虑驱动子系统和控制子系统的要求（如控制解耦性和驱动器位置选择等）。

2）所提出的拓扑结构综合方法基于系统的理论推导，大大减少了拓扑结构设计的经验性因素。为此，本书引入了“一种结构单元、两个基本概念、三组基本方程”以及相关性对应原理，以建立相应的理论框架。

所谓“一种结构单元”，就是机构的单开链（含混合单开链）单元及其有序性。

“两个基本概念”是指：

① 机构尺度型，即连杆对运动副轴线方位的约束类型（如重合、平行、共点、共面、垂直及其组合），是机构拓扑结构的关键要素。

② 机构运动输出特征矩阵，用来表示机构运动输出的特性（如独立运动输出数量，非独立输出是否为常量以及运动类型等）。

对于尺度型机构，“三组基本方程”包含如下内容。

① 活动度方程。

对于串联机器人机构：

$$F = \sum_{i=1}^{m} f_i$$

对于并联机器人机构：

$$F = \sum_{i=1}^{m} f_i - \min\left\{\sum_{j=1}^{v} \xi_{\mathrm{L}j}\right\} + \varOmega$$

注意：本书所提到的活动度特指机器人机构末端输出连杆的自由度，以便与关节自由度或其他连杆自由度有所区分。

② 运动输出特征方程。

对于串联机器人机构：

$$\boldsymbol{M}_{\mathrm{S}} = \sum_{i=1}^{n} \boldsymbol{M}_i$$

对于并联机器人机构：

$$\boldsymbol{M}_{\mathrm{Pa}} = \bigcap_{i=1}^{N} \boldsymbol{M}_{\mathrm{S}_i}$$

③ 耦合度方程。

运动链约束度：

$$\varDelta_j = m_j - I_j - \xi_{\mathrm{L}j}\text{，并有} \sum_{j=1}^{v} \varDelta_j = 0$$

机构耦合度：

$$k = \frac{1}{2} \min\left\{\sum_{j=1}^{v} \left|\varDelta_j\right|\right\}$$

上述方程中各个变量的含义参见后续的章节。

所谓相关性对应原理是指尺度型机构的位移输出特征矩阵与速度输出特征矩阵各个元素具有对应相关性。

基于上述一种结构单元、两个基本概念、三组基本方程和相关性对应原理可以衍生出其他概念、原理与方法，如串联机器人机构与一般过约束回路的秩，并联机器人机构的秩，虚约束分类及判定方法，消极运动副判定准则，主动副判定准则，基本运动链判定准则，活动度类型判定准则，串、并联机器人机构拓扑结构综合方法等。

3) 对典型两种移动机器人（腿式移动机器人和轮式移动机器人）机构的结构进行了阐述，分别给出了腿式移动机器人的机构结构类型和轮式移动机器人的底盘结构类型，并对稳定性、机动性和可控性进行了分析。

上述内容构成了机器人机构学拓扑结构设计的理论体系，但还有很多课题值得深入、系统地研究。主要建议如下：

1)在计算机技术快速发展的背景下，要充分重视计算机辅助机构拓扑结构设计。

2)在机构拓扑结构学与运动学和动力学之间建立系统、统一的理论与方法，并对已发现的新机构进行运动学、动力学特性分析，以利于优选机构。

3)对已知的众多机构用统一的理论与方法进行描述，使机构手册从博物学模式向严密的数理模式发展。

4)探索建立机器人(包括机构、驱动与控制等子系统)设计的统一理论与有效方法。

5)探索建立非尺度型机构的拓扑结构设计理论与方法。

6)加强移动机器人的拓扑结构设计与分析。移动机器人机构通常包含串联机器人机构和并联机器人机构，但移动机器人本身与环境存在物理交互，且移动机器人种类繁多，故其拓扑结构设计更具挑战性。

7)将本书所述的理论与方法推广到其他类型机构(如组合机构、行星机构等)，对发现的新机构进行推广应用。

8)探索机构拓扑结构某些规律与其他学科的内在联系。比如，机构拓扑结构与分子生物学结构是否存在着某方面共性，以此加深对客观世界的认识。

习　题

1-1　如何区分现代机械系统和传统机械系统？举例说明。

1-2　机器人机构拓扑结构学研究的首要问题是什么？如何实现机构的创新设计？

1-3　说明串联机器人、并联机器人以及移动机器人的区别与联系。

第 2 章 螺旋理论基础

应用螺旋理论做空间机构的一些分析(如机构自由度、运动学和动力学等)是比较方便的，它是诸多常用数学方法中较好的一种。螺旋也称旋量，一个旋量可以用一组对偶矢量(含6个标量)来表示，它可以同时表示矢量的方向和位置、运动学中的角速度和线速度以及刚体力学中的力和力矩。旋量具有几何概念清楚、物理意义明确、表达形式简单以及代数运算方便等优点，易于与其他方法(如矢量法、矩阵法和运动影响系数法)进行相互转化。目前机构学的许多前沿性研究问题经常用到螺旋理论，因此螺旋理论得到广泛的应用。

螺旋理论形成于19世纪。首先，Poinsot在19世纪初通过对刚体力系的简化，得到具有旋量概念的力矢和与其共线的力偶矢(这是一组对偶矢量)，因而有了旋量概念的雏形。接下来，Plücker用旋量确定了空间直线方向和位置的6个坐标，称为Plücker线坐标。最终，Ball于1900年写出了经典著作《螺旋理论》，其用螺旋讨论了复合约束下刚体的运动学和动力学问题，标志着螺旋理论正式形成。

在20世纪的前半叶，螺旋理论几乎无人问津。直到1950年，Dimentberg在分析空间机构时首次应用了螺旋理论，引起了人们的关注。接下来，Phillips用螺旋理论分析了三个物体的相互运动。1978年，Hunt著写了《运动几何学》，标志着螺旋理论进入了现代发展阶段。Waldron、Sugimoto和Duffy等在螺旋理论及其应用上也都做出了自己的贡献。Duffy在1984年首先将螺旋理论应用到并联机器人上；其后，黄真于1985年用螺旋理论分析了并联机器人的瞬时螺旋运动。

本章先从空间点、线、面的矢量表示开始，建立它们的齐次坐标，并讨论它们之间的相互关系。在此基础上引出两个重要概念，即线矢量和旋量，讨论它们的性质和代数运算。

2.1 点、线、面的齐次表示

2.1.1 点的齐次坐标

在坐标系 $Oxyz$ 中，点 A 的位置由矢径 $\boldsymbol{r}=\overrightarrow{OA}=x\boldsymbol{i}+y\boldsymbol{j}+z\boldsymbol{k}$ 决定，如图 2-1 所示。若有 4 个数 x_0、y_0、z_0 和 d，使 $x_0/d=x$、$y_0/d=y$ 及 $z_0/d=z$，则点 A 的矢径可以表示为

$$\boldsymbol{r}=(x_0\boldsymbol{i}+y_0\boldsymbol{j}+z_0\boldsymbol{k})/d \tag{2-1}$$

点的齐次坐标的这 4 个数 x_0、y_0、z_0 和 d，也常常表示为 x_1、x_2、x_3 和 x_4，当某齐次坐标矢量 $\boldsymbol{a}(x_1,x_2,x_3,x_4)=\boldsymbol{0}$ 时，无点存在，即齐次坐标矢量 $\boldsymbol{0}$ 不表示任何点。如果令

$$(x_0\boldsymbol{i}+y_0\boldsymbol{j}+z_0\boldsymbol{k})=\boldsymbol{d}_0 \tag{2-2}$$

那么显然，$\boldsymbol{d}_0$ 是沿 $\overrightarrow{OA}$ 方向的矢量，代入式(2-1)得

$$\boldsymbol{r}=\boldsymbol{d}_0/d \tag{2-3}$$

上式中，$\boldsymbol{d}_0$ 及 d 构成点 A 的齐次坐标，记为($\boldsymbol{d}_0$; d)，与它在笛卡儿坐标系下的坐标 $\boldsymbol{d}_0/d$ 相比，多了一个分量 d，实质上是用 N+1 维坐标表示 N 维坐标。齐次坐标乘以一个不为 0 的系数λ，仍然表示同一点，即λ($\boldsymbol{d}_0$; d)和($\boldsymbol{d}_0$; d)是一致的。由式(2-3)，点 A 至原点的距离为

$$|\boldsymbol{r}|=|\boldsymbol{d}_0|/|d| \tag{2-4}$$

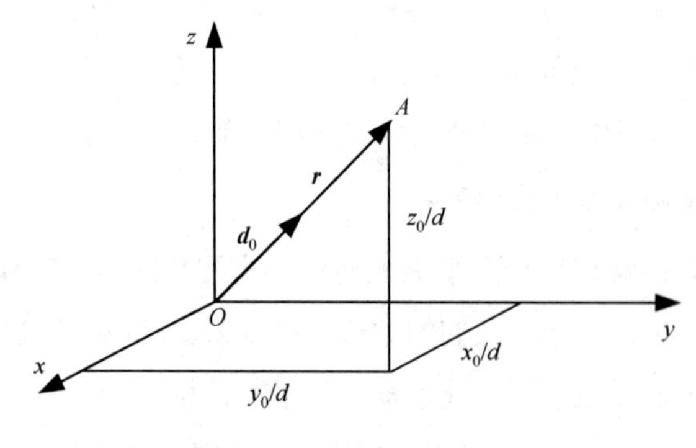

图 2-1　点的齐次坐标

2.1.2 直线的矢量方程

假设空间有两个点 $A(x_1,y_1,z_1)$ 和 $B(x_2,y_2,z_2)$，如图 2-2 所示。若按一定的顺序连接这两个点，就确定了一条空间直线的位置和方向，这条有向线段 $\overrightarrow{AB}$ 可用矢量 $\boldsymbol{S}$ 表示。在直角坐标系中，$\boldsymbol{S}$ 与其 3 个分量的关系为

$$\boldsymbol{S}=(x_2-x_1)\boldsymbol{i}+(y_2-y_1)\boldsymbol{j}+(z_2-z_1)\boldsymbol{k} \tag{2-5}$$

如果令

$$x_2-x_1=L$$
$$y_2-y_1=M$$
$$z_2-z_1=N$$

代入式(2-5)，则此有向线段为

$$\boldsymbol{S}=L\boldsymbol{i}+M\boldsymbol{j}+N\boldsymbol{k} \tag{2-6}$$

式中，L、M、N 为有向线段 $\boldsymbol{S}$ 的方向数。

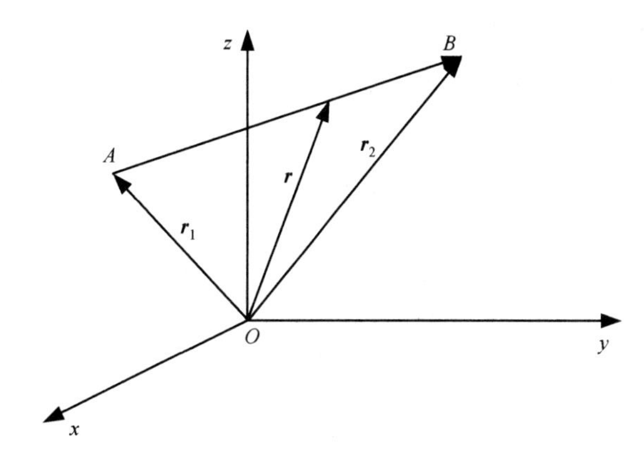

图 2-2　直线的矢量方程

两点之间的距离或线段的长度为

$$|\boldsymbol{S}|=\sqrt{L^2+M^2+N^2} \tag{2-7}$$

令

$$\begin{aligned} l&=L/|\boldsymbol{S}| \\ m&=M/|\boldsymbol{S}| \\ n&=N/|\boldsymbol{S}| \end{aligned} \tag{2-8}$$

式中，l、m、n 为有向线段 $\boldsymbol{S}$ 的方向余弦，且有 $l^2+m^2+n^2=1$ 。

若给定直线方向，直线在空间的位置可通过直线上某点的矢量 $\boldsymbol{r}_1$ 给定。根据图 2-2，由 A、B 两点所确定的直线矢量方程可以写为

$$(\boldsymbol{r}-\boldsymbol{r}_1)\times\boldsymbol{S}=\boldsymbol{0}$$

进一步可写作

$$\boldsymbol{r}\times\boldsymbol{S}=\boldsymbol{S}_0 \tag{2-9}$$

式中，$\boldsymbol{S}_0$ 为直线的位置矢量 $\boldsymbol{r}_1$ 与矢量 $\boldsymbol{S}$ 的叉积，即

$$\boldsymbol{S}_0 = \boldsymbol{r}_1 \times \boldsymbol{S} \tag{2-10}$$

式中，$\boldsymbol{S}_0$称为矢量$\boldsymbol{S}$对原点的线矩(moment of line)。线矩也是矢量，其大小及方向由矢量$\boldsymbol{S}$和直线上任意一点的矢径$\boldsymbol{r}_1$确定。显然，矢量$\boldsymbol{S}$与其对原点的线矩是正交的，即$\boldsymbol{S}\cdot\boldsymbol{S}_0=0$。若$\boldsymbol{S}$是单位矢量，即$\boldsymbol{S}\cdot\boldsymbol{S}=1$，则线矩$\boldsymbol{S}_0$的模表示直线到原点的距离。$\boldsymbol{S}$是方向矢量，没有单位，$\boldsymbol{S}_0$却具有长度单位。当矢量$\boldsymbol{S}$过原点时，其线矩为零矢量，$\boldsymbol{S}_0=\boldsymbol{0}$。

当$\boldsymbol{S}$及$\boldsymbol{S}_0$给定后，直线在空间的方向及位置均被确定。由此，决定直线的矢量方程主要包含两个参数$\boldsymbol{S}$及$\boldsymbol{S}_0$，将这两个三维矢量组合成六维矢量$(\boldsymbol{S};\boldsymbol{S}_0)$，该矢量就表示了直线在空间的位置及方向。$(\boldsymbol{S};\boldsymbol{S}_0)$称为直线的Plücker坐标，或Plücker线坐标。空间直线与其Plücker坐标$(\boldsymbol{S};\boldsymbol{S}_0)$是相对应的，如果以不为零的标量$\lambda$构成Plücker坐标$\lambda(\boldsymbol{S};\boldsymbol{S}_0)$，将其代入式(2-9)，仍满足该方程，所以表示的仍是同一条直线，即$\lambda(\boldsymbol{S};\boldsymbol{S}_0)$和$(\boldsymbol{S};\boldsymbol{S}_0)$是一致的，但是二者的有向线段长度有所不同。两个矢量$\boldsymbol{S}$和$\boldsymbol{S}_0$如此结合也称对偶矢量，$\boldsymbol{S}$为对偶矢量的原部(real unit)，也称为原级矢量；$\boldsymbol{S}_0$为对偶矢量的对偶部(dual unit)，也称为次级矢量。式(2-9)中的叉积$\boldsymbol{S}_0=\boldsymbol{r}_1\times\boldsymbol{S}$写为行列式形式，为

$$\boldsymbol{S}_0 = \begin{vmatrix} \boldsymbol{i} & \boldsymbol{j} & \boldsymbol{k} \\ x_1 & y_1 & z_1 \\ L & M & N \end{vmatrix}$$

将行列式展开有

$$\boldsymbol{S}_0 = P\boldsymbol{i} + Q\boldsymbol{j} + R\boldsymbol{k} \tag{2-11}$$

式中，P、Q、R分别为

$$\begin{aligned} P &= y_1 N - z_1 M \\ Q &= z_1 L - x_1 N \\ R &= x_1 M - y_1 L \end{aligned} \tag{2-12}$$

同样，将式(2-9)左边的叉积也展开，并将式(2-12)代入，可得到空间直线方程的代数式为

$$\begin{aligned} yN - zM - P &= 0 \\ zL - xN - Q &= 0 \\ xM - yL - R &= 0 \end{aligned} \tag{2-13}$$

因为矢量$\boldsymbol{S}$与其线矩正交，即$\boldsymbol{S}\cdot\boldsymbol{S}_0=0$，故由式(2-6)及式(2-11)可得

$$LP + MQ + NR = 0 \tag{2-14}$$

由于直线的Plücker坐标$(\boldsymbol{S};\boldsymbol{S}_0)$中的两个矢量$\boldsymbol{S}$和$\boldsymbol{S}_0$都可以用直角坐标系的3个分量表示，故Plücker坐标也可用分量表示为$(L, M, N; P, Q, R)$，其中，L、M、N是$\boldsymbol{S}$的方向数，P、Q、R是$\boldsymbol{S}$对原点的线矩在3个坐标轴上的分量。因为这6个分量L、M、N、P、Q、R之间存在关系式(2-14)，所以6个分量中只有5个是独立的。这样，在三维空间中就有∞^5条不同方向、位置和长度的有向线段。

综上所述，直线可以用式(2-9)所示的矢量方程表示，也可以用 Plücker 坐标($\boldsymbol{S}$; $\boldsymbol{S}_0$)或(L, M, N; P, Q, R)表示。此外，表示直线的对偶矢量还可以写成($\boldsymbol{S}+\in\boldsymbol{S}_0$)，其中$\in$被称为对偶标识符。($\boldsymbol{S}$; $\boldsymbol{S}_0$)对应空间中唯一的一条直线，而空间中的一条直线也唯一地对应一组对偶矢量$\lambda(\boldsymbol{S}; \boldsymbol{S}_0)$。例如，($l, m, n$; 0, 0, 0)为过原点的直线，方向余弦为($l, m, n$)；($l$, 0, 0; 0, a, b)为一条不过原点、平行于 x 轴的空间直线；($l, m, n; p, q, r$)，若 $lp+mq+nr=0$，则它是一条不过原点、方向余弦为(l, m, n)的一般直线。

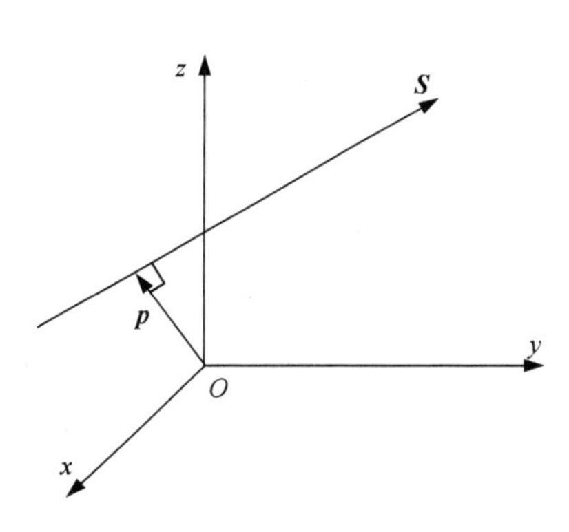

图 2-3　直线到原点的距离

若有过原点的矢量 $\boldsymbol{p}$ 垂直相交于直线($\boldsymbol{S}$; $\boldsymbol{S}_0$)，如图 2-3 所示，则矢量 $\boldsymbol{p}$ 的模$|\boldsymbol{p}|$是从原点 O 到直线的距离。由于矢量 $\boldsymbol{p}$ 的端点在 $\boldsymbol{S}$ 上，满足直线方程式(2-9)，即 $\boldsymbol{p}\times\boldsymbol{S}=\boldsymbol{S}_0$。将此等式两边左叉乘 $\boldsymbol{S}$，有 $\boldsymbol{S}\times(\boldsymbol{p}\times\boldsymbol{S})=\boldsymbol{S}\times\boldsymbol{S}_0$，展开左边矢量的三重叉积，有

$$\boldsymbol{S}\times(\boldsymbol{p}\times\boldsymbol{S})=(\boldsymbol{S}\cdot\boldsymbol{S})\boldsymbol{p}-(\boldsymbol{S}\cdot\boldsymbol{p})\boldsymbol{S}=(\boldsymbol{S}\cdot\boldsymbol{S})\boldsymbol{p}$$

解出 $\boldsymbol{p}$，有

$$\boldsymbol{p}=\frac{\boldsymbol{S}\times\boldsymbol{S}_0}{\boldsymbol{S}\cdot\boldsymbol{S}} \tag{2-15}$$

因为 $\boldsymbol{S}$ 与线矩垂直，上式可写为

$$\boldsymbol{p}=\frac{|\boldsymbol{S}||\boldsymbol{S}_0|}{|\boldsymbol{S}||\boldsymbol{S}|}\boldsymbol{e}=\frac{|\boldsymbol{S}_0|}{|\boldsymbol{S}|}\boldsymbol{e} \tag{2-16}$$

式中，$\boldsymbol{e}$ 为单位矢量，其方向由 $\boldsymbol{S}\times\boldsymbol{S}_0$ 决定。

$\boldsymbol{S}$ 到原点的距离$|\boldsymbol{p}|$为

$$|\boldsymbol{p}|=\frac{|\boldsymbol{S}_0|}{|\boldsymbol{S}|} \tag{2-17}$$

由式(2-17)可知，当 $\boldsymbol{S}_0=\boldsymbol{0}$ 时，$|\boldsymbol{p}|=0$，直线到原点的距离为零，即直线过原点。此直线的 Plücker 坐标可写为($\boldsymbol{S}$; $\boldsymbol{0}$)或(l, m, n; 0, 0, 0)。当 $\boldsymbol{S}=\boldsymbol{0}$ 时，即 Plücker 坐标的前 3 个标量为零，而$|\boldsymbol{S}_0|$为有限值时，$|\boldsymbol{p}|=\infty$，此时对于任何选择的原点，无穷远处的一个无穷小的矢量，它对原点的线矩皆为 $\boldsymbol{S}_0$，即 $\boldsymbol{S}_0$ 与原点位置选择无关，这说明($\boldsymbol{0}$; $\boldsymbol{S}_0$)为自由矢量，也称为偶量。在这种情况下，对偶部 $\boldsymbol{S}_0$ 代表对偶矢量的大小和方向。通常，将该自由矢量记为($\boldsymbol{0}$; $\boldsymbol{S}$)。

2.1.3　平面的矢量方程

如图 2-4 所示，若矢量 $\boldsymbol{n}$ (L, M, N)表示某平面的法线，且该平面通过已知点 $\boldsymbol{r}_1(x_1, y_1, z_1)$，此时，平面的矢量方程可以表示为 $(\boldsymbol{r}-\boldsymbol{r}_1)\cdot\boldsymbol{n}=0$，整理后可得

$$\boldsymbol{r}\cdot\boldsymbol{n}=n_0 \tag{2-18}$$

式中，标量 n_0 是平面任意一点的矢径与平面法线矢量的点积，可写为

$$n_0=\boldsymbol{r}_1\cdot\boldsymbol{n}=x_1L+y_1M+z_1N$$

这样，平面方程可由 $\boldsymbol{n}$ 和 n_0 来确定，不妨将 $(\boldsymbol{n};\ n_0)$ 用于表示平面的坐标。由式(2-18)可知，$\lambda(\boldsymbol{n};\ n_0)$ 与 $(\boldsymbol{n};\ n_0)$ 表示的是同一个平面。

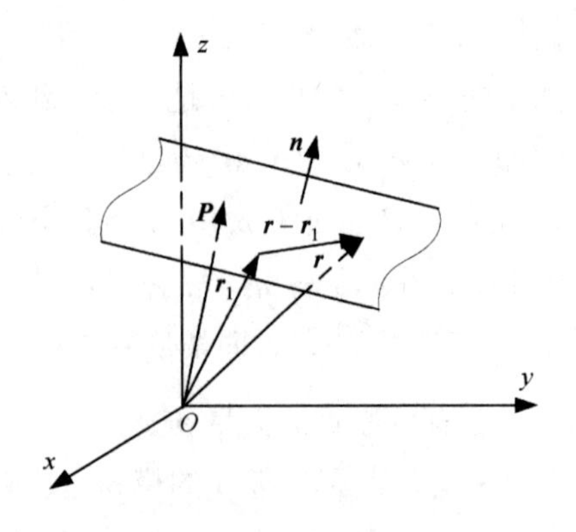

图 2-4　平面的矢量方程

平面坐标 $(\boldsymbol{n}; n_0)$ 也可表示为 $(a_1, a_2, a_3; a_4)$。这样，平面方程表示为

$$a_1x+a_2y+a_3z-a_4=0$$

若平面到原点的距离用 $|\boldsymbol{P}|$ 表示，$\boldsymbol{P}$ 与 $\boldsymbol{n}$ 的方向相同，故 $\boldsymbol{P}\times\boldsymbol{n}=\boldsymbol{0}$。

以 $\boldsymbol{n}$ 左叉乘上式，有

$$\boldsymbol{n}\times(\boldsymbol{P}\times\boldsymbol{n})=0$$

展开为

$$(\boldsymbol{n}\cdot\boldsymbol{n})\boldsymbol{P}-(\boldsymbol{n}\cdot\boldsymbol{P})\boldsymbol{n}=0$$

所以

$$\boldsymbol{P}=\frac{(\boldsymbol{n}\cdot\boldsymbol{P})\boldsymbol{n}}{\boldsymbol{n}\cdot\boldsymbol{n}}=\frac{n_0\boldsymbol{n}}{\boldsymbol{n}\cdot\boldsymbol{n}}$$

这样，平面至原点的距离为

$$|\boldsymbol{P}|=\frac{|n_0\boldsymbol{n}|}{\boldsymbol{n}\cdot\boldsymbol{n}}=\frac{|n_0|}{|\boldsymbol{n}|} \tag{2-19}$$

故平面至原点的距离等于 n_0 的绝对值除以法线矢量的模。若 $\boldsymbol{n}_0$=$\boldsymbol{0}$，则平面过原点，平面坐标为 $(\boldsymbol{n};\ 0)$；若 $\boldsymbol{n}$=$\boldsymbol{0}$，平面在无穷远处，平面坐标为 $(\boldsymbol{0}; n_0)$。若 $\boldsymbol{n}$ 是单位矢量，则 n_0 的绝对值是原点到平面的距离。

空间一条直线与该直线外一点也能确定一个平面。若有点 A，其矢径为 $\boldsymbol{r}_0$；空间另有一条直线，其方程为 $\boldsymbol{r}_1\times\boldsymbol{S}_1=\boldsymbol{S}_{01}$，如图 2-5 所示。显然，矢量 $\boldsymbol{S}_1$ 和 $(\boldsymbol{r}_1-\boldsymbol{r}_0)$ 都在由该直线和点 A 所决定的平面内，因此，这个平面的法线矢量可由叉积 $(\boldsymbol{r}_1-\boldsymbol{r}_0)\times\boldsymbol{S}_1$ 决定，这样，该平面可表示为

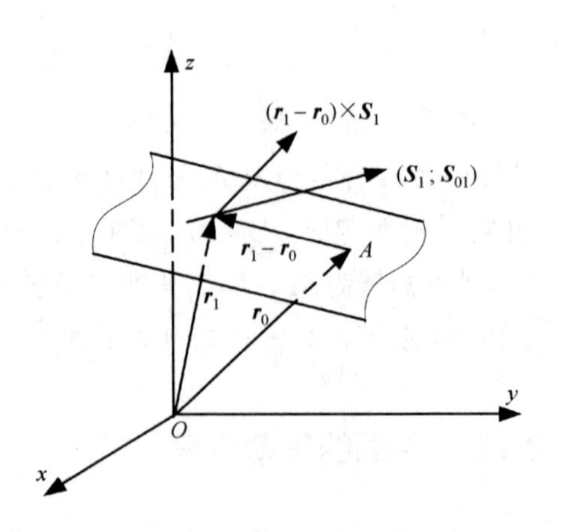

图 2-5　点和直线确定平面

$$(\boldsymbol{r}-\boldsymbol{r}_1)\cdot[(\boldsymbol{r}_1-\boldsymbol{r}_0)\times\boldsymbol{S}_1]=0$$

展开上式左边，因为 $\boldsymbol{r}_1\cdot(\boldsymbol{r}_1\times\boldsymbol{S}_1)=0$，故有

$$\boldsymbol{r}\cdot[(\boldsymbol{r}_1-\boldsymbol{r}_0)\times\boldsymbol{S}_1]=-\boldsymbol{r}_1\cdot\boldsymbol{r}_0\times\boldsymbol{S}_1$$

将 $\boldsymbol{r}_1\times\boldsymbol{S}_1=\boldsymbol{S}_{01}$ 代入上式后得到平面方程为

$$\boldsymbol{r}\cdot(\boldsymbol{S}_{01}-\boldsymbol{r}_0\times\boldsymbol{S}_1)=\boldsymbol{r}_0\cdot\boldsymbol{S}_{01} \tag{2-20}$$

此平面方程表示成坐标形式为 $(\boldsymbol{S}_{01}-\boldsymbol{r}_0\times\boldsymbol{S}_1;\boldsymbol{r}_0\cdot\boldsymbol{S}_{01})$。如果点 A 在这条已知的直线 $\boldsymbol{S}_1$ 上，则 $\boldsymbol{r}_0\times\boldsymbol{S}_1=\boldsymbol{S}_{01}$，故平面坐标的第一项为矢量 $\boldsymbol{0}$；此外，由于 $\boldsymbol{r}_0\cdot\boldsymbol{S}_{01}=0$，第二项标量也为 0。这样，平面坐标的两项都等于零，该条件下不能确定一个平面。

比较点、线、面的坐标，可以看到其形式是相近的。点、线、面的坐标分别为 $(\boldsymbol{d}_0; d)$、$(\boldsymbol{S}; \boldsymbol{S}_0)$、$(\boldsymbol{n}; n_0)$。点、线、面至原点的距离分别为 $\frac{|\boldsymbol{d}_0|}{|d|}$、$\frac{|\boldsymbol{S}_0|}{|\boldsymbol{S}|}$、$\frac{|n_0|}{|\boldsymbol{n}|}$。

2.2　点、线、面的相互关系及两直线的互矩

2.2.1　直线与平面的交点

若空间有一方向矢量为 $\boldsymbol{S}$ 的直线与一平面交于点 A，A 点的矢径为 $\boldsymbol{r}$，如图 2-6 所示。列写直线矢量方程和平面矢量方程分别为

$$\boldsymbol{r}\times\boldsymbol{S}=\boldsymbol{S}_0 \tag{2-21}$$

$$\boldsymbol{r}\cdot\boldsymbol{n}=n_0 \tag{2-22}$$

式中，$\boldsymbol{S}_0$ 为直线对原点的线矩；$\boldsymbol{n}$ 为平面的法线矢量；n_0 为平面任意一点的位置矢量与平面法线矢量的点积。

将式(2-21)两边左叉乘 $\boldsymbol{n}$ 得

$$\boldsymbol{n}\times(\boldsymbol{r}\times\boldsymbol{S})=\boldsymbol{n}\times\boldsymbol{S}_0$$

展开上式左边得

$$(\boldsymbol{n}\cdot\boldsymbol{S})\boldsymbol{r}-(\boldsymbol{n}\cdot\boldsymbol{r})\boldsymbol{S}=\boldsymbol{n}\times\boldsymbol{S}_0$$

将式(2-22)代入上式后得

$$\boldsymbol{r}=\frac{\boldsymbol{n}\times\boldsymbol{S}_0+n_0\boldsymbol{S}}{\boldsymbol{n}\cdot\boldsymbol{S}} \tag{2-23}$$

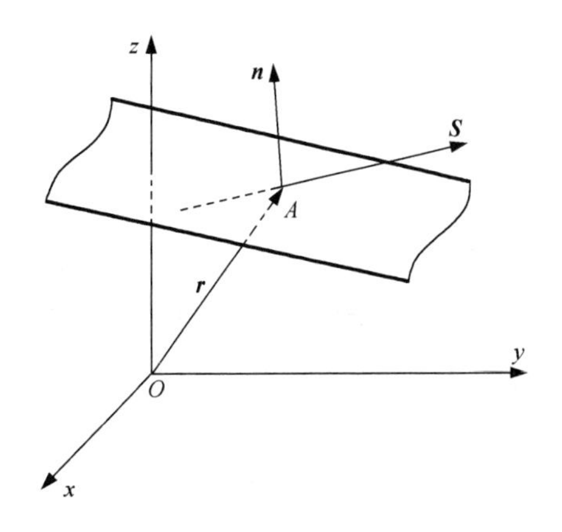

图 2-6　直线和平面的交点

据此式可求出直线与平面交点 A 的坐标。如果 $\boldsymbol{n}\cdot\boldsymbol{S}=0$，说明这条直线与平面的法线垂直，即当直线与平面平行时，它们的交点在无穷远处；当这条直线与平面重合时，就会有无穷多的重合点。

2.2.2 两平面的交线

有两个平面，其坐标分别为$(\boldsymbol{n}_1;\ n_{01})$和$(\boldsymbol{n}_2;\ n_{02})$，两平面的交线与 $\boldsymbol{n}_1$ 及 $\boldsymbol{n}_2$ 垂直，亦即平行于 $\boldsymbol{n}_1\times\boldsymbol{n}_2$。为求这条交线的方程，可将下面的三重叉积展开。

$$\boldsymbol{r}\times(\boldsymbol{n}_1\times\boldsymbol{n}_2)=(\boldsymbol{r}\cdot\boldsymbol{n}_2)\boldsymbol{n}_1-(\boldsymbol{r}\cdot\boldsymbol{n}_1)\boldsymbol{n}_2$$

把两个平面方程 $\boldsymbol{r}\cdot\boldsymbol{n}_1=n_{01}$，$\boldsymbol{r}\cdot\boldsymbol{n}_2=n_{02}$ 代入上式，得两平面的交线方程为

$$\boldsymbol{r}\times(\boldsymbol{n}_1\times\boldsymbol{n}_2)=n_{02}\boldsymbol{n}_1-n_{01}\boldsymbol{n}_2 \tag{2-24}$$

因此，这条直线的 Plücker 坐标是$(\boldsymbol{n}_1\times\boldsymbol{n}_2;n_{02}\boldsymbol{n}_1-n_{01}\boldsymbol{n}_2)$。

若 $\boldsymbol{n}_1\times\boldsymbol{n}_2=\boldsymbol{0}$，即两平面平行，它们的交线在无穷远处，其 Plücker 坐标为$(\boldsymbol{0};n_{02}\boldsymbol{n}_1-n_{01}\boldsymbol{n}_2)$。若两平面的法线矢量 $\boldsymbol{n}_1$ 和 $\boldsymbol{n}_2$ 的方向数分别是(L_1,M_1,N_1)和(L_2,M_2,N_2)，则它们交线的 Plücker 坐标的 6 个分量分别为

$$\begin{aligned} L&=M_1N_2-M_2N_1, & P&=n_{02}L_1-n_{01}L_2 \\ M&=N_1L_2-N_2L_1, & Q&=n_{02}M_1-n_{01}M_2 \\ N&=L_1M_2-L_2M_1, & R&=n_{02}N_1-n_{01}N_2 \end{aligned} \tag{2-25}$$

2.2.3 两直线的互矩

设空间有相错的两条直线，它们不平行也不相交，如图 2-7 所示，其矢量方程为

$$\boldsymbol{r}_1\times\boldsymbol{S}_1=\boldsymbol{S}_{01}$$
$$\boldsymbol{r}_2\times\boldsymbol{S}_2=\boldsymbol{S}_{02}$$

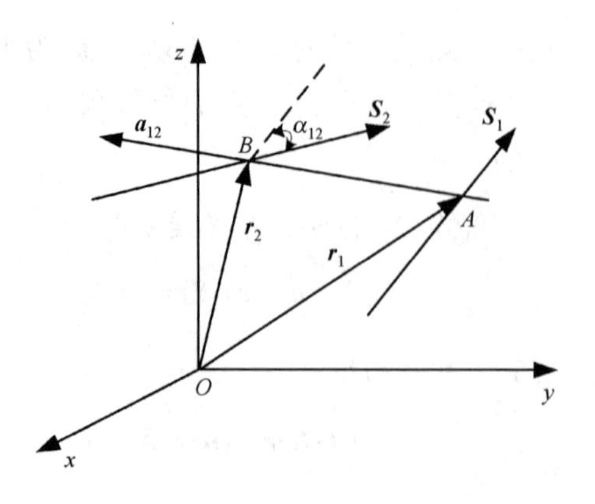

图 2-7 两直线的互矩

它们的公垂线为 $a_{12}\boldsymbol{a}_{12}$，其中 $\boldsymbol{a}_{12}$ 是单位矢量，系数 a_{12} 是两直线间的垂直距离，A、B 分别是公垂线与直线 S_1 和直线 S_2 相交得到的两个垂足，直线 S_1 和直线 S_2 之间的扭向角记为 α_{12}。直线 S_2 对直线 S_1 上垂足 A 的线矩 $a_{12}\boldsymbol{a}_{12}\times\boldsymbol{S}_2$ 与 $\boldsymbol{S}_1$ 的点积 $a_{12}\boldsymbol{a}_{12}\times\boldsymbol{S}_2\cdot\boldsymbol{S}_1$，称为直线 S_2 关于直线 S_1 的矩。同样，直线 S_1 对直线 S_2 上垂足 B 的线矩与 $\boldsymbol{S}_2$ 的点积 $a_{12}\boldsymbol{a}_{21}\times\boldsymbol{S}_1\cdot\boldsymbol{S}_2$，就是直线 S_1 对直线 S_2 的矩。显然，经混合积运算可知二者是相等的，即

$$a_{12}\boldsymbol{a}_{12}\times\boldsymbol{S}_2\cdot\boldsymbol{S}_1=a_{12}\boldsymbol{a}_{21}\times\boldsymbol{S}_1\cdot\boldsymbol{S}_2$$

这两个相等的表达式均定义为两直线的互矩，记为 M_{m}，有

$$M_{\mathrm{m}}=a_{12}\boldsymbol{a}_{12}\times\boldsymbol{S}_2\cdot\boldsymbol{S}_1 \tag{2-26}$$

展开此式并考虑

$$a_{12}\boldsymbol{a}_{12}=\boldsymbol{r}_2-\boldsymbol{r}_1 \tag{2-27}$$

代入式(2-26)并化简，得到互矩的一般表达式为

$$M_{\mathrm{m}}=\boldsymbol{S}_1\cdot\boldsymbol{S}_{02}+\boldsymbol{S}_2\cdot\boldsymbol{S}_{01} \tag{2-28}$$

由此式可以看到，互矩是两直线的两个方向矢量和两线矩交换下标后的点积之和。当 $\boldsymbol{S}_1$ 和 $\boldsymbol{S}_2$ 都是单位矢量时，$\boldsymbol{S}_1\cdot\boldsymbol{S}_1=\boldsymbol{S}_2\cdot\boldsymbol{S}_2=1$，有

$$\boldsymbol{S}_2\times\boldsymbol{S}_1=-\boldsymbol{a}_{12}\sin\alpha_{12} \tag{2-29}$$

值得注意的是，这里所定义的直线 S_1 和直线 S_2 之间的扭向角 α_{12} 并非向量间的夹角，其以 $\boldsymbol{a}_{12}$ 为拇指方向，按右手螺旋规则度量，取值范围为 $0°\leqslant\alpha_{12}\leqslant 360°$。否则，如果 $\boldsymbol{S}_1$ 或 $\boldsymbol{S}_2$ 在图中的方向发生改变，上式的右侧符号发生改变，不能有统一的表达式。

互矩 M_{m} 还可写为

$$M_{\mathrm{m}}=a_{12}\boldsymbol{a}_{12}\times\boldsymbol{S}_2\cdot\boldsymbol{S}_1=(\boldsymbol{r}_2-\boldsymbol{r}_1)\cdot(\boldsymbol{S}_2\times\boldsymbol{S}_1)=-a_{12}\sin\alpha_{12} \tag{2-30}$$

由式(2-30)可以看到，互矩只与两直线间的距离及扭向角有关，与坐标系的选择无关。若两直线的 $\boldsymbol{S}$ 及 $\boldsymbol{S}_0$ 均以分量形式表示，即

$$\boldsymbol{S}_1=(L_1,M_1,N_1),\quad \boldsymbol{S}_{01}=(P_1,Q_1,R_1)$$
$$\boldsymbol{S}_2=(L_2,M_2,N_2),\quad \boldsymbol{S}_{02}=(P_2,Q_2,R_2)$$

则由式(2-28)，互矩还可以写成代数式

$$M_{\mathrm{m}}=L_1P_2+M_1Q_2+N_1R_2+P_1L_2+Q_1M_2+R_1N_2 \tag{2-31}$$

由上述分析可知，如果两直线平行，或说两直线相交于无穷远处，两直线的交角 $\alpha_{12}=0$，则它们的互矩为零；如果两直线相交，其垂直距离 a_{12} 等于零，互矩同样为零。所以，空间两直线相交或平行，或者说两直线共面，则其互矩为零，即

$$\boldsymbol{S}_1\cdot\boldsymbol{S}_{02}+\boldsymbol{S}_2\cdot\boldsymbol{S}_{01}=0 \tag{2-32}$$

2.2.4　两直线的交点

有共面两直线，其 Plücker 坐标分别为 $(\boldsymbol{S}_1;\boldsymbol{S}_{01})$ 和 $(\boldsymbol{S}_2;\boldsymbol{S}_{02})$，其交点的矢径为 $\boldsymbol{r}$，则有 $\boldsymbol{r}\times\boldsymbol{S}_1=\boldsymbol{S}_{01}$，$\boldsymbol{r}\times\boldsymbol{S}_2=\boldsymbol{S}_{02}$。为求此交点可以将两直线方程的两边对应项相叉乘，有

$$(\boldsymbol{r}\times\boldsymbol{S}_1)\times(\boldsymbol{r}\times\boldsymbol{S}_2)=\boldsymbol{S}_{01}\times\boldsymbol{S}_{02}$$

展开左边得

$$(\boldsymbol{r}\times\boldsymbol{S}_1\cdot\boldsymbol{S}_2)\boldsymbol{r}-(\boldsymbol{r}\times\boldsymbol{S}_1\cdot\boldsymbol{r})\boldsymbol{S}_2=\boldsymbol{S}_{01}\times\boldsymbol{S}_{02}$$

化简后就可以得到

$$\boldsymbol{r}=\frac{\boldsymbol{S}_{01}\times\boldsymbol{S}_{02}}{\boldsymbol{S}_2\cdot\boldsymbol{S}_{01}} \tag{2-33}$$

根据上式，即可求得两直线交点的矢径。

如果 $\boldsymbol{S}_2\cdot\boldsymbol{S}_{01}=0$ ，这表示两直线的交点在无穷远处，两直线平行。如果相交的两直线还满足 $\boldsymbol{S}_{01}=\pm\boldsymbol{S}_{02}$ ，则这两直线是重合的。如果两直线垂直相交，在满足共面的条件下，它们还须满足条件 $\boldsymbol{S}_1\cdot\boldsymbol{S}_2=0$ 。

当两直线空间位置相错，其扭向角 α_{12} 等于 90°或 270°时，称这两直线正交。显然，正交的两直线（ $\boldsymbol{S}_1;\boldsymbol{S}_{01}$ ）和（ $\boldsymbol{S}_2;\boldsymbol{S}_{02}$ ）的互矩并不为零。由式(2-30)可知，方向正交但不相交的两单位线矢量的互矩为

$$M_{\mathrm{m}}=\pm a_{12} \tag{2-34}$$

2.2.5 两直线的公法线

空间有两直线，其 Plücker 坐标分别为 $(\boldsymbol{S}_1;\boldsymbol{S}_{01})$ 和 $(\boldsymbol{S}_2;\boldsymbol{S}_{02})$ ，欲求其公法线 $(\boldsymbol{a};\boldsymbol{a}_0)$ 。显然，其公法线的方向矢量为 $\boldsymbol{a}=\boldsymbol{S}_1\times\boldsymbol{S}_2$ 。这里先将直线 S_1 和公法线构成一个平面 m，由平面方程式(2-18)可知，$\boldsymbol{r}\cdot\boldsymbol{n}=n_0$ ，其中，$\boldsymbol{n}$ 的方向矢量为 $\boldsymbol{S}_1\times(\boldsymbol{S}_1\times\boldsymbol{S}_2)$ ，$n_0=\boldsymbol{r}_1\cdot\boldsymbol{n}$ 。由式(2-17)可知，原点至 $\boldsymbol{S}_1$ 的垂线矢径 $\boldsymbol{p}=(\boldsymbol{S}_1\times\boldsymbol{S}_{01})/(\boldsymbol{S}_1\cdot\boldsymbol{S}_1)$ ，则 $n_0=\boldsymbol{p}\cdot[\boldsymbol{S}_1\times(\boldsymbol{S}_1\times\boldsymbol{S}_2)]$ 。这样由直线 S_1 和公法线所构成的平面 m 的方程为

$$\boldsymbol{r}\cdot[\boldsymbol{S}_1\times(\boldsymbol{S}_1\times\boldsymbol{S}_2)]=\frac{\boldsymbol{S}_1\times\boldsymbol{S}_{01}}{\boldsymbol{S}_1\cdot\boldsymbol{S}_1}\cdot\left[\boldsymbol{S}_1\times(\boldsymbol{S}_1\times\boldsymbol{S}_2)\right]$$

接下来求平面 m 与直线 S_2 交点的矢径 $\boldsymbol{r}_2$，由式(2-23)有

$$\boldsymbol{r}_2=\frac{\boldsymbol{n}\times\boldsymbol{S}_{02}+n_0\boldsymbol{S}_2}{\boldsymbol{n}\cdot\boldsymbol{S}_2}$$

即

$$\boldsymbol{r}_2=\frac{\boldsymbol{S}_1\times(\boldsymbol{S}_1\times\boldsymbol{S}_2)\times\boldsymbol{S}_{02}+\dfrac{\boldsymbol{S}_1\times\boldsymbol{S}_{01}}{\boldsymbol{S}_1\cdot\boldsymbol{S}_1}\cdot\left[\boldsymbol{S}_1\times(\boldsymbol{S}_1\times\boldsymbol{S}_2)\right]\boldsymbol{S}_2}{\boldsymbol{S}_1\times(\boldsymbol{S}_1\times\boldsymbol{S}_2)\cdot\boldsymbol{S}_2}$$

在求得公法线的方向及其上一点后，由式(2-9)写出公法线的方程为

$$\boldsymbol{r}\times(\boldsymbol{S}_1\times\boldsymbol{S}_2)=\frac{\boldsymbol{S}_1\times(\boldsymbol{S}_1\times\boldsymbol{S}_2)\times\boldsymbol{S}_{02}+\dfrac{\boldsymbol{S}_1\times\boldsymbol{S}_{01}}{\boldsymbol{S}_1\cdot\boldsymbol{S}_1}\cdot\left[\boldsymbol{S}_1\times(\boldsymbol{S}_1\times\boldsymbol{S}_2)\right]\boldsymbol{S}_2}{\boldsymbol{S}_1\times(\boldsymbol{S}_1\times\boldsymbol{S}_2)\cdot\boldsymbol{S}_2}\times(\boldsymbol{S}_1\times\boldsymbol{S}_2) \tag{2-35}$$

2.3 线矢量及螺旋

本节给出两个重要概念：一个是线矢量(line vector)，另一个是螺旋(screw)。如果空间内一个矢量被约束在一个方向、位置固定的直线上，仅允许该矢量沿直线前后移动，这个被直线约束的矢量称为线矢量，简称线矢。因此，线矢量在空间的位置和方向就由直线方程中的方向矢量 $\boldsymbol{S}$ 和其线矩 $\boldsymbol{S}_0$ 决定，并且 $\boldsymbol{S}$ 与 $\boldsymbol{S}_0$ 正交，$\boldsymbol{S}\cdot\boldsymbol{S}_0=0$。线矢量记为 $\$$，用 Plücker 坐标表示为 $(\boldsymbol{S};\boldsymbol{S}_0)$，以标量 λ 数乘，$\lambda(\boldsymbol{S};\boldsymbol{S}_0)$ 表示同一线矢量。

矢量 $\boldsymbol{S}$ 表示直线方向，它与原点的位置无关；而线矩 $\boldsymbol{S}_0$ 则与原点的位置有关。若原点的位置发生改变，由点 B 移至点 A，如图 2-8 所示，则矢量 $\boldsymbol{S}$ 对点 A 之线矩 $\boldsymbol{S}_{0\mathrm{A}}$ 为

$$\boldsymbol{S}_{0\mathrm{A}}=\boldsymbol{r}_{\mathrm{A}}\times\boldsymbol{S}=(\overrightarrow{AB}+\boldsymbol{r}_{\mathrm{B}})\times\boldsymbol{S}$$

即

$$\boldsymbol{S}_{0\mathrm{A}}=\boldsymbol{S}_{0\mathrm{B}}+\overrightarrow{AB}\times\boldsymbol{S}\tag{2-36}$$

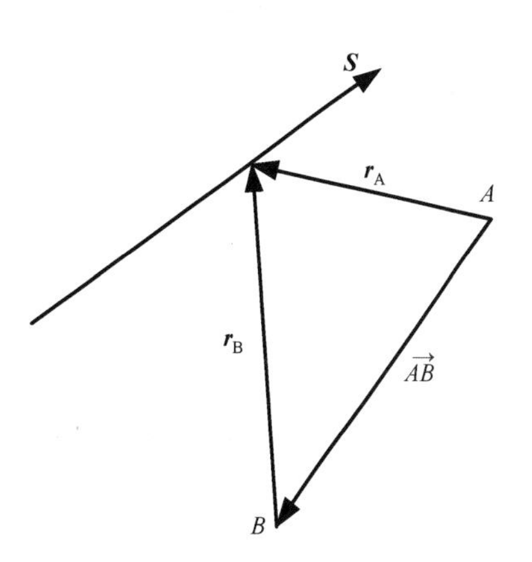

图 2-8　线矩与位置有关

线矢量 $\$$ 的两个矢量还可以写成对偶矢量的形式，表示为

$$\$=\boldsymbol{S}+\in\boldsymbol{S}_0\tag{2-37}$$

当 $\boldsymbol{S}$ 为单位矢量时，$\$$称为单位线矢量。

$$\boldsymbol{S}\cdot\boldsymbol{S}=1，\quad\boldsymbol{S}\cdot\boldsymbol{S}_0=0$$

每个单位线矢量$\$$对应唯一的一条空间直线，反过来，一条空间直线可对应两个单位线矢量(方向相反)。

一般情况下，对偶矢量的原级矢量和次级矢量并不满足正交条件，即 $\boldsymbol{S}\cdot\boldsymbol{S}^0\neq0$。不满足矢量正交条件的对偶矢量 $(\boldsymbol{S};\boldsymbol{S}^0)$ 称为螺旋，也称为旋量，同样记为$\$$。

$$\$=\boldsymbol{S}+\in\boldsymbol{S}^0,\qquad\boldsymbol{S}\cdot\boldsymbol{S}^0\neq0\tag{2-38}$$

线矢量可看成是螺旋的特殊情况，当组成螺旋的两矢量的点积为零时，螺旋退化为线矢量。注意，为了便于学习，本书将 $\boldsymbol{S}\cdot\boldsymbol{S}^0\neq0$ 的对偶矢量 $(\boldsymbol{S};\boldsymbol{S}^0)$ 的对偶部以 $\boldsymbol{S}^0$ 标记，以区分于线矢量。但在国际上不做区别，都用 $\boldsymbol{S}_0$ 表示。

同样地，在决定螺旋的两矢量中，$\boldsymbol{S}$ 与原点的选择无关，而矢量 $\boldsymbol{S}^0$ 是与原点的位置有关的。当原点由 B 移至 A 时，螺旋由 $(\boldsymbol{S};\ \boldsymbol{S}_{\mathrm{B}}^0)$ 变为 $(\boldsymbol{S};\ \boldsymbol{S}_{\mathrm{A}}^0)$，$\boldsymbol{S}_{\mathrm{A}}^0$ 仍按式(2-36)计算，即螺旋的对偶部遵从式(2-36)所定义的搬迁公式。故

$$\boldsymbol{S}_{\mathrm{A}}^0=\boldsymbol{S}_{\mathrm{B}}^0+\overrightarrow{AB}\times\boldsymbol{S}\tag{2-39}$$

将上式等号两边同时点乘 $\boldsymbol{S}$，得到

$$\boldsymbol{S}\cdot\boldsymbol{S}_{\mathrm{A}}^{0}=\boldsymbol{S}\cdot\boldsymbol{S}_{\mathrm{B}}^{0}$$

由此可见，在原点改变前后，虽然螺旋的对偶部改变，但是螺旋的原级矢量与次级矢量的点积却是原点不变量。换句话说，虽然 $\boldsymbol{S}^0$ 与原点位置有关，但 $\boldsymbol{S}\cdot\boldsymbol{S}^0$ 与原点的位置是无关的。如果 $\boldsymbol{S}\neq 0$，则称下式所定义的 h

$$h=\frac{\boldsymbol{S}\cdot\boldsymbol{S}^{0}}{\boldsymbol{S}\cdot\boldsymbol{S}} \tag{2-40}$$

为螺旋的节距(pitch)。节距是原点不变量，与坐标原点的选择无关，其具有长度量纲。

如果不仅坐标系原点位置发生改变，而且坐标轴方向也发生改变，此时，将螺旋由直角坐标系 $Bx_{\mathrm{B}}y_{\mathrm{B}}z_{\mathrm{B}}$ 变换到 $Ax_{\mathrm{A}}y_{\mathrm{A}}z_{\mathrm{A}}$ 时，其可以由下面的公式计算：

$$\boldsymbol{\$}_{\mathrm{A}}=\boldsymbol{T}_{\$}\boldsymbol{\$}_{\mathrm{B}} \tag{2-41}$$

式中

$$\boldsymbol{T}_{\$}=\begin{bmatrix}\boldsymbol{R}_{\mathrm{B}}^{\mathrm{A}} & 0_{3\times3}\\ \widetilde{AB}\boldsymbol{R}_{\mathrm{B}}^{\mathrm{A}} & \boldsymbol{R}_{\mathrm{B}}^{\mathrm{A}}\end{bmatrix} \tag{2-42}$$

$\boldsymbol{R}_{\mathrm{B}}^{\mathrm{A}}$ 为坐标系 $Bx_{\mathrm{B}}y_{\mathrm{B}}z_{\mathrm{B}}$ 相对于 $Ax_{\mathrm{A}}y_{\mathrm{A}}z_{\mathrm{A}}$ 的方向余弦矩阵。

而

$$\widetilde{AB}=\begin{bmatrix}0 & -\overrightarrow{AB}_z & \overrightarrow{AB}_y\\ \overrightarrow{AB}_z & 0 & -\overrightarrow{AB}_x\\ -\overrightarrow{AB}_y & \overrightarrow{AB}_x & 0\end{bmatrix}$$

$\widetilde{AB}$ 为叉积算子，$\overrightarrow{AB}\times\boldsymbol{S}=\widetilde{AB}\boldsymbol{S}$ 。

如果某螺旋的原级矢量 $\boldsymbol{S}$ 为单位矢量，即 $\boldsymbol{S}\cdot\boldsymbol{S}=1$，则该螺旋是单位螺旋。

线矢量在空间对应一条确定的直线，而螺旋 $\boldsymbol{\$}=(\boldsymbol{S};\ \boldsymbol{S}^0)$，$\boldsymbol{S}\cdot\boldsymbol{S}^0\neq 0$，在空间对应一条确定的轴线。为确定这条轴线，可以将 $\boldsymbol{S}^0$ 分解为垂直于 $\boldsymbol{S}$ 的分量 $\boldsymbol{S}^0-h\boldsymbol{S}$(二者的点积为零)和平行于 $\boldsymbol{S}$ 的分量 $h\boldsymbol{S}$，如图 2-9 所示。因此

$$(\boldsymbol{S};\boldsymbol{S}^{0})=(\boldsymbol{S};\boldsymbol{S}^{0}-h\boldsymbol{S}+h\boldsymbol{S}) \tag{2-43}$$

令 $\boldsymbol{S}^0-h\boldsymbol{S}=\boldsymbol{S}_0$，则螺旋的轴线方程可写为

$$\boldsymbol{r}\times\boldsymbol{S}=\boldsymbol{S}^{0}-h\boldsymbol{S}=\boldsymbol{S}_{0} \tag{2-44}$$

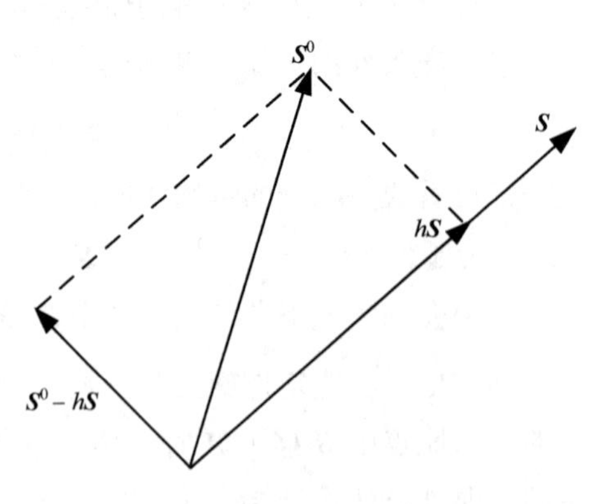

图 2-9　螺旋的轴线

用 Plücker 坐标表示为 $(\boldsymbol{S};\boldsymbol{S}^0-h\boldsymbol{S})$。由式(2-43)可知，

一个螺旋可以分解为

$$\$=(\boldsymbol{S};\boldsymbol{S}^0)=(\boldsymbol{S};\boldsymbol{S}^0-h\boldsymbol{S})+(0;h\boldsymbol{S})$$

这样，一个螺旋包含了 4 个要素：螺旋的轴线、螺旋的节距以及螺旋的方向和大小。式(2-43)还可以写为

$$(\boldsymbol{S};\boldsymbol{S}^0)=(\boldsymbol{S};\boldsymbol{r}\times\boldsymbol{S}+h\boldsymbol{S})=(\boldsymbol{S};\boldsymbol{S}_0+h\boldsymbol{S})=(\boldsymbol{S};\boldsymbol{S}_0)+(0;h\boldsymbol{S})$$

故任何螺旋都可以看成是一个线矢量与一个偶量的同轴叠加。

对偶矢量 $\$=\boldsymbol{S}+\in\boldsymbol{S}^0$，若存在 $\boldsymbol{S}\cdot\boldsymbol{S}^0\neq 0$，则该对偶矢量为一般意义下的螺旋，其节距 $h\neq 0$，由式(2-40)确定；若 $\boldsymbol{S}\neq 0$，$\boldsymbol{S}^0\neq 0$，而 $\boldsymbol{S}\cdot\boldsymbol{S}^0=0$，则螺旋退化为线矢量，线矢量的节距 $h=0$；若 $\boldsymbol{S}=0$，$\boldsymbol{S}^0\neq 0$，则螺旋退化为偶量，其节距 $h=\infty$；若同时有 $\boldsymbol{S}=0$，$\boldsymbol{S}^0=0$，则该螺旋为零，节距 h 为不定量。综上所述，可概括如下。

螺旋 $(\boldsymbol{S};\boldsymbol{S}^0)$：$\boldsymbol{S}\neq\boldsymbol{0}$，$\boldsymbol{S}\cdot\boldsymbol{S}^0\neq 0$，$\infty\neq h\neq 0$；

线矢量 $(\boldsymbol{S};\boldsymbol{S}_0)$：$\boldsymbol{S}\neq\boldsymbol{0}$，$\boldsymbol{S}\cdot\boldsymbol{S}_0=0$，$h=0$；

偶量 $(\boldsymbol{0};\boldsymbol{S})$：$\boldsymbol{S}\neq\boldsymbol{0}$，$h=\infty$；

零螺旋：$\boldsymbol{S}=\boldsymbol{0}$，$\boldsymbol{S}^0=\boldsymbol{0}$，$h$ 不确定。

例 2-1　判别 $\$=(\boldsymbol{S};\boldsymbol{S}^0)=(110;100)$ 的属性，并求其轴线方程。

解：先计算节距，$h=(\boldsymbol{S}\cdot\boldsymbol{S}^0)/(\boldsymbol{S}\cdot\boldsymbol{S})=1/2$，其节距不为零。根据式(2-44)，则轴线方程为

$$\boldsymbol{r}\times\boldsymbol{S}=\boldsymbol{S}^0-h\boldsymbol{S}=(1/2\quad -1/2\quad 0)^{\mathrm{T}}$$

可以看到，该对偶矢量是一个节距为 1/2 且轴线不过原点的非单位螺旋。

类似地，螺旋 $(l, m, n; hl, hm, hn)$ 表示节距为 h、轴线过原点的螺旋；$(1, 0, 0; 1, 0, 0)$ 是一个节距为 1、轴线沿 x 轴的单位螺旋；$(1, 1, 1; 1, 1, 1)/\sqrt{3}$ 是一个节距为 1、轴线过原点的单位螺旋。

2.4　螺旋的代数运算

螺旋符合下列运算规则，并有特殊的应用意义。

2.4.1　螺旋的数乘运算

设有螺旋 $\$=\boldsymbol{S}+\in\boldsymbol{S}^0$ 和数 a，螺旋的数乘为

$$a\$=a\boldsymbol{S}+\in a\boldsymbol{S}^0 \tag{2-45}$$

螺旋的数乘满足分配律与交换律。

2.4.2 两螺旋的加法运算

两螺旋 $\boldsymbol{\$}_1=\boldsymbol{S}_1+\in\boldsymbol{S}_1^0$、$\boldsymbol{\$}_2=\boldsymbol{S}_2+\in\boldsymbol{S}_2^0$，其加法运算之和一般仍为螺旋(特殊情况下也可能为线矢量或偶量)，且和螺旋的原部与对偶部分别为两螺旋的原部与对偶部之和。

$$\boldsymbol{\$}_1+\boldsymbol{\$}_2=(\boldsymbol{S}_1+\boldsymbol{S}_2)+\in(\boldsymbol{S}_1^0+\boldsymbol{S}_2^0) \tag{2-46}$$

对于线矢量，若两线矢量共面，而且两原部之和非零，则两线矢量之和仍为线矢量。具体证明如下。

由于是线矢量，原部和对偶部有正交性，即 $\boldsymbol{S}_1\cdot\boldsymbol{S}_{01}=0$，$\boldsymbol{S}_2\cdot\boldsymbol{S}_{02}=0$。又已知两线矢量共面，则两直线的互矩为零，由式(2-32)可得

$$(\boldsymbol{S}_1+\boldsymbol{S}_2)\cdot(\boldsymbol{S}_{01}+\boldsymbol{S}_{02})=0$$

这表明和线矢量的原部与对偶部是正交的，因此共面两线矢量之和(即和线矢)仍为线矢量。但两单位线矢量之和不再为单位线矢量。

对于共面相交的两线矢量，其和线矢过两线矢量的交点。如前所述，共面两线矢量的和仍为线矢量，其矢量方程为

$$\boldsymbol{r}\times(\boldsymbol{S}_1+\boldsymbol{S}_2)=\boldsymbol{S}_{01}+\boldsymbol{S}_{02}$$

以 $\boldsymbol{r}_1$ 表示两线矢量交点的矢径，其应分别在两线矢量上，同时满足两线矢量方程：

$$\boldsymbol{r}_1\times\boldsymbol{S}_1=\boldsymbol{S}_{01},\quad \boldsymbol{r}_1\times\boldsymbol{S}_2=\boldsymbol{S}_{02}$$

将两式相加有

$$\boldsymbol{r}_1\times(\boldsymbol{S}_1+\boldsymbol{S}_2)=\boldsymbol{S}_{01}+\boldsymbol{S}_{02}$$

此式表明两线矢量交点的矢径 $\boldsymbol{r}_1$ 满足和线矢的作用线方程，所以和线矢过两线矢量的交点。

当两线矢量平行，且 $\boldsymbol{S}_2=\lambda\boldsymbol{S}_1$，$\lambda\neq-1$ 时，则和线矢轴线以 λ:1 将 $\boldsymbol{\$}_1$ 与 $\boldsymbol{\$}_2$ 间的任何连线分为两段。这是因为，若 $\boldsymbol{r}_1$、$\boldsymbol{r}_2$ 分别是 $\boldsymbol{\$}_1$ 和 $\boldsymbol{\$}_2$ 上的两个点，则有 $\boldsymbol{r}_1\times\boldsymbol{S}_1=\boldsymbol{S}_{01}$，$\boldsymbol{r}_2\times\boldsymbol{S}_2=\boldsymbol{S}_{02}$，和线矢可写为

$$\boldsymbol{\$}_1+\boldsymbol{\$}_2=(1+\lambda)\boldsymbol{S}_1+\in(\boldsymbol{r}_1+\lambda\boldsymbol{r}_2)\times\boldsymbol{S}_1$$

其直线方程为

$$\boldsymbol{r}\times(1+\lambda)\boldsymbol{S}_1=(\boldsymbol{r}_1+\lambda\boldsymbol{r}_2)\times\boldsymbol{S}_1$$

点 $\boldsymbol{r}=(\boldsymbol{r}_1+\lambda\boldsymbol{r}_2)/(1+\lambda)$ 满足此方程，且以 λ:1 分线段 $\boldsymbol{r}_1$ 和 $\boldsymbol{r}_2$ 对应端点所构成的线段。注意，该点同时满足此线段所对应的直线方程，读者不妨自行求证。当 $\boldsymbol{S}_1$、$\boldsymbol{S}_2$ 方向相同时，$\lambda>0$，和线矢内分线段；当 $\boldsymbol{S}_1$、$\boldsymbol{S}_2$ 方向相反时，$\lambda<0$，和线矢外分线段。当 $\lambda=-1$ 时，$\boldsymbol{S}_2=-\boldsymbol{S}_1$，两线矢径之和是一个偶量。

$$\boldsymbol{\$}_1+\boldsymbol{\$}_2=\boldsymbol{0}+\in\left[\boldsymbol{r}_1\times\boldsymbol{S}_1+\boldsymbol{r}_2\times(-\boldsymbol{S}_2)\right]=\boldsymbol{0}+\in(\boldsymbol{r}_2-\boldsymbol{r}_1)\times\boldsymbol{S}_1$$

不共面的两线矢量之和为节距不为零的螺旋。通常情况下，线矢量与偶量之和也为节距不为零的螺旋，但在特殊情况下（线矢量与偶量垂直时）并不成立，例如，线矢量为(2, 0, 0; 0, 0, 1)，偶量为(0, 0, 0; 0, 0, 1)，它们的和仍然为线矢量。

2.4.3　两螺旋的互易积

两螺旋的原部与对偶部下标交换后做点积之和被定义为两螺旋的互易积(reciprocal product)，设 $\boldsymbol{\$}_1 = \boldsymbol{S}_1 + \in \boldsymbol{S}_1^0$，$\boldsymbol{\$}_2 = \boldsymbol{S}_2 + \in \boldsymbol{S}_2^0$，则

$$\boldsymbol{\$}_1 \circ \boldsymbol{\$}_2 = \boldsymbol{S}_1 \cdot \boldsymbol{S}_2^0 + \boldsymbol{S}_2 \cdot \boldsymbol{S}_1^0 \tag{2-47}$$

互易积是螺旋理论中最有意义的一种运算。若$\boldsymbol{\$}_1$ 及$\boldsymbol{\$}_2$ 是两线矢量，则式(2-47)可写为

$$\boldsymbol{\$}_1 \circ \boldsymbol{\$}_2 = \boldsymbol{S}_1 \cdot \boldsymbol{S}_{02} + \boldsymbol{S}_2 \cdot \boldsymbol{S}_{01} \tag{2-48}$$

等式右边与式(2-28)相同，表示两线矢量的互易积就是两直线的互矩。两线矢量共面的充分必要条件是它们的互易积为零。

两个原点在 O 的螺旋分别为$\boldsymbol{\$}_1$=($\boldsymbol{S}_1$; $\boldsymbol{S}_1^0$)和$\boldsymbol{\$}_2$=($\boldsymbol{S}_2$; $\boldsymbol{S}_2^0$)，若把原点从 O 移动到 A，这两个螺旋变为

$$\boldsymbol{\$}_1^{\mathrm{A}} = (\boldsymbol{S}_1; \boldsymbol{S}_1^{\mathrm{A}}) = (\boldsymbol{S}_1; \boldsymbol{S}_1^0 + \overrightarrow{AO} \times \boldsymbol{S}_1)$$

$$\boldsymbol{\$}_2^{\mathrm{A}} = (\boldsymbol{S}_2; \boldsymbol{S}_2^{\mathrm{A}}) = (\boldsymbol{S}_2; \boldsymbol{S}_2^0 + \overrightarrow{AO} \times \boldsymbol{S}_2)$$

这两个新的螺旋的互易积为

$$\boldsymbol{\$}_1^{\mathrm{A}} \circ \boldsymbol{\$}_2^{\mathrm{A}} = \boldsymbol{S}_1 \cdot (\boldsymbol{S}_2^0 + \overrightarrow{AO} \times \boldsymbol{S}_2) + \boldsymbol{S}_2 \cdot (\boldsymbol{S}_1^0 + \overrightarrow{AO} \times \boldsymbol{S}_1) = \boldsymbol{\$}_1 \circ \boldsymbol{\$}_2$$

因此，两螺旋的互易积与原点的选择无关。

2.5　刚体的瞬时螺旋运动

在三维空间里，刚体最一般的运动形式为螺旋运动，即同时存在刚体绕轴的转动与沿同轴方向的移动。刚体的纯转动和纯移动都只是螺旋运动的特殊情况。本节首先讨论刚体的纯转动和纯平移运动，再讨论一般形式的螺旋运动。

2.5.1　刚体的瞬时转动

若刚体 2 相对刚体 1 做绕 $\boldsymbol{S}$ 轴的瞬时转动，如图 2-10 所示，角速度 $\boldsymbol{\omega} = \omega \boldsymbol{S}$。其中，$\omega$ 是表示角速度大小的标量，$\boldsymbol{S}$ 是单位矢量。然而，若想描述刚体在三维空间绕某个轴的旋转运动，只用一个角速度矢量 $\boldsymbol{\omega}$ 尚不明确，因为它还没有表示出转动轴线的空间位置。所

以应采用角速度线矢量来表示刚体的转动，即用角速度的大小 ω 与一个表示旋转轴作用线的单位线矢量 $\boldsymbol{\$}$ 之积来表示，有

$$\omega\boldsymbol{\$}=\omega(\boldsymbol{S};\boldsymbol{S}_0)=\omega\boldsymbol{S}+\in\omega\boldsymbol{S}_0 \tag{2-49}$$

该转动的轴线方程为

$$\boldsymbol{r}\times\boldsymbol{S}=\boldsymbol{S}_0$$

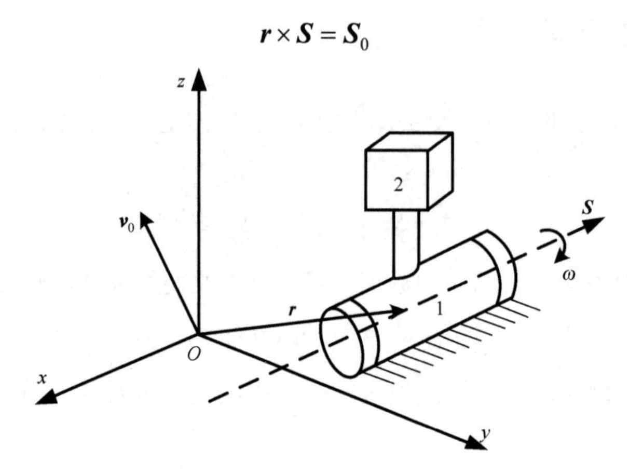

图 2-10　刚体的瞬时转动

线矢量的第二项可以写为

$$\omega\boldsymbol{S}_0=\omega\boldsymbol{r}\times\boldsymbol{S}=\boldsymbol{r}\times\boldsymbol{\omega}=\boldsymbol{v}_0 \tag{2-50}$$

转动运动线矢量的第二项是刚体与原点 O 重合那点的切向线速度，它是由刚体做旋转运动产生的。故式(2-49)也可写为

$$\omega\boldsymbol{\$}=\boldsymbol{\omega}+\in\boldsymbol{v}_0=(\boldsymbol{\omega};\boldsymbol{v}_0) \tag{2-51}$$

因此，构成刚体的转动运动线矢量的对偶矢量包括角速度矢量和刚体上与坐标原点重合点的线速度矢量 $\boldsymbol{v}_0$。刚体瞬时转动运动的 Plücker 坐标为 $\omega(\boldsymbol{S};\boldsymbol{S}_0)$ 或 $(\boldsymbol{\omega};\boldsymbol{v}_0)$。当坐标系原点与转轴重合时，$\boldsymbol{v}_0=\boldsymbol{0}$，转动运动线矢量变成 $\omega\boldsymbol{\$}=\boldsymbol{\omega}+\in\boldsymbol{0}$，写成 Plücker 坐标为 $(\boldsymbol{\omega};\boldsymbol{0})$。

2.5.2　刚体的瞬时移动

当刚体 2 相对刚体 1 做平移运动时，速度 $\boldsymbol{v}$ 沿单位矢量 $\boldsymbol{S}$ 方向，速度矢量可以表示为 $\boldsymbol{v}=v\boldsymbol{S}$，此单位矢量 $\boldsymbol{S}$ 通常选择移动副导轨方向。然而，对于平移运动，刚体上所有的点都具有相同的移动速度 $\boldsymbol{v}$，也就是说将矢量 $\boldsymbol{S}$ 平行移动并不改变刚体的运动状态，所以移动速度矢量是自由矢量。

刚体的移动速度，也可以看成是一个瞬时转动，此转动轴线与 $\boldsymbol{S}$ 正交，并位于距 $\boldsymbol{S}$ 无限远的平面内，此转轴的 Plücker 坐标为 $(\boldsymbol{0};\boldsymbol{S})$ 或 $(0\ 0\ 0;L\ M\ N)$。绕此轴的瞬时转动运动就可以表示成 $\boldsymbol{v}(\boldsymbol{0};\boldsymbol{S})$ 或 $(0;\boldsymbol{v})$，速度矢量 $\boldsymbol{v}$ 是自由矢量。

2.5.3　刚体的运动合成

当刚体 2 相对刚体 1 既有相对转动又有相对移动时，情况要复杂一些。这里先讨论转动轴线与移动方向不一致的情况，如图 2-11 所示。刚体 2 通过转动副绕轴 $\boldsymbol{S}_1$ 旋转，瞬时转动螺旋为 $\omega_1(\boldsymbol{S}_1;\boldsymbol{S}_{01})$，$(\boldsymbol{S}_1;\boldsymbol{S}_{01})$ 为单位线矢量；同时刚体 2 又通过移动副沿 $\boldsymbol{S}_2$ 做相对移动，瞬时移动螺旋为 $\boldsymbol{v}_2(\boldsymbol{0};\boldsymbol{S}_2)$，$\boldsymbol{S}_2$ 为单位矢量。刚体的绝对瞬时运动是这两个运动螺旋的合成，按螺旋代数和计算，合成螺旋的原部与对偶部分别是这两个螺旋的原部之和与对偶部之和。合成螺旋表示为

$$\omega_i\hat{\boldsymbol{S}}_i = \omega_i\boldsymbol{S}_i + \in \omega_i\boldsymbol{S}_i^0 \tag{2-52}$$

式中，ω_i 为合成运动的转动角速度大小，下角标 i 表示合成的绝对瞬时运动；$\hat{\boldsymbol{S}}_i$ 为所合成的单位运动螺旋。

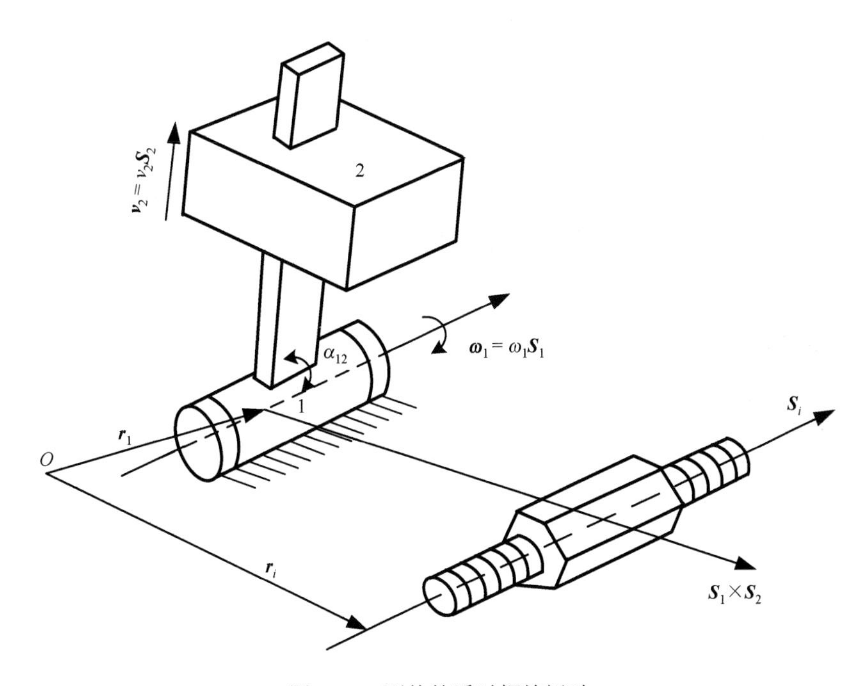

图 2-11　刚体的瞬时螺旋运动

合成螺旋的原部及对偶部分别是

$$\omega_i\boldsymbol{S}_i = \omega_1\boldsymbol{S}_1 \tag{2-53}$$

$$\omega_i\boldsymbol{S}_i^0 = \omega_1\boldsymbol{S}_{01} + v_2\boldsymbol{S}_2 \tag{2-54}$$

可以看到，合成运动的角速度方向矢量 $\boldsymbol{S}_i$ 与 $\boldsymbol{S}_1$ 相同；合成运动转动角速度 ω_i 等于转动角速度 ω_1。合成运动的对偶部 $\omega_i\boldsymbol{S}_i^0$ 为线速度矢量。

显然，刚体 2 的瞬时运动是转动与平移运动的合成，而且合成螺旋的对偶矢量也不满

足正交条件，即 $\boldsymbol{S}_i \cdot \boldsymbol{S}_i^0 \neq 0$。令合成螺旋的节距为 h_i，则

$$h_i = \boldsymbol{S}_i \cdot \boldsymbol{S}_i^0 = v_2 / \omega_1 \cos\alpha_{12} \tag{2-55}$$

式中，α_{12} 为转动方向 $\boldsymbol{S}_1$ 与移动方向 $\boldsymbol{S}_2$ 的夹角。

此时刚体的绝对运动可分解为

$$\omega_i(\boldsymbol{S}_i;\boldsymbol{S}_i^0) = \omega_i(\boldsymbol{S}_i;\boldsymbol{S}_i^0 - h_i\boldsymbol{S}_i) + \omega_i(\boldsymbol{0};h_i\boldsymbol{S}_i) \tag{2-56}$$

由此，矢量 $\boldsymbol{S}_i^0$ 被分解为沿 $\boldsymbol{S}_i$ 方向及垂直 $\boldsymbol{S}_i$ 方向的两部分，如图 2-12 所示。注意：$\boldsymbol{S}_i \cdot (\boldsymbol{S}_i^0 - h_i\boldsymbol{S}_i) = 0$，故二者正交。

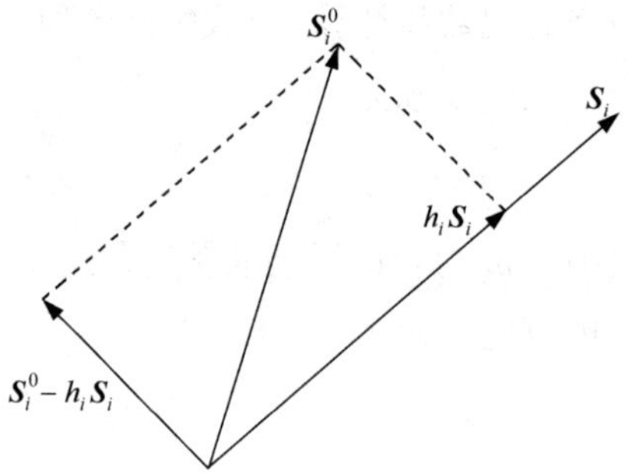

式(2-56)右边的第一项（$\omega_i\boldsymbol{S}_i;\omega_i\boldsymbol{S}_i^0 - \omega_i h_i\boldsymbol{S}_i$）是绕 $\boldsymbol{S}_i$ 轴线的纯转动，括号中的对偶部只表示与原点重合点的切向速度分量，因为 $\boldsymbol{S}_i$ 轴与 $\boldsymbol{S}_1$ 平行，合成运动的轴线方程就可以依据式(2-56)写为

$$\boldsymbol{r}_i \times \boldsymbol{S}_i = \boldsymbol{S}_i^0 - h_i\boldsymbol{S}_i \tag{2-57}$$

图 2-12　对偶部的分解

式(2-56)右边的第二项 $\omega_i(\boldsymbol{0};h_i\boldsymbol{S}_i)$ 是移动分量。移动速度的大小为 $v_i = \omega_i h_i$，方向为沿 $\boldsymbol{S}_i$ 方向。这样，合成运动的对偶部仍表示刚体与原点重合点的线速度，其是由转动所引起的刚体与原点重合点的切向速度和刚体沿螺旋轴方向的移动速度之和。

由此，该合成运动就是由绕 $\boldsymbol{S}_i$ 的转动和沿 $\boldsymbol{S}_i$ 的移动组成的螺旋运动，这是刚体运动的最一般形式。其中，绕螺旋轴的转动角速度 $\boldsymbol{\omega}_i = \boldsymbol{\omega}_1$，沿螺旋轴的移动速度 $\boldsymbol{v}_i = v_2\cos\alpha_{12}\boldsymbol{S}_1$。此时，图 2-11 所表示的合成运动螺旋轴线的 Plücker 坐标为

$$(\omega_1\boldsymbol{S}_1;\omega_1\boldsymbol{r}_1 \times \boldsymbol{S}_1 + v_2\boldsymbol{S}_2 - v_2\cos\alpha_{12}\boldsymbol{S}_1) \tag{2-58}$$

表示螺旋运动的物理量是运动螺旋，故该合成运动又可记为

$$\omega_i\boldsymbol{\$}_i = \boldsymbol{\omega}_i + \in \boldsymbol{v}_i^0 = (\boldsymbol{\omega}_i;\boldsymbol{v}_i^0) = (\boldsymbol{\omega}_i;\omega_i\boldsymbol{r}_i \times \boldsymbol{S}_i + \omega_i h_i\boldsymbol{S}_i) \tag{2-59}$$

此运动螺旋的原部 $\boldsymbol{\omega}_i$ 是螺旋运动的角速度矢量，而对偶部 $\boldsymbol{v}_i^0$ 是刚体与原点重合点的线速度矢量，如图 2-13 所示。一般而言，对偶部 $\boldsymbol{v}_i^0$ 与角速度矢量 $\boldsymbol{\omega}_i$ 的方向不平行，除非螺旋轴线过坐标原点。

当螺旋轴线经过坐标原点时，矢径 $\boldsymbol{r}_i$=$\boldsymbol{0}$，式(2-59)变成

$$\omega_i\boldsymbol{\$}_i = \omega_i\boldsymbol{S}_i + \in \omega_i h_i\boldsymbol{S}_i$$

此时，$\boldsymbol{v}_i^0 = \omega_i h_i\boldsymbol{S}_i = v_i\boldsymbol{S}_i$，它与 $\boldsymbol{\omega}_i$ 的方向平行，该运动螺旋 $(\boldsymbol{\omega}_i;\boldsymbol{v}_i)$ 的对偶部表示与螺旋共轴的线速度。

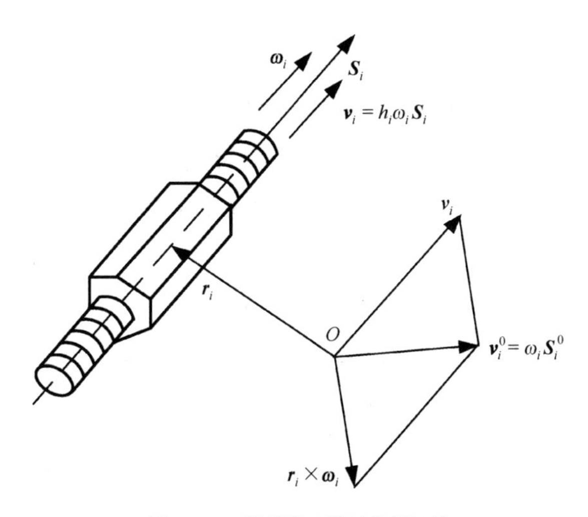

图 2-13　螺旋的对偶速度矢量

基于式(2-40)和式(2-59)，运动螺旋的节距可表示为

$$h_i = \boldsymbol{\omega}_i \cdot \boldsymbol{v}_i^0 / (\boldsymbol{\omega}_i \cdot \boldsymbol{\omega}_i) = v_i / \omega_i \tag{2-60}$$

上式表明运动螺旋的节距等于沿螺旋轴线的速度大小 v_i 除以角速度大小 ω_i。当 $v_i = 0$ 时，螺距 $h_i = 0$，刚体做纯转动；当 $\omega_i = 0$ 时，螺距 $h_i = \infty$，刚体做纯移动。式(2-59)所示的运动螺旋的轴线方程则可以表示为

$$\boldsymbol{r} \times \boldsymbol{\omega}_i = \boldsymbol{v}_i^0 - h_i \boldsymbol{\omega}_i \tag{2-61}$$

例 2-2　已知一刚体的角速度矢为$\boldsymbol{\omega}$，其上一点 P 的线速度矢为 $\boldsymbol{v}_{\mathrm{P}}$，两者方向不同。试求螺旋运动的节距及轴线。

解：将点 P 选为坐标原点，$\boldsymbol{v}_{\mathrm{P}}$ 就是刚体上原点的线速度，该刚体的运动螺旋为

$$\omega_i \boldsymbol{\$}_i = (\boldsymbol{\omega}; \boldsymbol{v}_{\mathrm{P}})$$

螺旋运动的节距为

$$h = \boldsymbol{\omega} \cdot \boldsymbol{v}_{\mathrm{P}} / (\boldsymbol{\omega} \cdot \boldsymbol{\omega})$$

螺旋的轴线方程为

$$\boldsymbol{r} \times \boldsymbol{\omega} = (\boldsymbol{v}_{\mathrm{P}} - h\boldsymbol{\omega})$$

2.6　刚体上作用的力螺旋

2.6.1　刚体上的作用力

与用螺旋表示刚体的瞬时运动相似，刚体上的作用力也可以用螺旋来表示。如刚体上有一作用力$\boldsymbol{f}$，如图 2-14(a)所示，它可写为标量f与单位矢量 $\boldsymbol{S}$ 之积 $f\boldsymbol{S}$。此力对坐标原点之矩 $\boldsymbol{C}_0 = \boldsymbol{r} \times \boldsymbol{f}$ 可表示为标量f与单位矢量 $\boldsymbol{S}$ 的线矩 $\boldsymbol{S}_0$ 之积 $\boldsymbol{C}_0 = f\boldsymbol{S}_0$。所以，刚体上的作用力用

线矢量可表示为

$$f\boldsymbol{\$}=\boldsymbol{f}+\in f\boldsymbol{S}_0=f\boldsymbol{S}+\in f\boldsymbol{S}_0 \tag{2-62}$$

式中，$\boldsymbol{\$}$为单位线矢量，$\boldsymbol{S}\cdot\boldsymbol{S}=1$；$\boldsymbol{S}$ 和 $\boldsymbol{S}_0$ 正交，$\boldsymbol{S}\cdot\boldsymbol{S}_0=0$。力线矢 $f\boldsymbol{\$}$ 同时表示了作用在刚体上力的大小、方向和作用线。力线矢写成 Plücker 坐标形式为 $f(\boldsymbol{S};\boldsymbol{S}_0)$ 或 $(f\boldsymbol{S};f\boldsymbol{S}_0)$ 或 $(\boldsymbol{f};\boldsymbol{C}_0)$，即

$$f\boldsymbol{\$}=\boldsymbol{f}+\in\boldsymbol{C}_0 \tag{2-63}$$

式中，$\boldsymbol{C}_0$ 是力 $\boldsymbol{f}$ 对原点之矩，即 $\boldsymbol{C}_0=f\boldsymbol{S}_0=f\boldsymbol{r}\times\boldsymbol{S}$。当力过原点，力对原点之矩为零，$\boldsymbol{C}_0=\boldsymbol{0}$，此时，该作用力的 Plücker 坐标为 $(\boldsymbol{f};\boldsymbol{0})$。

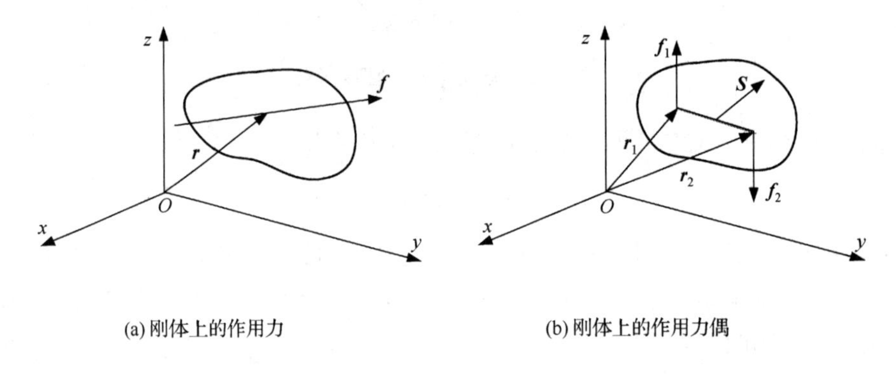

(a) 刚体上的作用力　　(b) 刚体上的作用力偶

图 2-14　刚体的受力

2.6.2　刚体上作用的力偶

在刚体上作用两个大小相等、方向相反的平行力 $\boldsymbol{f}_1$ 和 $\boldsymbol{f}_2$，如图 2-14(b)所示，这两个力构成一个力偶，其为矢量，可表示为

$$\boldsymbol{C}=(\boldsymbol{r}_2-\boldsymbol{r}_1)\times\boldsymbol{f}_2=(\boldsymbol{r}_1-\boldsymbol{r}_2)\times\boldsymbol{f}_1 \tag{2-64}$$

显然，该力偶矢量 $\boldsymbol{C}$ 的方向为沿力偶平面的法线方向。力偶是自由矢量，它在刚体上平行移动不会改变对刚体作用的效果。若 $\boldsymbol{S}$ 是力偶平面的单位法线矢量，它与力偶矩的方向一致，则单位力偶的 Plücker 坐标可表示为 $(0;\boldsymbol{S})$。力偶也可用螺旋表示为 $C\boldsymbol{\$}$，其可认为是一个位于无限远、作用在刚体上且与 $\boldsymbol{S}$ 正交的无限小的力对原点的矩。力偶螺旋可表示为

$$C\boldsymbol{\$}=C(0;\boldsymbol{S})=(0;C\boldsymbol{S})=(0;\boldsymbol{C}) \tag{2-65}$$

2.6.3　刚体上作用力的合成

一般情况下，作用于一个刚体上的空间力系都可以简化为一个力 $f_1(\boldsymbol{S}_1;\boldsymbol{S}_0)$ 和一个力偶

$C_2(0;\boldsymbol{S}_2)$，这里的 $\boldsymbol{S}_1$ 及 $\boldsymbol{S}_2$ 都是单位矢量。此力矢和力偶矢一般会有不同的方向，如图 2-15 所示，它们共同构成一个力螺旋，可按旋量代数和计算。

$$f_i\boldsymbol{\$}_i = f_i\boldsymbol{S}_i + \in f_i\boldsymbol{S}_i^0 \tag{2-66}$$

式中，$\boldsymbol{S}_i$ 为单位矢量，$\boldsymbol{S}_i\cdot\boldsymbol{S}_i = 1$，按螺旋和运算规则，其原部与对偶部分别为

$$f_i\boldsymbol{S}_i = f_1\boldsymbol{S}_1,\quad f_i\boldsymbol{S}_i^0 = f_1\boldsymbol{r}\times\boldsymbol{S}_1 + C_2\boldsymbol{S}_2 \tag{2-67}$$

由此看出，$f_i = f_1$，$\boldsymbol{S}_i = \boldsymbol{S}_1$。这里，$\boldsymbol{S}_i$ 与 $\boldsymbol{S}_i^0$ 一般不满足正交的条件，力螺旋的节距 h_i 可求解如下：

$$h_i = \boldsymbol{S}_1\cdot\left(\boldsymbol{r}_1\times\boldsymbol{S}_1 + \frac{C_2}{f_1}\boldsymbol{S}_2\right) = \frac{C_2}{f_1}\boldsymbol{S}_1\cdot\boldsymbol{S}_2 \tag{2-68}$$

上述的和螺旋 $f_i(\boldsymbol{S}_i;\boldsymbol{S}_i^0)$ 可以表示为一个大小为 f_i、沿 $\boldsymbol{S}_i$ 方向作用的力和一个与 $\boldsymbol{S}_i$ 方向平行的力偶矢。当把 $\boldsymbol{S}_i^0$ 沿平行和垂直 $\boldsymbol{S}_i$ 方向分解时，可写出下式：

$$f_i(\boldsymbol{S}_i;\boldsymbol{S}_i^0) = f_1(\boldsymbol{S}_1;\boldsymbol{S}_i^0 - h_i\boldsymbol{S}_1) + f_1(\boldsymbol{0};h_i\boldsymbol{S}_1) \tag{2-69}$$

上式右边第一项表示沿 $\boldsymbol{S}_i$ 轴线方向的纯作用力，$f_1(\boldsymbol{S}_i^0 - h_i\boldsymbol{S}_1)$ 是力 $f_1\boldsymbol{S}_1$ 对原点之矩；第二项是一个与力作用线共轴的纯力偶 $f_1h_i\boldsymbol{S}_1$。$\boldsymbol{S}_i$ 的轴线位置可由下面的方程决定。

$$\boldsymbol{r}_i\times\boldsymbol{S}_1 = \boldsymbol{S}_i^0 - h_i\boldsymbol{S}_1 \tag{2-70}$$

总之，作用在刚体上的任意空间力系，最后均可以合成为力螺旋，即一个力线矢 $f_i(\boldsymbol{S}_i;\boldsymbol{S}_i^0 - h_i\boldsymbol{S}_i)$ 和与其共线的力偶矢 $f_i(\boldsymbol{0};h_i\boldsymbol{S}_i)$ 之和。

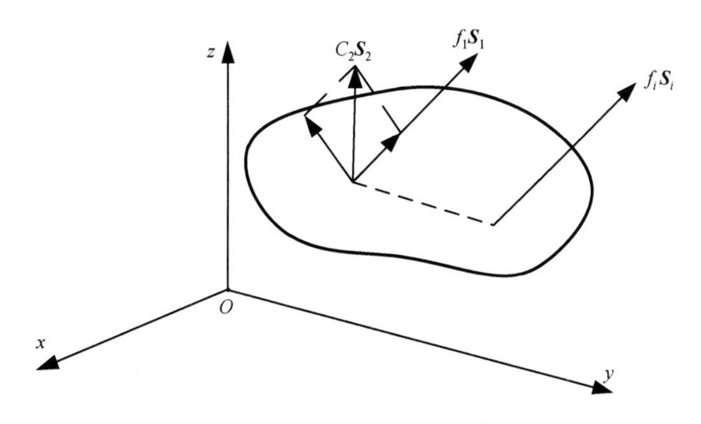

图 2-15　刚体上作用的力螺旋

力螺旋可以表示成力的大小 f_i 与单位旋量 $\boldsymbol{\$}_i$ 的数积，$f_i\boldsymbol{\$}_i = f_i\boldsymbol{S}_i + \in f_i\boldsymbol{S}_i^0$，或者写为

$$f_i\boldsymbol{\$}_i = f_i\boldsymbol{S}_i + \in f_i(\boldsymbol{S}_{0i} + h_i\boldsymbol{S}_i) \tag{2-71}$$

式中，第一项是沿 $\boldsymbol{S}_i$ 方向的作用力；第二项是作用力对原点的矩 $f_i\boldsymbol{S}_{0i}$ 与沿 $\boldsymbol{S}_i$ 方向的力偶矢 $f_ih_i\boldsymbol{S}_i$ 之和，也可以说是整个力系对原点的矩。式(2-71)还可简写为 $f_i\boldsymbol{\$}_i = \boldsymbol{f}_i + \in\boldsymbol{C}_i^0$。由式 (2-40)，此力螺旋的节距还可以用 $\boldsymbol{f}_i$ 及 $\boldsymbol{C}_i^0$ 表示为

$$h_i = \boldsymbol{f_i} \cdot \boldsymbol{C}_i^0 / (\boldsymbol{f}_i \cdot \boldsymbol{f}_i)$$

如果与螺旋轴线共线的力偶大小用 C_i 表示，节距可简化为

$$h_i = C_i / f_i \tag{2-72}$$

由此看来，力螺旋的节距等于与螺旋共线的力偶的模除以力的模。

当力螺旋沿 $\boldsymbol{S}_i$ 方向的力偶 $C_i = 0$ 时，则节距 h 为零，作用于刚体的力系简化为一个力；当力螺旋的力 f_i 等于零时，节距 h 为无限大，即 $h = \infty$，刚体上只有作用力偶。

比较运动学中的运动螺旋及静力学中的力螺旋，两者都可以用一个系数与一个单位旋量的乘积表示，有相似的数学关系。运动螺旋和力螺旋的节距都是原点不变量。

运动螺旋的节距：
$$h_i = \frac{\boldsymbol{\omega_i} \cdot \boldsymbol{v_i^0}}{\boldsymbol{\omega_i} \cdot \boldsymbol{\omega_i}} = \frac{v_i}{\omega_i}$$

力螺旋的节距：
$$h_i = \frac{\boldsymbol{f_i} \cdot \boldsymbol{C}_i^0}{\boldsymbol{f}_i \cdot \boldsymbol{f}_i} = \frac{C_i}{f_i}$$

它们都是沿螺旋方向两个矢量的模之比。

综上所述，在运动学及静力学中的物理量有如下几类。

1．自由矢量

只考虑大小和方向的矢量，如运动学中刚体的移动速度、静力学中的力偶。它们都只需给出大小和方向，就能确定该物理量。

2．线矢量

需要同时给出大小、方向和矢量的作用线，才能确定该物理量，如角速度和力都是这样的物理量。

3．螺旋

当需要从全局或整体上描绘刚体的受力或运动时，就要采用力螺旋或运动螺旋这样的物理量。它们都是螺旋，都可由一个标量和一个单位螺旋结合构成。多个矢量之和仍为矢量，但多个线矢量之和通常是螺旋。表 2-1 给出了运动学及静力学中各物理量的比较。

表 2-1　运动学及静力学中各物理量的比较

项目	节距	运动学	静力学
螺旋	$h \neq 0$	单位螺旋 $(\boldsymbol{S};\boldsymbol{r}\times\boldsymbol{S}+h\boldsymbol{S})$	单位螺旋 $(\boldsymbol{S};\boldsymbol{r}\times\boldsymbol{S}+h\boldsymbol{S})$
		运动螺旋 $(\boldsymbol{\omega};\boldsymbol{r}\times\boldsymbol{\omega}+h\boldsymbol{\omega})$	力螺旋 $(\boldsymbol{f};\boldsymbol{r}\times\boldsymbol{f}+h\boldsymbol{f})$
线矢量	$h = 0$	角速度线矢 $(\boldsymbol{\omega};\boldsymbol{r}\times\boldsymbol{\omega})$	力线矢 $(\boldsymbol{f};\boldsymbol{r}\times\boldsymbol{f})$
自由矢量	$h = \infty$	移动速度 $(\boldsymbol{0};\boldsymbol{v})$	力偶矢 $(\boldsymbol{0};\boldsymbol{C})$

习　题

2-1　直线的矢量方程 $\boldsymbol{r}\times\boldsymbol{S}=\boldsymbol{S}_0$ 内含三个标量方程[见式(2-13)]，这是否与高等数学中给定的空间直线方程(两个标量方程)相矛盾?

2-2　对于下面所给出的直线 Plücker 坐标，试说明直线与坐标轴和坐标平面的关系。

1) $(a,b,c;d,e,0)$　2) $(a,0,c;d,e,f)$　3) $(0,b,c;0,e,f)$　4) $(a,b,c;0,0,0)$

5) $(a,0,0;0,e,0)$　6) $(a,0,0;0,e,f)$　7) $(0,b,c;d,0,0)$　8) $(0,b,0;0,0,0)$

2-3　写出下面螺旋的 4 个要素，并说明该螺旋的特点。

1) $(0,-1,0;0,1,0)$　2) $(0,2,-1;0,0,1)$　3) $(1,1,0;0,1,1)$

2-4　已知刚体某瞬时含有两个运动螺旋，分别为 $\boldsymbol{\$}_1=(4,0,0;\ 4,0,0)$，$\boldsymbol{\$}_2=(0,0,0;\ 0,3,2)$，求该刚体合成运动螺旋的轴向移动速度以及与原点重合点的切向速度。

2-5　对刚体施加两个力螺旋，分别为 $\boldsymbol{\$}_1=(2,0,0;1,0,0)$，$\boldsymbol{\$}_2=(1,0,0;2,0,1)$，求该刚体所作用的合力螺旋轴线方程。

2-6　如果用运动螺旋表示刚体由螺旋副所导致的螺旋运动，求运动螺旋的节距与螺旋副导程的关系。

2-7　如何理解螺旋运动是刚体最一般的运动形式?

第 3 章

螺旋的相关性和相逆性

本章将研究螺旋的两个基本问题，即螺旋的相关性和相逆性。在介绍这两个基本问题之前，我们首先给出螺旋系的概念。

在螺旋理论中，螺旋系的概念可以从运动学引出。对于一个开链机构或串联机器人，末端刚体的运动可以表示为诸连杆运动的叠加；当每个连杆间的相对运动表示为螺旋时，末端的运动就是诸螺旋的线性叠加。简单地讲，决定刚体运动的所有螺旋组成的集合就是螺旋系。螺旋系对于机构的运动分析有着十分重要的作用，空间开链和闭链机构的运动学均可以用运动副的螺旋来表示。

按螺旋的数目，螺旋系可分为仅含一个螺旋的单螺旋系，含两个线性无关螺旋的双螺旋系(也称螺旋二系或二系螺旋)，含三个线性无关螺旋的三系螺旋，以及四系螺旋、五系螺旋和六系螺旋等。由于线性无关的螺旋最多只有 6 个，六系螺旋是数目最大的螺旋系。

螺旋的相关性由螺旋系而来，从数学上而言，就是螺旋系的各个螺旋矢量是否线性相关。本章将介绍两种分析螺旋线性相关的理论，一种是通过螺旋系所构成的矩阵的秩来判定；另一种是按实际应用中经常出现的不同几何条件来判定。螺旋的相关性是分析机构运动输出的一个有效方法。

本章最后介绍的一个重要问题是螺旋的相逆性，并由此给出反螺旋的概念。运动螺旋的反螺旋是结构约束，表示刚体在三维空间受到的约束。这个概念对研究空间机构中的某些问题(如自由度分析)十分方便。

3.1 螺旋系及其基本定理

3.1.1 基本定义

定义 1 设一非空螺旋集合 T，若对于任意一个数 λ 及任何 $\boldsymbol{\$}_1$ 和 $\boldsymbol{\$}_2 \in T$，有

$$\boldsymbol{\$}_1+\boldsymbol{\$}_2\in T,\quad \lambda\boldsymbol{\$}_1\in T$$

则称 T 为螺旋系。螺旋系对加法及数乘封闭。

定义 2　由 n 个螺旋$\boldsymbol{\$}_1$，$\boldsymbol{\$}_2$，…，$\boldsymbol{\$}_n$的任意线性组合形成螺旋系 T，则 T 称为这些螺旋的展成螺旋系。

定义 3　在螺旋系 T 中，若存在 n 个线性无关的螺旋，且 T 中所有螺旋均是这 n 个螺旋的线性组合，则称这 n 个螺旋为螺旋系 T 的一个基。螺旋系 T 一个基的螺旋数目称为该螺旋系的秩，记作 $\mathrm{rank}(T)$。

所有螺旋集合构成的螺旋系记作 T_A，且有 $\mathrm{rank}(T_A)=6$。

定义 4　若螺旋系 T 的一个非空子集 T_i 在螺旋的加法与数乘下封闭，则 T_i 为 T 的一个子螺旋系。

定义 5　螺旋系 T 的两个子螺旋系 T_i(含 n 个螺旋)与 T_j(含 k 个螺旋)的并为

$$T_i\bigcup T_j=\left\{\sum_{i=1}^{n}\boldsymbol{\$}_i+\sum_{j=1}^{k}\boldsymbol{\$}_j\mid \boldsymbol{\$}_i\in T_i,\boldsymbol{\$}_j\in T_j\right\}$$

两个子螺旋系的交为

$$T_i\bigcap T_j=\{\boldsymbol{\$}\mid \boldsymbol{\$}\in T_i,\boldsymbol{\$}\in T_j\}$$

3.1.2　螺旋系串联定理

由螺旋系并的定义及运动叠加原理，可得到螺旋系串联定理。设刚体 r 经 k 个螺旋系 $T_i\{\boldsymbol{\$}_{i1},\boldsymbol{\$}_{i2},\cdots,\boldsymbol{\$}_{in}\}$ $(i=1,2,\cdots,k)$ 依次串联到刚体 0 上(如图 3-1 所示)，则刚体 r 与刚体 0 之间的相对运动螺旋系 T 为

$$T=\bigcup_{i=1}^{k}T_i \tag{3-1}$$

若有$\boldsymbol{\$}\in T$，则

$$\boldsymbol{\$}=\sum_{i=1}^{k}\sum_{j=1}^{n}\boldsymbol{\$}_{ij} \tag{3-2}$$

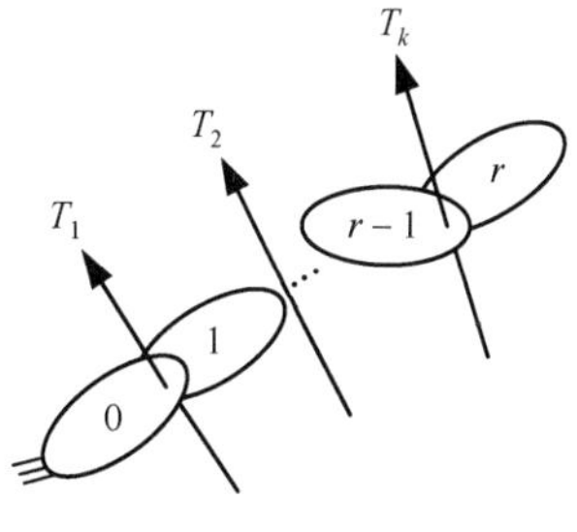

图 3-1　串联螺旋系

3.1.3　单回路运动链的螺旋方程

因单回路运动链(单闭链)可视为单开链的首末两连杆合并为一连杆而成，故两连杆的相对运动螺旋$\boldsymbol{\$}_{r-0}=\mathbf{0}$，则有

$$\boldsymbol{\$}_{r-0}=\sum_{i=1}^{k}\sum_{j=1}^{n}\boldsymbol{\$}_{ij}=\mathbf{0} \tag{3-3}$$

3.1.4 螺旋系并联定理

由螺旋系交的定义及运动相容性原理，可得到螺旋系并联定理。设刚体 r(动平台)由 k 个螺旋系 $T_i\{\$_{i1},\ \$_{i2},\ \cdots,\ \$_{in}\}$ $(i=1,2,\cdots,k)$ 并行连接到刚体0(静平台)上(如图 3-2 所示)，则刚体 r 与刚体 0 之间的相对运动螺旋系 T 为

$$T=\bigcap_{i=1}^{k}T_i \tag{3-4}$$

若有$\$\in T$，则

$$\$\in T_i,\ i=1,2,\cdots,k \tag{3-5}$$

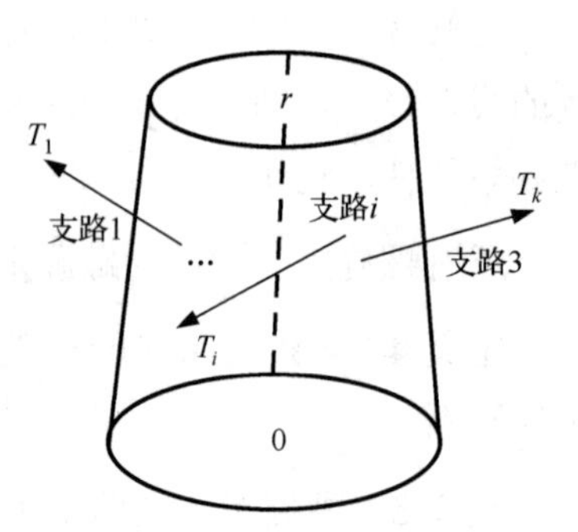

图 3-2 并联螺旋系

螺旋系串、并联定理描述了刚体在两种基本连接方式下螺旋系 T 与各个子螺旋系 $T_i(i=1, 2,\cdots, k)$之间的关系。

3.2 螺旋的相关性

很多空间机构的研究涉及螺旋的相关性问题，因此，螺旋的相关性问题是螺旋理论的一个重要研究方向。

3.2.1 螺旋相关性定义

对于 n 个螺旋 $\$_i=\boldsymbol{S}_i+\in\boldsymbol{S}_i^0,\quad i=1,2,\cdots,n$，若可找到一组不全为零的数$\omega_i$，使得

$$\sum_{i=1}^{n}\omega_i\$_i=\mathbf{0} \tag{3-6}$$

则这 n 个螺旋线性相关。

按螺旋的加法规则，这些螺旋的原部和以及对偶部和分别为零，则有

$$\sum_{i=1}^{n}\omega_i\boldsymbol{S}_i=\mathbf{0}\quad 和\quad \sum_{i=1}^{n}\omega_i\boldsymbol{S}_i^0=\mathbf{0} \tag{3-7}$$

定理 螺旋的相关性与坐标系的选择无关。

若有 n 个线性相关螺旋在坐标系 $Bx_{\mathrm{B}}y_{\mathrm{B}}z_{\mathrm{B}}$ 下表示为 $\$_i^{\mathrm{B}}=(\boldsymbol{S}_{i\mathrm{B}};\boldsymbol{S}_i^{\mathrm{B}}),\quad i=1,2,\cdots,n$，当坐标系由 $Bx_{\mathrm{B}}y_{\mathrm{B}}z_{\mathrm{B}}$ 转变为 $Ax_{\mathrm{A}}y_{\mathrm{A}}z_{\mathrm{A}}$ 时，根据式(2-41)，各旋量变为 $\$_i^{\mathrm{A}}=(\boldsymbol{S}_{i\mathrm{A}};\boldsymbol{S}_i^{\mathrm{A}})$，其中

$$\$_i^{\mathrm{A}}=\boldsymbol{T}_{\$}\$_i^{\mathrm{B}}$$

展开后，可得

$$\boldsymbol{S}_{iA}=\boldsymbol{R}_{B}^{A}\boldsymbol{S}_{iB}\qquad \boldsymbol{S}_{i}^{A}=\boldsymbol{R}_{B}^{A}\boldsymbol{S}_{i}^{B}+\widetilde{AB}\boldsymbol{R}_{B}^{A}\boldsymbol{S}_{iB}$$

为确定坐标系改变后螺旋的相关性，现分析其线性组合

$$\sum_{i=1}^{n}\omega_{i}\boldsymbol{\$}_{i}^{A}=\sum_{i=1}^{n}\omega_{i}\boldsymbol{S}_{iA}+\in\sum_{i=1}^{n}\omega_{i}\boldsymbol{S}_{i}^{A}=\sum_{i=1}^{n}\omega_{i}\boldsymbol{R}_{B}^{A}\boldsymbol{S}_{iB}+\in\left[\sum_{i=1}^{n}\omega_{i}\boldsymbol{R}_{B}^{A}\boldsymbol{S}_{i}^{B}+\widetilde{AB}\boldsymbol{R}_{B}^{A}\sum_{i=1}^{n}\omega_{i}\boldsymbol{S}_{iB}\right]$$

将式(3-7)代入，上式中的右边三项均为零，所以有

$$\sum_{i=1}^{n}\omega_{i}\boldsymbol{\$}_{i}^{A}=\boldsymbol{0}$$

这表明对于在原坐标系下线性相关的螺旋系，转换到新坐标系下仍保持线性相关，定理得以证明。显然，对于原来为线性无关的螺旋系，经坐标系变换后仍线性无关。

考虑到螺旋系的相关性与坐标系的选择无关，简化起见，在分析螺旋的相关性时可以选取最方便的坐标系，使诸螺旋的表达尽可能地简单。例如，在选取坐标系时，使螺旋的 Plücker 坐标中出现尽可能多的 1 或 0 这样最简单的元素，将为许多的数学分析带来方便。

在本章后面会提及螺旋的相逆性与坐标系选择无关这个定理。这两个定理的结合会使许多问题的分析变得容易，比如求某螺旋系的反螺旋常常不需要做复杂的计算，直接用观察推理和判断即能得到正确的结果。

3.2.2　秩判定方法

如前所述，螺旋是两个矢量的对偶组合，写成 Plücker 坐标形式为 $(L, M, N; P, Q, R)$，有 6 个标量。螺旋系的相关性，可由螺旋系中各个螺旋 Plücker 坐标表示的矩阵 $\boldsymbol{J}$ 的秩来判断，即

$$\boldsymbol{J}=\begin{bmatrix} L_1 & M_1 & N_1 & P_1 & Q_1 & R_1 \\ L_2 & M_2 & N_2 & P_2 & Q_2 & R_2 \\ \vdots & \vdots & \vdots & \vdots & \vdots & \vdots \\ L_n & M_n & N_n & P_n & Q_n & R_n \end{bmatrix} \tag{3-8}$$

螺旋的Plücker坐标有6个分量，显然，线性无关螺旋的数目最多6个。线矢量是螺旋的特例，其Plücker坐标同样也有6个分量，所以，线性无关线矢量的数目也有6个。

3.2.3　几何条件判定方法

在机构运动学的研究中，Grassmann 线几何是一个十分有用且较方便的数学工具，对于线

矢量相关性的判定非常简捷，是研究线矢量相关性的最基本的理论依据。法国学者 Merlet 在 1989 年曾用此数学工具发现了一批 Stewart 并联机器人机构的奇异位形，取得了显著的成果。接下来，按线簇秩(从 1 到 6)对 Grassmann 线几何图形进行分类，如表 3-1 所示。

表 3-1　Grassmann 线几何图形

线簇秩	线几何图形	
1		
2	 (a)	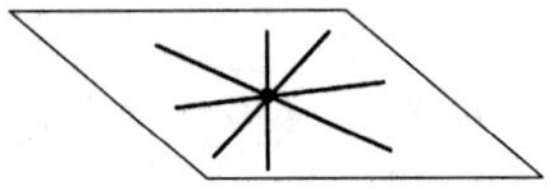 (b)
3	 (a)	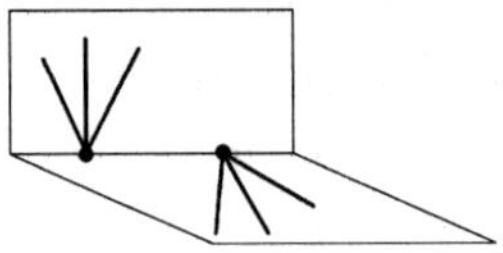 (b)
3	 (c)	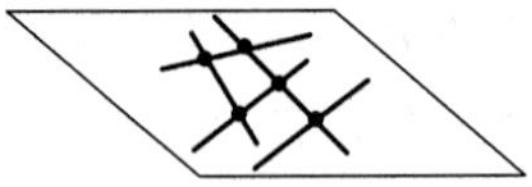 (d)
4	 (a)	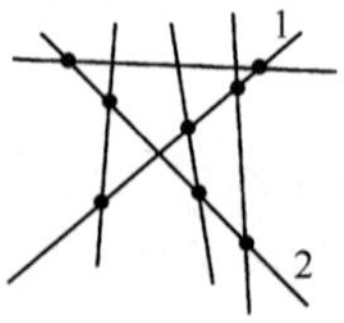 (b) 1 2
4	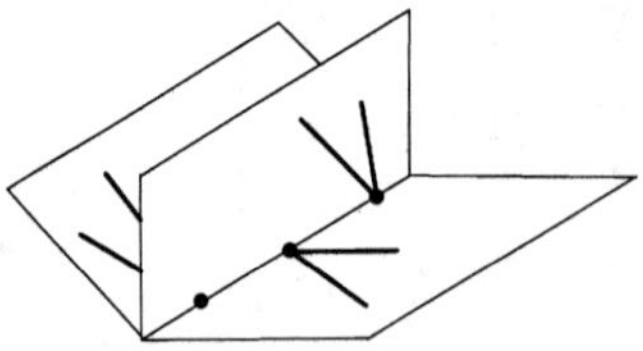 (c)	 (d)
5	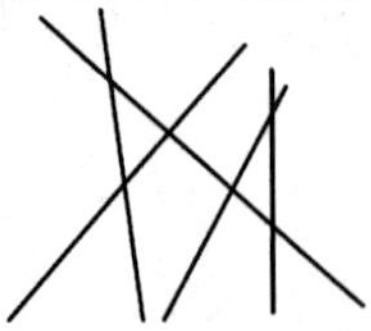 (a)	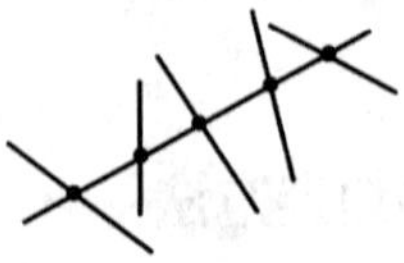 (b)

线簇秩为 0 时，为空集，没有任何直线。

线簇秩为 1 时，在三维空间仅有一条直线。

线簇秩为 2 时，主要有两种情况。

1) 空间相错的两条直线，它们线性无关。

2) 平面上不重合的两条直线，它们也线性无关。这两条线性无关的直线经由任意的线性组合可以形成一个平面线束，它们都处于同一平面，构成一个平行线束（给定的两条直线平行）或汇交于一点的线束（给定的两条直线相交），表 3-1 只给出了后者。

线簇秩为 3 时，主要有四种情况，每种情况包含 3 条线性无关的线矢量。

1) 空间互不平行、不相交的 3 条直线，称为 3a。

2) 汇交点在两个平面交线上的两个平面线矢，称为 3b。

3) 空间共点线矢，称为 3c。

4) 共面线矢，称为 3d。

线簇秩为 4 时称为线汇，其属于高秩的线簇，主要有四种情况，每种情况都含有 4 条线性无关的线矢量。

1) 4 条在空间相互不平行、不相交的直线，称为 4a，它们线性无关。

2) 能同时与已知两条空间异面直线相交的 4 条直线，称为 4b，它们也线性无关。

3) 有 1 条公共交线且汇交点在该线上的 3 个平面线矢，这种情况下，线性无关的线矢量为 4，称为 4c。

4) 包含共点及共面的直线簇，而且汇交点在该平面上，称为 4d。

线簇秩为 5 的线簇称为线丛或线性丛，包括两种形式。

1) 一般线性丛，也称非奇异线性丛。5 条线性无关且不与同一条直线相交的直线，即为一般线性丛，称为 5a。

2) 特殊线性丛或称奇异线性丛，当所有直线同时与一条直线相交时发生，称为 5b。

线簇秩为 6 是螺旋系的满秩情况，其在三维空间是任意的。

下面分析一些特殊几何条件下旋量的相关性，见表 3-2。

表 3-2 偶量、线矢量和螺旋在不同几何空间下的最大线性无关秩

序号	几何特点	图示	偶量	线矢量	螺旋
1	共轴条件	–	1	1	2
2	共面平行		1	2	3
3	平面汇交		2	2	4

续表

序号	几何特点	图示	偶量	线矢量	螺旋
4	空间平行		1	3	4
5	共面		2	3	5
6	空间共点		3	3	6
7	汇交点在两面交线上		3	3	6
8	共面共点(汇交点在平面上)		3	4	6
9	有一公共交线，且交角为直角	–	2	4	4
	有一条公共交线，且交角一定(非直角)	–	3	5	6
	有一条公共交线	–	3	5	6
	有两条异面的公共交线	–	3	4	6
	有三条相互异面的公共交线	–	3	3	6
10	平行平面且无公垂线	–	2	5	5
11	三维空间任意情况	–	3	6	6

注意：1．表中旋量具有不同的节距。

2．对于表中所述共点、共面或与直线相交，偶量可以理解为经空间平移实现上述特征。

下面就表中各项分别给出解释和说明。

1．共轴条件

偶量是自由矢量，若共轴，意味着表示同一个方向，因此，必线性相关。若线矢量共轴，则共轴的每个线矢量可以写为$\$=\lambda(L, M, N;\ P, Q, R)$，其中$\lambda$可任选，显然，它们是线性相关的，最大线性无关秩为 1。而共轴条件下最大线性无关的螺旋($h\neq0$)数为 2，因为不同的螺旋节距不同，共轴两螺旋任何组合的和螺旋仍在该轴线上。

2．共面平行

如果所有的偶量平行，意味着仅在一个方向是自由的，故在此种条件下其最大线性无关秩为 1。在这样的条件下若使诸线矢量同置于 yz 平面内，且平行于 z 轴，这样线矢量必有如下形式：

$$\boldsymbol{\$}=(0,0,N;P,0,0)$$

所以，线矢量在此种情况下最大线性无关秩为 2。对于螺旋，上式变为

$$\boldsymbol{\$}=(0,0,N;P,0,R)$$

该式的第 6 分量不再为零，原因是对偶部增加了 $h\boldsymbol{S}$ 项，这里节距 $h\neq0$。由于 L、M、Q 三个元素为零，对应矩阵 $\boldsymbol{J}$ 中的三列元素为零，而 N、P、R 这 3 个元素可以任意选取，因此，该情况下，螺旋的最大线性无关秩为 3。

3. 平面汇交(共面共点)

对于偶量，如果共面，意味着仅在平面所限定的方向上是自由的，而在平面的法线方向上被约束，故在共面条件下，偶量的最大线性无关秩为 2。

对于平面汇交的线矢量，此时若将所有线矢量置于 xy 面内，且汇交点设为原点，则所有线矢量的 Plücker 坐标有如下形式：

$$\boldsymbol{\$}_i=(L_i,M_i,0;0,0,0),\quad i=1,2,\cdots,n$$

所以该种情况下线矢量的最大线性无关秩也为 2。

对于螺旋轴线共面汇交的情况，与线矢量所建的坐标系相同，则所有螺旋的 Plücker 坐标有如下形式：

$$\boldsymbol{\$}_i=(L_i,M_i,0;h_iL_i,h_iM_i,0),\quad i=1,2,\cdots,n$$

此时，最大线性无关的螺旋数为 4。这里需要注意的是，当相交的两个螺旋节距不等时，和螺旋将不在此两螺旋所决定的平面上。

4. 空间平行

对于偶量，如果空间平行，则意味着仅在一个方向是自由的，其秩为 1。

如果所有的线矢量在空间上平行，可令坐标系的 z 轴与线矢量平行，则所有线矢量的 Plücker 坐标有如下形式：

$$\boldsymbol{\$}_i=(0,0,N_i;P_i,Q_i,0),\quad i=1,2,\cdots,n$$

其第 1、2、6 三个元素都为零，因此，最大线性无关秩为 3。

当诸螺旋呈空间平行时，建立与线矢量情况相同的坐标系，但由于其对偶部增加了 $h\boldsymbol{S}$ 项，则仅对应矩阵 $\boldsymbol{J}$ 的前两列元素为零，因此，其最大线性无关秩为 4。

5. 共面

对于偶量，同第 3 种情况，其最大线性无关秩为 2。

如果所有线矢量共面，可设该平面为坐标系的 xy 面，则所有线矢量的 Plücker 坐标有如下形式：

$$\boldsymbol{S}_i=(L_i,M_i,0;0,0,R_i),\quad i=1,2,\cdots,n$$

所以，该种情况下所有线矢量的最大线性无关秩为 3。

对于不同节距的螺旋处于共面的条件下，建立同样的坐标系。这样，螺旋的 Plücker 坐标的第 3 分量必为零，而对偶部由于增加了 $h\boldsymbol{S}$ 项，后三个分量均不为零，故此种情况下，螺旋的最大线性无关秩为 5。同时，对比平面汇交情况，可以看到至少有一个螺旋不过原点，因此平面上任何螺旋都可由此 5 个螺旋经线性组合得到。但是，具有不同节距的螺旋的任意线性组合所得到的螺旋的轴线有可能跑到该平面之外。

6. 空间共点

空间共点对于偶量无方向上的约束，因此，其秩为 3。

对于线矢量，三维空间共点条件下其最大线性无关秩为 3。因为将原点选为公共点时，线矢量可表示为

$$\boldsymbol{S}=(L,M,N;0,0,0)$$

当空间有两组共点线矢量时，如果将这两个公共点连成一条直线，不难看到在此几何条件下最大线性无关秩为 5。

对于螺旋，三维空间共点条件下最大线性无关的螺旋数等于 6。显然，对偶部增加了 $h\boldsymbol{S}$ 项后，后三项不再为零。这就是说，不仅过公共点的螺旋可以由该 6 个螺旋的线性组合得到，而且空间不过该点的任何螺旋也都可以由该 6 个螺旋线性组合得到。

7. 汇交点在两面交线上

此种情况下，偶量在空间 3 个方向上均有分量，因此，其秩为 3。对于线矢量而言，Grassmann 将此类线矢量归属于 3b，所构成的螺旋系的最大线性无关秩为 3，见表 3-1。它可以这样解释：两平面上各有一个共点线矢量，且两个汇交点在两个平面的交线上，如图 3-3 所示。由于平面共点线矢量之和仍为线矢量，且经过此共点，所以，可由系数 ω_1 及 ω_2 线性组合任意线矢量 $\boldsymbol{S}_1$ 和 $\boldsymbol{S}_2$，使和线矢 $\boldsymbol{S}$ 为两平面的交线，即

$$\boldsymbol{S}=\omega_1\boldsymbol{S}_1+\omega_2\boldsymbol{S}_2$$

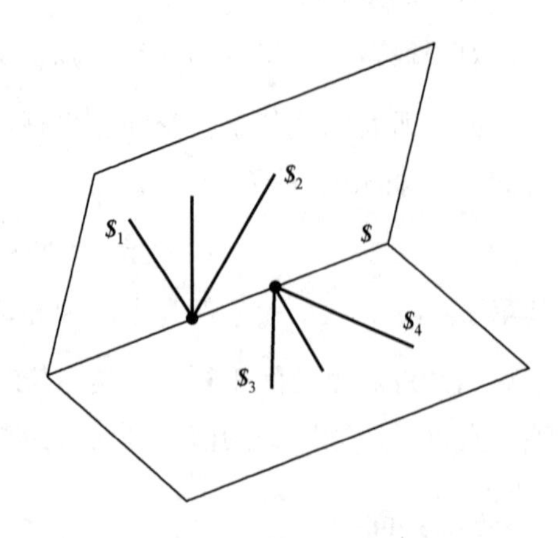

图 3-3　两平面线束

同理，用系数 ω_3 及 ω_4 线性组合任意线矢量 $\boldsymbol{S}_3$ 和 $\boldsymbol{S}_4$，同样可得到

$$\boldsymbol{S}=\omega_3\boldsymbol{S}_3+\omega_4\boldsymbol{S}_4$$

故
$$\boldsymbol{S}_4=\frac{\omega_1}{\omega_4}\boldsymbol{S}_1+\frac{\omega_2}{\omega_4}\boldsymbol{S}_2-\frac{\omega_3}{\omega_4}\boldsymbol{S}_3$$

这说明两平面汇交线矢量中的任意一个线矢量可由其他 3 个线性无关的线矢量经线性组合得到，故此种情况下最大线性无关秩为 3。

对于螺旋而言，此种情况下它的两平面汇交轴线矢量的原部在 3 个方向均有分量，而对偶部等于轴线线矩加 $h\boldsymbol{S}$，因此，对偶部的 3 个分量不恒为零，故此种情况下螺旋系的最大线性无关秩为 6。

8．共面共点

此种情况下，偶量在空间 3 个方向上均有分量，因此，其秩为 3。

对于线矢量而言，见表 3-1，按 Grassmann 线几何构成的螺旋系的最大线性无关秩为 4。这里不妨给出证明，建立如图 3-4 所示的坐标系，取原点在汇交点处，其对应矩阵 $\boldsymbol{J}$ 可写为如下形式

$$\begin{pmatrix}\boldsymbol{S}_1\\\boldsymbol{S}_2\\\boldsymbol{S}_3\\\boldsymbol{S}_4\\\boldsymbol{S}_5\\\boldsymbol{S}_6\end{pmatrix}=\begin{bmatrix}L_1 & M_1 & 0 & 0 & 0 & R_1\\L_2 & M_2 & 0 & 0 & 0 & R_2\\L_3 & M_3 & 0 & 0 & 0 & R_3\\L_4 & M_4 & N_4 & 0 & 0 & 0\\L_5 & M_5 & N_5 & 0 & 0 & 0\\L_6 & M_6 & N_6 & 0 & 0 & 0\end{bmatrix}\tag{3-9}$$

显然，平面上的线矢量 N、P、Q 这 3 项为零，而空间共点线矢量 P、Q、R 这 3 项为零。因此矩阵的 $\boldsymbol{P}$、$\boldsymbol{Q}$ 两列恒为零，其秩为 4。

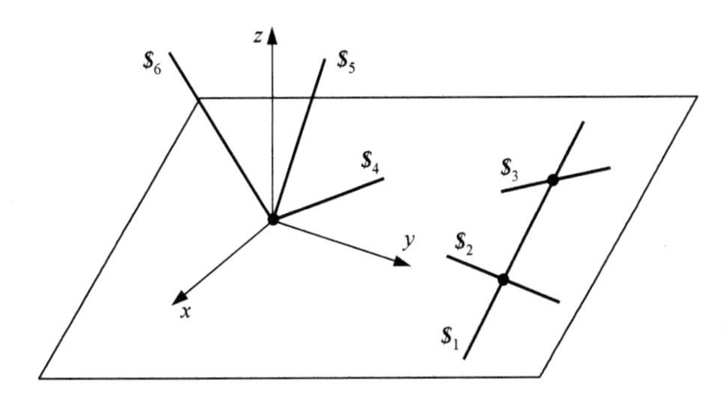

图 3-4　共面与共点线矢量

对于螺旋而言，根据前述分析，显然其最大线性无关秩为 6。

9．有公共交线

三维空间下，若所有偶量与某一直线垂直，则所有偶量失去了该方向的分量，其秩为 2。其他情况下，偶量在空间的三个方向上均有分量，故其秩为 3。

三维空间下若所有线矢量交于同一直线，不妨选此直线为坐标系的 z 轴，则所有线矢量的第 6 分量为零，即此种情况下线矢量的最大线性无关秩为 5。如果进一步，所有交线与公共交线的交角为直角，则线矢量的第 3 分量也为 0，故此时线矢量的最大线性无关秩为 4；如果所有交线与公共交线的交角为定值(非直角)，则线矢量的第 3 分量为非零定值，此时线矢量最大线性无关秩为 5。

当所有线矢量同时与两条异面直线相交(有两条公共交线)时，由于在相交条件下两线矢量的互易积(互矩)为零，可得到两个齐次线性约束方程，其基础解系包含 4 个解矢量，即此种情况下线矢量的最大线性无关秩为 4。同理，如果所有线矢量同时与三条异面直线相交(有三条公共交线)，则线矢量的最大线性无关秩为 3。当 4 个线矢量同时与 3 条直线相交时，这 4 个线矢量一定相关。

一般地，在三维空间下若所有旋量交于同一轴线，最大线性无关的螺旋数仍为 6，空间任何螺旋皆可由上述 6 个线性无关的螺旋线性组合得到。进一步，若所有螺旋与该轴线垂直相交，选择该轴线为 z 轴，则螺旋的 Plücker 坐标的第 3、6 分量皆为零，有 $(L, M, 0; P, Q, 0)$，该种情况下螺旋系的最大线性无关秩为 4；若所有螺旋与该轴线的交角为定值(非直角)，则单位螺旋的第 3 分量为定值，第 6 分量一般不为零，则螺旋系的最大线性无关秩为 6。

若所有螺旋的轴线与两条异面直线相交，根据前面线矢量所述，可得到四条线性无关的轴线矢量，这些轴线矢量的原部在三个方向必然有分量。这里不妨给出说明，如果这些轴线矢量均与某条直线垂直，则轴线的原部在该直线的分量为 0，故该轴线簇会降秩到 3。显然，这与前面给出的最大线性无关秩为 4 相矛盾。由于螺旋对偶部矢量等于轴线矩加 $h\boldsymbol{S}$，故此种情况下螺旋系的最大线性无关秩为 6。同理，若所有螺旋的轴线与三条异面直线相交，其螺旋系的最大线性无关秩仍为 6。

10. 平行平面且无公垂线

当所有线矢量或螺旋分布在相互平行的平面中，相互间无公共垂线时，如取诸平面的公法线为 z 轴，则其 Plücker 坐标的第 3 分量必为零，所以此种情况下线矢量和螺旋系的最大线性无关秩均为 5。偶量同样会失去 z 轴方向的自由度，其秩为 2。

对于三维空间任意情况，这里不做解释。

3.3* 串联机器人螺旋运动方程

串联机器人是一个空间开链机构，通常由一系列杆件通过单自由度运动副串联于机架而产生，此时，机器人自由度的数目就等于运动副的数目。

对于一个开链机器人，当所有运动副都表示为螺旋时，根据螺旋系串联定理，末端件的运动就是诸螺旋的线性叠加。本节讨论如何用螺旋理论建立串联机器人的运动方程，即给定串联机器人各关节的运动螺旋，求末端件(手爪)的运动螺旋。

图 3-5 是一个 6 自由度串联机械臂，由 6 个杆件经转动副依次串联到固定基座而形成。杆件之间的相对运动可以用角速度线矢量 $\omega_1\boldsymbol{\$}_1$， $\omega_2\boldsymbol{\$}_2$， …， $\omega_6\boldsymbol{\$}_6$ 来表示。其末端件相对于惯性坐标系的瞬时运动可以用一个瞬时角速度 ω_i 与单位旋量 $\boldsymbol{\$}_i$ 的乘积表示，这样末端件的运动表示为诸运动螺旋的线性叠加，称为螺旋运动方程。此机器人末端件的瞬时运动螺旋可以由下面的螺旋方程求得。

$$\omega_i\boldsymbol{\$}_i=\omega_1\boldsymbol{\$}_1+\omega_2\boldsymbol{\$}_2+\cdots+\omega_6\boldsymbol{\$}_6=\sum_{j=1}^{6}\omega_j\boldsymbol{\$}_j,\quad j=1,2,\cdots,6 \tag{3-10}$$

式中

$$\omega_i\boldsymbol{\$}_i=\omega_i(\boldsymbol{S}_i\cdot\boldsymbol{S}_i^0)=(\boldsymbol{\omega}_i\cdot\boldsymbol{v}_i^0)$$

$$\omega_j\boldsymbol{\$}_j=\omega_j(\boldsymbol{S}_j\cdot\boldsymbol{S}_{0j})$$

末端件螺旋运动的节距为

$$h_i=\frac{\boldsymbol{\omega}_i\cdot\boldsymbol{v}_i^0}{\boldsymbol{\omega}_i\cdot\boldsymbol{\omega}_i} \tag{3-11}$$

合成螺旋轴线的 Plücker 坐标为 $(\boldsymbol{\omega}_i;\boldsymbol{v}_i^0-h_i\boldsymbol{\omega}_i)$，则其轴线方程为

$$\boldsymbol{r}_i\times\boldsymbol{\omega}_i=\boldsymbol{v}_i^0-h_i\boldsymbol{\omega}_i \tag{3-12}$$

用式(3-10)～式(3-12)可求得末端件的瞬时螺旋运动、节距和螺旋的轴线方程。

在某些机器人手臂的结构中也常用到回转副之外的其他运动副，如移动副、圆柱副和球面副，这时，只要做适当的代换即可。如果第 j 个运动副是移动副，其相应第 j 个螺旋的 Plücker 坐标就改为 $(0, \boldsymbol{S}_j)$，即 $(0, 0, 0; L_j, M_j, N_j)$。如果第 j 个运动副是圆柱副，它可以看成是一个转动副和一个移动副的组合。这样，方程中第 j 和相邻的第 j+1 个螺旋分别为 $(L_j, M_j, N_j;\ P_j, Q_j, R_j)$ 和 $(0, 0, 0;\ L_j, M_j, N_j)$。这两个螺旋无先后次序之分，即颠倒过来也是可以的。如果第 j 个运动副是球面副，由于球面副有 3 个自由度，它就相当于 3 个相互串联的共点不共面转动副。

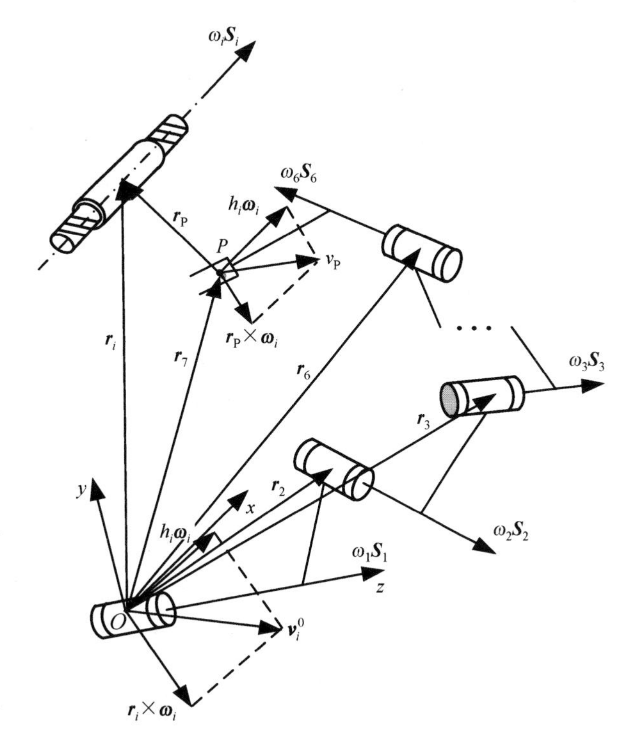

图 3-5　6 自由度串联机械臂

3.4 螺旋的相逆性

螺旋的相逆性是本章所要阐述的螺旋的另一个基本问题。本节将首先给出反螺旋的概念，分析反螺旋存在的规律，然后逐个地讨论单螺旋系、双螺旋系直至六螺旋系的反螺旋系特点和求取方法。本节还将着重分析反螺旋的影响，包括被约束的运动和约束作用下所允许的运动。

3.4.1 反螺旋的定义

一刚体被一个螺旋副约束，沿着单位螺旋 $\boldsymbol{\$}_1=(\boldsymbol{S}_1;\boldsymbol{S}_1^0)$ 做螺旋运动，其运动螺旋为 $\omega_1\boldsymbol{\$}_1=(\boldsymbol{\omega}_1;\boldsymbol{v}_1^0)=(\boldsymbol{\omega}_1;\boldsymbol{r}_1\times\boldsymbol{\omega}_1+\boldsymbol{v}_1)$。设刚体上有一力螺旋 $f_2\boldsymbol{\$}_2=(\boldsymbol{f}_2;\boldsymbol{C}_2^0)=(\boldsymbol{f}_2;\boldsymbol{r}_2\times\boldsymbol{f}_2+\boldsymbol{C}_2)$，沿着单位螺旋 $\boldsymbol{\$}_2=(\boldsymbol{S}_2;\boldsymbol{S}_2^0)$ 作用于刚体，如图 3-6 所示。在运动副所允许的位移上，此力螺旋对刚体所做的瞬时功率应等于力 $\boldsymbol{f}_2$ 和力矩 $\boldsymbol{C}_2$ 所引起的瞬时功率之和。

$$\boldsymbol{P}=\boldsymbol{f}_2\cdot\boldsymbol{v}_1+\boldsymbol{C}_2\cdot\boldsymbol{\omega}_1+a_{12}\boldsymbol{a}_{21}\times\boldsymbol{f}_2\cdot\boldsymbol{\omega}_1 \tag{3-13}$$

式中，$\boldsymbol{a}_{21}$ 是沿运动螺旋和力螺旋轴线的公垂线的单位矢量，a_{12} 为公垂线长度。

展开并整理可得

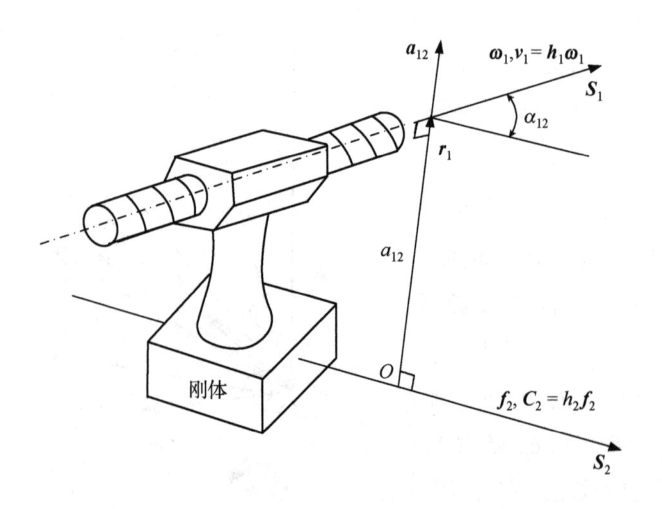

图 3-6　反螺旋的概念

$$\boldsymbol{P}=f_2\omega_1(h_1+h_2)\boldsymbol{S}_1\cdot\boldsymbol{S}_2-f_2\omega_1a_{12}\boldsymbol{a}_{21}\cdot(\boldsymbol{S}_1\times\boldsymbol{S}_2)$$

进一步化简为

$$\boldsymbol{P}=f_2\omega_1[(h_1+h_2)\cos\alpha_{12}-a_{12}\sin\alpha_{12}] \tag{3-14}$$

式中，α_{12} 是运动螺旋和力螺旋的扭向角。

从另一方面看，由式(2-47)可知，运动螺旋与力螺旋的互易积可表示为

$$\omega_1 \boldsymbol{\$}_1 \circ f_2 \boldsymbol{\$}_2 = \boldsymbol{f}_2 \cdot \boldsymbol{v}_1^0 + \boldsymbol{\omega}_1 \cdot \boldsymbol{C}_2^0$$

式中

$$\boldsymbol{v}_1^0 = \omega_1(\boldsymbol{r}_1 \times \boldsymbol{S}_1 + h_1 \boldsymbol{S}_1)$$

$$\boldsymbol{C}_2^0 = f_2(\boldsymbol{r}_2 \times \boldsymbol{S}_2 + h_2 \boldsymbol{S}_2)$$

代入有

$$\begin{aligned} \omega_1 \boldsymbol{S}_1 \circ f_2 \boldsymbol{S}_2 &= f_2 \omega_1 \boldsymbol{S}_1 \cdot (\boldsymbol{r}_2 \times \boldsymbol{S}_2 + h_2 \boldsymbol{S}_2) + f_2 \omega_1 \boldsymbol{S}_2 \cdot (\boldsymbol{r}_1 \times \boldsymbol{S}_1 + h_1 \boldsymbol{S}_1) \\ &= f_2 \omega_1 [(h_1 + h_2)\cos\alpha_{12} - a_{12}\sin\alpha_{12}] \end{aligned} \tag{3-15}$$

可以看出，上式结果与力螺旋对刚体所做的瞬时功率[式(3-14)]相同，即力螺旋和运动螺旋的互易积就是力螺旋作用于刚体所产生的瞬时功率，$\omega_1 \boldsymbol{\$}_1 \circ f_2 \boldsymbol{\$}_2 = P$ 。此式可用 Plücker 坐标来表示，若 $\omega_1 \boldsymbol{\$}_1$ 和 $f_2 \boldsymbol{\$}_2$ 分别为 $(L_1, M_1, N_1; P_1, Q_1, R_1)$ 和 $(L_2, M_2, N_2; P_2, Q_2, R_2)$ ，两螺旋的互易积可表示为

$$\omega_1 \boldsymbol{\$}_1 \circ f_2 \boldsymbol{\$}_2 = L_1 P_2 + M_1 Q_2 + N_1 R_2 + P_1 L_2 + Q_1 M_2 + R_1 N_2$$

如果所研究的两螺旋 $\omega_1 \boldsymbol{\$}_1$ 和 $f_2 \boldsymbol{\$}_2$ 互易积的数值为零，即

$$\omega_1 \boldsymbol{\$}_1 \circ f_2 \boldsymbol{\$}_2 = 0 \tag{3-16}$$

这表示力螺旋对做螺旋运动刚体的瞬时功率为零。这种情况下，无论该力螺旋的力及力矩多大，都不对刚体做功，不影响刚体的运动状态，不改变刚体在约束允许下的螺旋运动。此时，称这个与螺旋 1 构成互易积为零的螺旋 2 为螺旋 1 的反螺旋。

反过来，如果假定力螺旋沿着单位螺旋 $\boldsymbol{\$}_1$ 作用于刚体，则该力螺旋也不会影响刚体沿着单位螺旋 $\boldsymbol{\$}_2$ 做螺旋运动。可见，当 $\boldsymbol{\$}_1$ 是 $\boldsymbol{\$}_2$ 的反螺旋时，$\boldsymbol{\$}_2$ 也一定是 $\boldsymbol{\$}_1$ 的反螺旋，这就是反螺旋的互逆性。

事实上，这种不做功的力只可能是不计摩擦情况下运动副的约束反作用力，也就是理想情况下的约束反作用力。这种反作用力总是处于运动副接触表面的法线方向，例如，通过转动副及球面副的中心，垂直移动副的导轨等。这个反螺旋反映了运动副对于运动的约束。对运动链来说，组成运动链的螺旋系的反螺旋可以视为运动链对刚体运动的约束。还可以更笼统地说，组成机械系统的运动螺旋系的反螺旋构成机械系统对刚体运动的约束，其为结构约束。

当两个螺旋的互易积为零时，若一个螺旋表示了机械系统的约束反力，另一个则是机械系统所允许的运动；反之，若一个螺旋表示了刚体的运动，另一个则是机械系统所产生的约束反力。从另一方面说，若互易积不为零并已知运动存在，这个做功的力螺旋就应该

是驱动力；若力螺旋确实是机械系统的约束反力，则满足互易积不为零的运动螺旋则是被系统约束的运动。

根据式(3-15)，两螺旋互易积为零的方程式写为

$$(h_1+h_2)\cos\alpha_{12}-a_{12}\sin\alpha_{12}=0 \tag{3-17}$$

或

$$L_1P_2+M_1Q_2+N_1R_2+P_1L_2+Q_1M_2+R_1N_2=0 \tag{3-18}$$

从式(3-17)可以看出，两个螺旋的相逆只与两个螺旋的参数有关，与坐标系的选择无关。这个原理是十分有用的，在研究自由度分析、机构综合等问题时都要用到。

已知某螺旋 $\$_1=(\boldsymbol{S}_1;\boldsymbol{S}_1^0)$，其节距为 h_1，同时在空间又有一条与其相错的直线 $(\boldsymbol{S}_2;\boldsymbol{S}_{02})$，根据式(3-17)，过该线并与 $\$_1$ 相逆的螺旋的节距 h_2 为

$$h_2=-h_1+a_{12}\tan\alpha_{12}$$

故这个与 $\$_1$ 相逆并以直线 $(\boldsymbol{S}_2;\boldsymbol{S}_{02})$ 作为轴线的螺旋为 $(\boldsymbol{S}_2;\boldsymbol{S}_{02}+h_2\boldsymbol{S}_2)$。

接下来，对互逆两螺旋轴线相交的情况进行讨论。

显然，当两螺旋的轴线相交时，两轴公法线长度为零，即 $a_{12}=0$，式(3-17)可以转换成如下简单的形式：

$$(h_1+h_2)\cos\alpha_{12}=0 \tag{3-19}$$

进一步，如果两轴线不垂直，即 $\cos\alpha_{12}\neq 0$，要使上式成立，必有

$$h_1=-h_2$$

即相交但不垂直的两螺旋在节距大小相等、符号相反的条件下才相逆。

如果运动螺旋的节距为零，即 $h_1=0$，则瞬时运动是绕 $\$_1$ 轴的纯转动，这相当于一个转动副。在轴线相交(不垂直)的情况下，为满足式(3-19)使两螺旋互逆，则力螺旋的节距也要为零，即 $h_2=0$。所以，节距等于零($h_1=h_2=0$)的两螺旋(线矢量)若相交，它们必互逆。平行亦然，这与第 2 章 2.4.3 节所述是一致的。同时，线矢量与其自身是相逆的，称为自逆；偶量也具有自逆性。由 $h_2=0$ 可知力螺旋为纯力，这表明与回转副轴线相交、平行或共轴的纯作用力不能改变刚体的运动状态。

在两轴线垂直相交情况下，$\cos\alpha_{12}=0$，此时，不论两螺距 h_1、h_2 为何值，两螺旋必互逆。所以，与运动螺旋垂直相交的力螺旋，不论节距多大，都不能改变刚体的运动状态。

最后，考虑刚体做平移运动的情况。当一滑块被约束在滑道中，仅允许沿单位矢量 $\boldsymbol{S}_2$ 方向做运动螺旋为 $(0;\boldsymbol{v}_2)$ 的平移运动时，作用在刚体上的力的螺旋 $(\boldsymbol{f}_1;\boldsymbol{C}_1^0)$ 所引起的瞬时功率为

$$P=\boldsymbol{f}_1\cdot\boldsymbol{v}_2=f_1\boldsymbol{S}_1\cdot v_2\boldsymbol{S}_2=f_1v_2\cos\alpha_{12}$$

这里，$\boldsymbol{S}_1$ 是力螺旋轴线的单位矢量。显然，具有有限节距和零节距(纯力)的力螺旋都能对该刚体做功，改变刚体的运动状态。当力螺旋节距为无穷大(即力螺旋退化成一个纯力偶)或力螺旋与该平移运动螺旋轴线互相垂直时，该力螺旋不做功，不会改变刚体的运动状态。例如，滑道与作用在刚体上的约束反力垂直，则该力方向和运动之间的夹角α_{12}=90°，故此约束反力对滑块是不做功的，如图 3-7 所示。

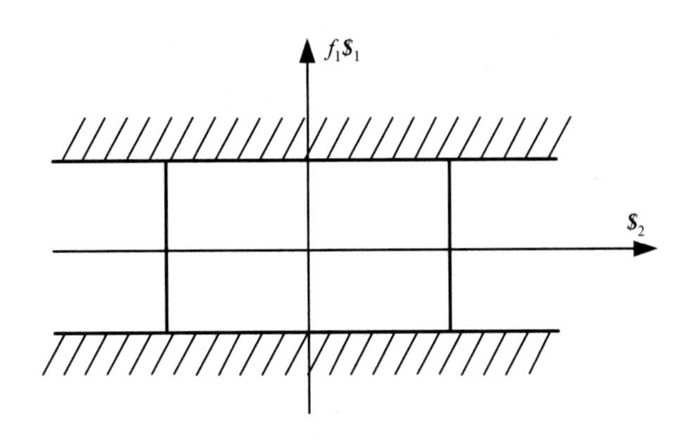

图 3-7　互逆的两螺旋

综上所述，有关螺旋的相逆性概括如下：

1) 两线矢量相逆的充要条件是它们共面，不共面的两线矢必不相逆。

2) 两个偶量必相逆。

3) 线矢量与偶量仅在垂直时相逆，不垂直时不相逆。

4) 线矢量和偶量皆自逆。

5) 任何垂直相交的两旋量必相逆，与节距大小无关。

6) 轴线共面(但不垂直)时，节距大小相等而符号相反的两旋量才相逆。

7) 同轴时，节距大小相等而符号相反的两旋量也相逆。

8) 给出节距为 h_1 的旋量，在与其空间相错的另一条确定的直线上，存在唯一的节距为 h_2 的反螺旋。

3.4.2　反螺旋系

如前所述，一组螺旋对于加法和数乘封闭称为螺旋系，基于螺旋数目的不同，螺旋系可分为6类。反螺旋系也同样如此，当反螺旋的数目不同时，可形成不同的反螺旋系。

1．单螺旋的反螺旋系

如图 3-8 所示，将一刚体通过螺旋副连于机架，则该刚体在螺旋副约束下只能做沿$\$_1$轴线方向的螺旋运动。令角速度为$\omega_1$，运动螺旋为$\omega_1\$_1$，其 Plücker 坐标为$(L_1,M_1,N_1;P_1,Q_1,R_1)$。此外，有一约束力螺旋$f\$^{r}$作用于刚体，对应的 Plücker 坐标为$(L^{\mathrm{r}},M^{\mathrm{r}},N^{\mathrm{r}};P^{\mathrm{r}},Q^{\mathrm{r}},R^{\mathrm{r}})$，其是运动螺旋$\omega_1\$_1$的反螺旋，按式(3-18)有

$$L_1P^{\mathrm{r}}+M_1Q^{\mathrm{r}}+N_1R^{\mathrm{r}}+P_1L^{\mathrm{r}}+Q_1M^{\mathrm{r}}+R_1N^{\mathrm{r}}=0 \tag{3-20}$$

若已知运动螺旋$\omega_1\$_1$，可由该齐次线性方程计算其反螺旋，找到与此运动螺旋相逆的约束力螺旋。

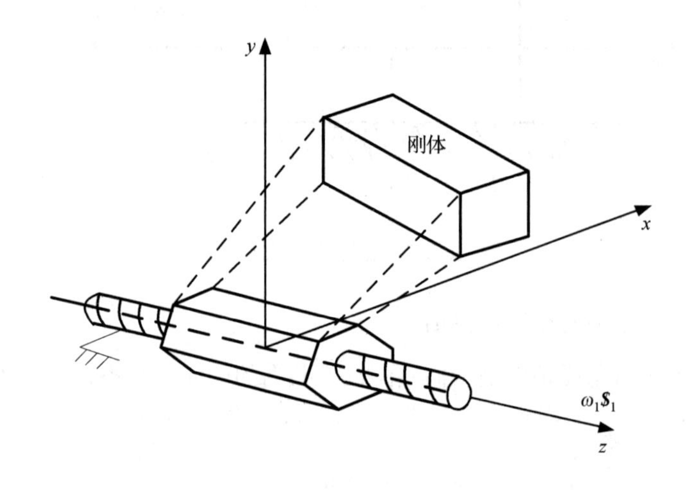

图 3-8　螺旋运动反螺旋

由线性代数理论，若齐次线性方程组有 n 个未知数，方程组系数矩阵的秩为 r。当 $r=n$ 时，方程组有唯一的零向量解。如果 $r<n$，它有无穷多组解，解向量的最大线性无关解数目为 $n-r$，任意 $n-r$ 个线性无关的解向量都可以构成一个基础解系。当某基础解系被选定后，所有其他解向量都是此基础解系中各个解向量的线性组合。这样，由互逆螺旋线性方程组所决定的基础解系由 $n-r$ 个螺旋构成，其便是反螺旋系的最大线性无关秩。从这里可以看到，螺旋系的秩和反螺旋系的秩之和为 6。

由于图 3-8 所示螺旋运动的反螺旋只需满足一个线性方程式(3-20)，待定的反螺旋参数有 6 个，所以它的基础解系包括 5 个解向量，也就是说，5 个线性无关的反螺旋构成方程式(3-20)的一个基。所以单螺旋的反螺旋系是由 5 个线性无关的螺旋构成的。

如图 3-8 所示，若把坐标系的 z 轴与$\$_1$重合，速度$\omega_1$为一个单位，则运动螺旋可表示为$\$_1=(0,0,1;0,0,h)$。对于这种简单情况，此运动螺旋的反螺旋系可以由观察直接得到。

$$
\begin{aligned}
\$_1^{\mathrm{r}} &= (0,0,1;0,0,-h) \\
\$_2^{\mathrm{r}} &= (1,0,0;h_2,0,0) \\
\$_3^{\mathrm{r}} &= (1,0,0;-h_2,0,0) \\
\$_4^{\mathrm{r}} &= (0,1,0;0,h_3,0) \\
\$_5^{\mathrm{r}} &= (0,1,0;0,-h_3,0)
\end{aligned}
$$

其中 h_2、h_3 可为任何不为零的实数。这里，$\$_1$ 的第一个反螺旋 $\$_1^{\mathrm{r}}$ 与其共轴，且二者节距的符号相反。从物理意义上看，这个约束力螺旋 $\$_1^{\mathrm{r}}$ 的轴线与 $\$_1$ 是重合的。按式(3-13)，可以计算由其所引起的瞬时功率

$$
P = \boldsymbol{f}_1^{\mathrm{r}} \cdot \boldsymbol{v}_1 + \boldsymbol{C}_1^{\mathrm{r}} \cdot \boldsymbol{\omega}_1 + \alpha_{12}\boldsymbol{a}_{21} \times \boldsymbol{f}_1^{\mathrm{r}} \cdot \boldsymbol{\omega}_1 = f_1^{\mathrm{r}}\omega_1 h \boldsymbol{S}_1^{\mathrm{r}} \cdot \boldsymbol{S}_1 + f_1^{\mathrm{r}}\omega_1(-h)\boldsymbol{S}_1^{\mathrm{r}} \cdot \boldsymbol{S}_1 = 0
$$

这个结果表示约束力所做的功与约束力偶所做的功相抵消。$\$_1$ 的其他 4 个反螺旋分别沿 x 轴和 y 轴方向，节距为 $\pm h_2$ 和 $\pm h_3$。显然，此 5 个反螺旋相互之间是线性无关的，它们构成了运动螺旋 $\$_1$ 的反螺旋系。任何其他反螺旋都是以这 5 个螺旋作为基础解系的线性组合。有趣的是，上述例子中，$\$_1$，$\$_1^{\mathrm{r}}$，$\$_2^{\mathrm{r}}$，…，$\$_5^{\mathrm{r}}$ 等 6 个螺旋是线性无关的，但这属于特殊情况，大部分情况并非如此。

值得注意的是，在与 z 轴重合的运动螺旋副 $\$_1$ 的约束下，该刚体只有一个自由度。此自由度存在于沿 z 轴的一个可能的螺旋位移上，而沿 z 轴的另一个自由度被约束了(在一条作用线上有两个线性无关的螺旋运动)。此外，沿 x 和 y 方向的螺旋运动都被约束了，所以共有 5 个自由度被这 5 个反螺旋(表达为约束力和约束力偶)约束掉。在无摩擦情况下，约束反力是不会对刚体做功的，也可以说刚体不存在对应此约束力螺旋的螺旋运动，或者说对应此约束力螺旋的螺旋运动被约束掉了。基于此概念，在分析刚体三维空间的运动时，就可以通过求取刚体上的反螺旋系来判断刚体受到的约束数和刚体存在的自由度，从而给出刚体可能实现的以及被约束的螺旋运动。

单螺旋 $\$_1$ 的反螺旋系包括了 5 个线性无关的反螺旋，它们共同约束刚体，使刚体只能作沿 $\$_1$ 轴线方向的螺旋运动，或者说 $\$_1$ 是这 5 个反螺旋所共同允许的螺旋运动。螺旋 $\$_1$ 的任何其他反螺旋都是上述 5 个反螺旋的线性组合，它们对该刚体有相同的约束以及允许相同的运动。

例如，当图 3-8 中沿 z 轴的螺旋副代之以转动副 $\$_1 = (0,0,1;0,0,0)$ 时，螺旋变成一个线矢。由观察可知，存在与 $\$_1$ 有相同 Plücker 坐标的反螺旋 $\$_1^{\mathrm{r}} = (0,0,1;0,0,0)$，这是一个沿 z_1 方向的约束力，表示沿 z 轴的移动被约束掉了。类似地，容易获得其他 4 个反螺旋，这里不再赘述。

又如，当图 3-8 中沿 z 轴的螺旋副代之以移动副 $(0,0,0;0,0,1)$ 时，存在一个与其相同的反螺旋 $(0,0,0;0,0,1)$。这是一个沿 z 轴的力偶，约束了刚体绕 z 轴的转动。类似地，读者可自行对其他 4 个反螺旋进行分析。

2．双螺旋的反螺旋系

当一刚体先后经过两个线性无关的运动螺旋与机架相连，使刚体具有 2 个自由度时，这两个“串联”的螺旋就构成了二系螺旋，如图 3-9 所示。

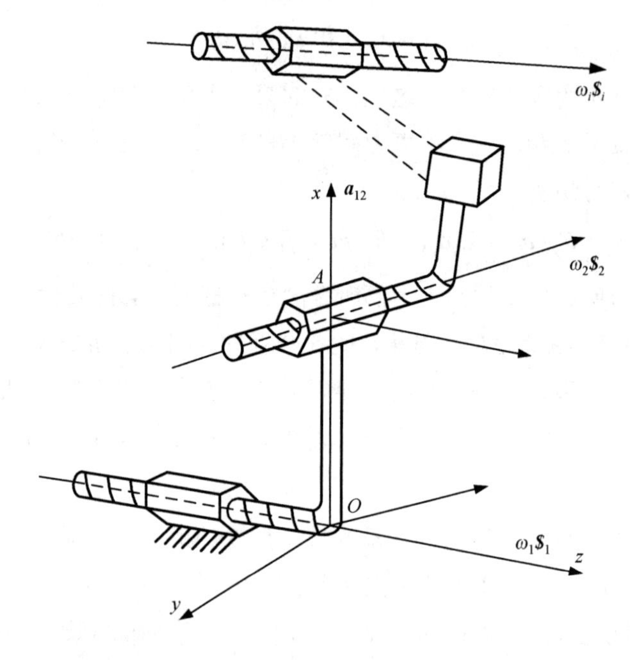

图 3-9　双螺旋系的反螺旋

刚体的瞬时绝对运动 $\omega_i\$_i$ 是该两螺旋的线性组合

$$\omega_i\$_i = \omega_1\$_1 + \omega_2\$_2$$

对于任何一个螺旋，如果其同时与螺旋$\$_1$ 和$\$_2$ 相逆，它也必定是$\$_i$ 的反螺旋。所以双螺旋的反螺旋$\$^{r}$ 可以由如下两方程决定。

$$\begin{aligned} L_1P^{\mathrm{r}} + M_1Q^{\mathrm{r}} + N_1R^{\mathrm{r}} + P_1L^{\mathrm{r}} + Q_1M^{\mathrm{r}} + R_1N^{\mathrm{r}} = 0 \\ L_2P^{\mathrm{r}} + M_2Q^{\mathrm{r}} + N_2R^{\mathrm{r}} + P_2L^{\mathrm{r}} + Q_2M^{\mathrm{r}} + R_2N^{\mathrm{r}} = 0 \end{aligned} \tag{3-21}$$

由于这两个齐次线性方程系数矩阵的秩是 2，所以其最大线性无关解的数目是 4。这说明双螺旋系有 4 个线性无关的反螺旋，它们构成反螺旋系，同时与该二系螺旋相逆。

如图 3-9 所示，若坐标系选择 z 轴与 $\$_1$ 轴线重合，x 轴与 $\boldsymbol{a}_{12}$（$\$_1$ 及 $\$_2$ 轴线的公垂线矢量）重合，则 $\$_1$ 及 $\$_2$ 的表达得到简化。$\$_1$ 可表示为 $(\boldsymbol{S}_1;h_1\boldsymbol{S}_1)$，即 $(0,0,1;0,0,h_1)$；同理，$\$_2$ 表示为 $(0,M_2,N_2;0,Q_2,R_2)$。方程组(3-21)也得到简化，变为

$$\begin{aligned} R^{\mathrm{r}} + h_1N^{\mathrm{r}} = 0 \\ M_2Q^{\mathrm{r}} + N_2R^{\mathrm{r}} + Q_2M^{\mathrm{r}} + R_2N^{\mathrm{r}} = 0 \end{aligned} \tag{3-22}$$

如前所述，任何垂直相交的两旋量必相逆，故沿 x 轴有节距大小相等、符号相反的两

线性无关螺旋 $(1,0,0;\pm h^{\mathrm{r}},0,0)$ 能够同时与 $\$_1$ 及 $\$_2$ 相逆，其中，h^{r} 为不等于零的实数。可是，另外两个与 $\$_1$ 及 $\$_2$ 同时相逆的反螺旋无法通过观察得到。

如果两螺旋 $\$_1$ 及 $\$_2$ 的节距相等，即 $h_1=h_2=h$，两螺旋可以分别表示为 $(\boldsymbol{S}_1;h\boldsymbol{S}_1)$、$(\boldsymbol{S}_2;a_{12}\boldsymbol{a}_{12}\times\boldsymbol{S}_2+h\boldsymbol{S}_2)$。这种情况下，$\$_1$ 及 $\$_2$ 的反螺旋除上述过 x 轴的一对螺旋 $(1,0,0;\pm h^{\mathrm{r}},0,0)$ 外，还可由观察法找到另两个反螺旋，其中第三个反螺旋是过原点 O、平行于 $\boldsymbol{S}_2$、节距为 $-h$ 的螺旋，即 $(\boldsymbol{S}_2;-h\boldsymbol{S}_2)$；第四个反螺旋是过 A 点、平行于 $\boldsymbol{S}_1$、节距也为 $-h$ 的螺旋，即 $(\boldsymbol{S}_1;a_{12}\boldsymbol{a}_{12}\times\boldsymbol{S}_1-h\boldsymbol{S}_1)$。若有任何其他螺旋与 $\$_1$ 及 $\$_2$ 相逆，则它一定可以表示为上述 4 个螺旋的线性组合。

如果图 3-9 中两运动螺旋的节距都等于零，即该双螺旋系是由两转动副串联而成的，此时，除过 x 轴、节距为 $\pm h^{\mathrm{r}}$ 的一对反螺旋外，另两个反螺旋分别为过点 O 且平行于 $\boldsymbol{S}_2$ 及过点 A 且平行于 $\boldsymbol{S}_1$ 的两个节距为零的力线矢。从另一个角度看，与两个异面线矢相逆、节距为零的反螺旋是同时与此两直线相交的所有直线，见表 3-2，但这无限多直线中只有 4 条是线性无关的。

从利用式(3-21)求反螺旋的过程可以看到，所求得的 4 个线性无关反螺旋都会同时满足这两个方程，是运动螺旋 $\$_1$ 及 $\$_2$ 的共同反螺旋，即该二系运动螺旋的约束。因此，螺旋系的反螺旋可称为该螺旋系的公共约束，其公共约束的数目就是反螺旋的数目。双螺旋系就存在 4 个线性无关的公共约束。

显然，同时与 $\$_1$ 及 $\$_2$ 相逆的反螺旋必与 $\$_i$ 相逆。可是，与 $\$_i$ 相逆的反螺旋并不一定同时与 $\$_1$ 及 $\$_2$ 相逆。这是因为单螺旋系有 5 个反螺旋，而双螺旋系有 4 个反螺旋。

3. 螺旋三系的反螺旋系

如图 3-10 所示，一个刚体经由 3 个串联的线性无关的运动螺旋与机架相连，该刚体具有 3 个自由度，称为螺旋三系。此刚体的瞬时运动是这 3 个螺旋的线性组合，即

$$\omega_i\$_i=\omega_1\$_1+\omega_2\$_2+\omega_3\$_3$$

任何一个与 3 个螺旋均相逆的反螺旋，必同时满足下列 3 个方程：

$$\$_j\circ\$^{\mathrm{r}}=0,\quad j=1,2,3 \tag{3-23}$$

对于螺旋三系，它的反螺旋仍旧是由 3 个螺旋构成的螺旋三系。螺旋三系也就有 3 个线性无关的公共约束。

一般情况下，3 个螺旋的反螺旋系难以用观察法直接找到，其可以由式(3-23)应用代数法求解。然而，根据 3.4.1 节最后的结论(任何垂直相交的两旋量必相逆，而与节距大小无关)，我们也可以用几何和代数相结合的方法求解反螺旋。首先确定 $\$_1$、$\$_2$ 的公法线 $\boldsymbol{n}_{12}$，则沿此公法线的任何节距的螺旋都会与 $\$_1$ 及 $\$_2$ 相逆；接下来，设经过该公法线的螺旋为 $\$_{12}=(\boldsymbol{S}_{\mathrm{n}};\boldsymbol{S}_{0\mathrm{n}}+h_{\mathrm{n}}\boldsymbol{S}_{\mathrm{n}})$，如果要求 $\$_{12}$ 与 $\$_3$ 相逆，由式(3-17)，其节距应满足

$$h_{\text{n}} = -h_3 + \tan\alpha_{\text{n3}} \tag{3-24}$$

式中，α_{n3}表示公法线和$\$_3$轴线之间的扭向角，$h_{\text{n}}$为公法线螺旋的节距。

这样，就获得了与$\$_1$、$\$_2$和$\$_3$同时相逆的公法线螺旋。类似地，可以分别求得另两个公共反螺旋。也就是说，螺旋三系的 3 个反螺旋可以从 3 条对应的公法线上找到。

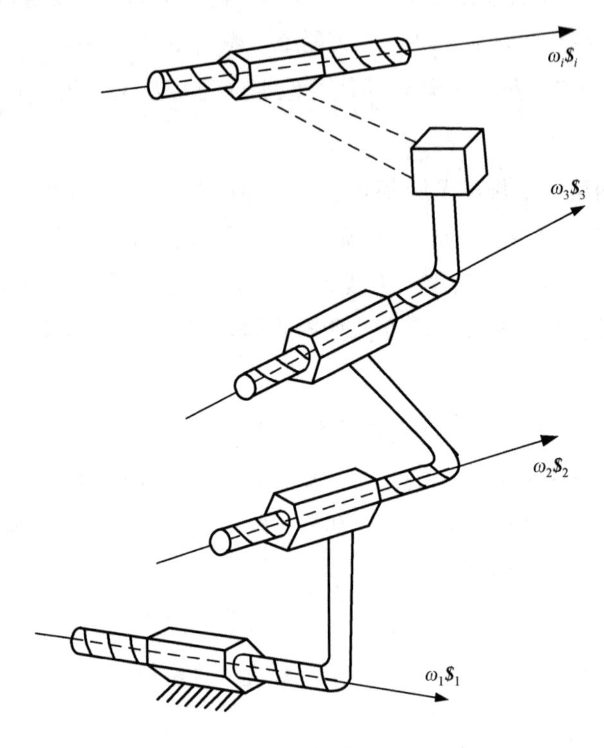

图 3-10　三螺旋的反螺旋系

然而，在特殊情况下 3 个螺旋的节距皆等于零，即运动机构为由 3 个转动副(通常情况下轴线互相异面)顺次相连构成的开链结构，其求解反螺旋系的方式与上述方法有所不同。如图 3-11 所示，$\$_1$、$\$_2$和$\$_3$是这 3 个转动副所表示的运动螺旋，皆为线矢量。根据前面所述，相交的线矢量互为反螺旋，则此 3 个线矢量的公共反螺旋是一个与 3 个转动副轴线皆相交的线矢量。故只要能找到同时与 3 个线矢量相交的直线，其就是反螺旋$\$^{r}$。

将原点O选在第一转动副轴线上，在第3个轴线$\$_3$上任选一点$A$，点$A$与直线$\$_1 = (\boldsymbol{S}_1;\boldsymbol{0})$及直线$\$_2 = (\boldsymbol{S}_2;\boldsymbol{S}_{02}) = (\boldsymbol{S}_2;\boldsymbol{r}_2 \times \boldsymbol{S}_{02})$构成两个平面。显然，这两个平面的交线同时与 3 个线矢量相交，即该交线为$\$_1$、$\$_2$和$\$_3$相逆的反螺旋$\$^{r}$。接下来，确定此交线的直线方程。

根据图 3-11，这两个平面的法向量分别为$\boldsymbol{r}_{\text{A}} \times \boldsymbol{S}_1$和$(\boldsymbol{r}_{\text{A}} - \boldsymbol{r}_2) \times \boldsymbol{S}_2 = \boldsymbol{r}_{\text{A}} \times \boldsymbol{S}_2 - \boldsymbol{S}_{02}$，故由式 (2-18)可得两个平面的方程分别为

$$\boldsymbol{r} \cdot (\boldsymbol{r}_{\text{A}} \times \boldsymbol{S}_1) = 0$$

$$\boldsymbol{r} \cdot (\boldsymbol{r}_{\text{A}} \times \boldsymbol{S}_2 - \boldsymbol{S}_{02}) = \boldsymbol{r}_2 \cdot (\boldsymbol{r}_{\text{A}} \times \boldsymbol{S}_2 \cdot \boldsymbol{S}_{02})$$

这样，由式(2-24)，两个平面的交线$\$^{r}$方程为

$$\boldsymbol{r}\times[(\boldsymbol{r}_{\mathrm{A}}\times\boldsymbol{S}_1)\times(\boldsymbol{r}_{\mathrm{A}}\times\boldsymbol{S}_2-\boldsymbol{S}_{02})]=[\boldsymbol{r}_2\cdot(\boldsymbol{r}_{\mathrm{A}}\times\boldsymbol{S}_2\cdot\boldsymbol{S}_{02})](\boldsymbol{r}_{\mathrm{A}}\times\boldsymbol{S}_1) \tag{3-25}$$

上式是一条通过$\$_3$上点$A$、与$\$_1$和$\$_2$相交的直线。由于$\$_3$上的点$A$可以任意选取，所以能同时与$\$_1$、$\$_2$和$\$_3$相逆的反螺旋有无穷多个，但最大线性无关的反螺旋仅有 3 个。

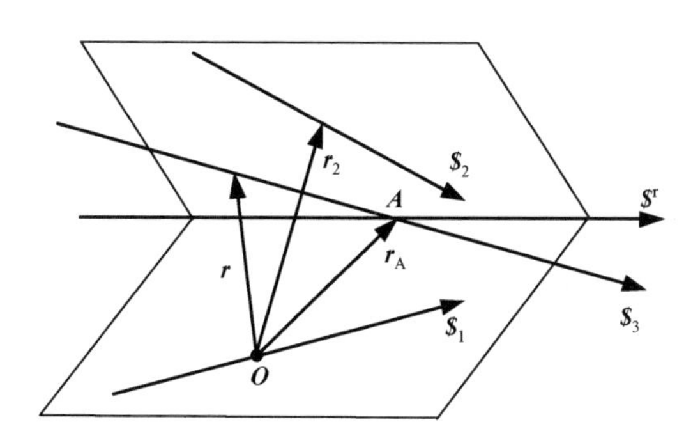

图 3-11　3 个线矢量的反螺旋

4. 螺旋四系的反螺旋系

一个刚体经由 4 个串联的线性无关的运动螺旋与机架相连，其具有 4 个自由度，称为螺旋四系。刚体的瞬时运动是这 4 个螺旋的线性组合，即

$$\omega_i\$_i=\omega_1\$_1+\omega_2\$_2+\omega_3\$_3+\omega_4\$_4$$

任何一个同时与$\$_1$、$\$_2$、$\$_3$和$\$_4$相逆的反螺旋$\$^{r}$，也必定是$\$_i$的反螺旋，而且满足下面 4 个齐次方程：

$$\$_j\circ\$^{\mathrm{r}}=0,\ \ j=1,2,3,4 \tag{3-26}$$

由于方程组(3-26)系数矩阵的秩r等于 4，故其最大线性无关解的数目为 2。也就是说，对于螺旋四系，它的反螺旋系由两个线性无关的螺旋构成，任何与此 4 个螺旋均相逆的反螺旋，都是这对螺旋的线性组合。这两个线性无关的反螺旋反映了刚体受到两个约束的作用，因此失去了 2 个自由度。当一个刚体经由 4 个串联的线性无关的转动副与机架相连时，其 4 个运动螺旋皆为线矢量，与此 4 个线矢量相逆的反螺旋是同时与这 4 个线矢量相交的直线簇，其最大线性无关秩为 2。

5. 螺旋五系的反螺旋系

一个刚体经由 5 个串联的线性无关的运动螺旋与机架连接，其具有 5 个自由度，称为螺旋五系。此刚体的瞬时运动是这 5 个螺旋的线性组合，即

$$\omega_i\$_i=\sum_{j=1}^{5}\omega_j\$_j$$

任何一个与此螺旋五系相逆的反螺旋$\boldsymbol{\$}^{\mathrm{r}}$，也必是$\boldsymbol{\$}_i$的反螺旋，且满足如下 5 个齐次方程：

$$\boldsymbol{\$}_j \circ \boldsymbol{\$}^{\mathrm{r}} = 0,\ j = 1,2,\cdots,5 \tag{3-27}$$

此齐次线性方程组系数矩阵的秩等于 5，最大线性无关解为 1。因此，螺旋五系只有一个反螺旋与之相逆，表示刚体只受到一个约束而有 5 个自由度。如果一个刚体经 5 个依次相连的线性无关的转动副与机架相连，则同时与此 5 个转动副轴线相交的线矢量就是该螺旋五系的反螺旋系，其最大线性无关秩为 1。

6. 螺旋六系的反螺旋

一个刚体经由 6 个串联的线性无关的运动螺旋与机架连接，构成了通用 6 自由度串联机器人。刚体的瞬时运动是这 6 个螺旋的线性组合，即

$$\omega_i \boldsymbol{\$}_i = \sum_{j=1}^{6} \omega_j \boldsymbol{\$}_j$$

任何与这 6 个螺旋相逆的反螺旋，必同时满足下列 6 个方程：

$$\boldsymbol{\$}_j \circ \boldsymbol{\$}^{\mathrm{r}} = 0,\ j = 1,2,\cdots,6 \tag{3-28}$$

显然，没有任何反螺旋能同时与此线性无关的 6 个螺旋相逆，除非在某瞬时该串联机器人的 6 个螺旋 Plücker 坐标所构成矩阵的行列式为零，即

$$\begin{vmatrix} L_1 & M_1 & N_1 & P_1 & Q_1 & R_1 \\ L_2 & M_2 & N_2 & P_2 & Q_2 & R_2 \\ L_3 & M_3 & N_3 & P_3 & Q_3 & R_3 \\ L_4 & M_4 & N_4 & P_4 & Q_4 & R_4 \\ L_5 & M_5 & N_5 & P_5 & Q_5 & R_5 \\ L_6 & M_6 & N_6 & P_6 & Q_6 & R_6 \end{vmatrix} = 0 \tag{3-29}$$

此时，这 6 个螺旋是线性相关的，机构处于特殊的奇异位型，齐次线性方程组(3-28)有非零解。

3.4.3 反螺旋和被约束的运动

对由 n 个转动副组成的串联机器人，若第 j 个运动副轴线的线矢量为$\boldsymbol{\$}_j$，对应的角速度为$\omega_j$，则机器人末端的运动为

$$\omega_i \boldsymbol{\$}_i = \sum_{j=1}^{n} \omega_j \boldsymbol{\$}_j \tag{3-30}$$

上述 n 个螺旋的相关性可以用它们组成的矩阵 $\boldsymbol{T} = [\boldsymbol{\$}_1, \boldsymbol{\$}_2, \cdots, \boldsymbol{\$}_n]^{\mathrm{T}}$ 的秩 r 来表示，r 表示串联机器人末端独立运动输出的数量。

当$r<6$时，机器人末端的活动度小于 6，故末端受到一定的约束。为研究末端受约束的状态，

不妨采用反螺旋的概念。对应这 n 个螺旋组成的螺旋系，其反螺旋 $\boldsymbol{\$}^{\mathrm{r}}$ 需满足如下方程组：

$$\boldsymbol{\$}^{\mathrm{r}} \circ \boldsymbol{\$}_j = 0,\ j = 1,2,\cdots,n \tag{3-31}$$

将上式展开，可得

$$L_j P^{\mathrm{r}} + M_j Q^{\mathrm{r}} + N_j R^{\mathrm{r}} + P_j L^{\mathrm{r}} + Q_j M^{\mathrm{r}} + R_j N^{\mathrm{r}} = 0 \quad j = 1,2,\cdots,n \tag{3-32}$$

如果方程组(3-32)有非零解，则存在与螺旋系中每个螺旋都相逆的反螺旋$\boldsymbol{\$}^{\mathrm{r}}$。反螺旋的数目就是式(3-32)的线性无关解向量数目，即 $6-r$，它们构成了一个反螺旋系。

从物理意义上看，对于任意两个螺旋，如果一个表示刚体运动，另一个表示刚体所受到的力和力矩，则互易积就是力螺旋对刚体所作做的功率。当两螺旋的互易积为零时，功率为零，运动螺旋的反螺旋就相当于作用在刚体上的约束反力，而约束反力是不对刚体做功的。串联机器人末端是由 n 个杆件通过 n 个转动副连接到机架上的，其运动取决于表达这些转动副的 n 个运动螺旋所组成的螺旋系。如果螺旋系有一组反螺旋，这组反螺旋反映了机器人末端在所处构型下的机构约束，也就是机器人各个关节运动副约束对末端影响的结果。对于互易积为零的力螺旋和运动螺旋，它们构成了一对反螺旋，如果力螺旋是机械系统的约束反力，则运动螺旋是该系统所允许的运动；反之，如果力螺旋是机械系统所施加的主动力，则运动螺旋是机构约束所限制的运动。对于互易积不为零的力螺旋和运动螺旋，如果力螺旋是机械系统的约束反力，则该运动螺旋是机构约束所限制的运动；反之，如果力螺旋是机械系统所施加的主动力，则运动螺旋是该系统所允许的运动。

下面来看不同形式的约束反螺旋反映什么样的约束力，约束了什么性质的运动。按性质分，约束反螺旋有 3 种，即力、力偶和力螺旋。当螺旋节距 h 为零时，约束力螺旋退化为约束力；当 h 为无穷大时，约束力螺旋为约束力偶。力和力偶都是力螺旋的特殊情况。

1．约束反螺旋为力偶

约束反螺旋$\boldsymbol{\$}^{\mathrm{r}}=(0;\boldsymbol{S}^{\mathrm{r}})$的节距为无穷大，在力学上，这是一个约束力偶，其为自由矢量。由于在机械系统中刚体受到这个约束力偶的作用，任何与反螺旋平行或斜交的转动$(\boldsymbol{S};\boldsymbol{S}_0)$（即在 $\boldsymbol{S}\cdot\boldsymbol{S}^{\mathrm{r}}\neq 0$ 的情况下），都会受到该反螺旋的限制，使角速度为零，其本质是约束了沿 $\boldsymbol{S}^{\mathrm{r}}$ 方向上的转动分量。类似地，一些 $h\neq 0$ 的螺旋运动$(\boldsymbol{S};\boldsymbol{S}^0)$也会受到限制，因为在 $\boldsymbol{S}\cdot\boldsymbol{S}^{\mathrm{r}}\neq 0$ 的条件下，该螺旋的旋转运动在 $\boldsymbol{S}^{\mathrm{r}}$ 方向存在转动分量，导致转动部分被限制，故整个运动螺旋受到约束。这些情况归纳起来表示如下：

$$(0;\boldsymbol{S}^{\mathrm{r}}) \Rightarrow \begin{cases} (\boldsymbol{S};\boldsymbol{r}\times\boldsymbol{S}),\ \boldsymbol{S}\cdot\boldsymbol{S}^{\mathrm{r}} \neq 0,\ \text{转动被限制} \\ (\boldsymbol{S};\boldsymbol{S}^0),\quad \boldsymbol{S}\cdot\boldsymbol{S}^{\mathrm{r}} \neq 0,\ \text{螺旋运动被限制} \end{cases} \tag{3-33}$$

2．约束反螺旋为力

令该反螺旋的约束力线矢为 $\boldsymbol{\$}^{\mathrm{r}} = (\boldsymbol{S}^{\mathrm{r}};\boldsymbol{r}^{\mathrm{r}}\times\boldsymbol{S}^{\mathrm{r}})$，被约束的运动是沿 $\boldsymbol{S}^{\mathrm{r}}$ 方向的移动螺旋$(0;\boldsymbol{S})$，即刚体不能有与 $\boldsymbol{S}^{\mathrm{r}}$ 平行或斜交$(\boldsymbol{S}\cdot\boldsymbol{S}^{\mathrm{r}}\neq 0)$方向的移动，即刚体失去了沿 $\boldsymbol{S}^{\mathrm{r}}$ 方向的移动自由度。

对于反螺旋为约束力的情况，不仅要考虑对移动的影响，还要考虑它对转动$\$=(\boldsymbol{S};\boldsymbol{r}\times\boldsymbol{S})$的影响。当该约束力对转动的互易积不为零(约束力线矢与转动线矢既不平行也不相交)，即$\$\circ\$^{\mathrm{r}}\neq0$时，这个转动就被约束了。这些情况归纳起来表示如下：

$$(\boldsymbol{S}^{\mathrm{r}};\boldsymbol{r}^{\mathrm{r}}\times\boldsymbol{S}^{\mathrm{r}})\Rightarrow\begin{cases}(0;\boldsymbol{S}),\quad \boldsymbol{S}\cdot\boldsymbol{S}^{\mathrm{r}}\neq0 \quad \text{移动被限制}\\(\boldsymbol{S};\boldsymbol{r}\times\boldsymbol{S}),\quad \$\circ\$^{\mathrm{r}}\neq0\ \text{转动被限制}\end{cases}\tag{3-34}$$

此外，螺旋运动的轴向移动分量和转动分量只要符合上述两种情况之一，也同样受到约束。事实上，仅有与约束力线矢方向垂直相交的螺旋运动不受限制。

从上述分析可以看到，约束力不仅约束了平行或斜交方向的移动，而且对转动和螺旋运动也具有约束作用。

3．约束反螺旋为力螺旋

假定约束反螺旋为$\$^{\mathrm{r}}=(\boldsymbol{S}^{\mathrm{r}};\boldsymbol{r}^{\mathrm{r}}\times\boldsymbol{S}^{\mathrm{r}}+h^{\mathrm{r}}\boldsymbol{S}^{\mathrm{r}})$，其作用线为$(\boldsymbol{S}^{\mathrm{r}};r\times\boldsymbol{S}^{\mathrm{r}})$，节距为$h^{\mathrm{r}}$。此力螺旋限制了刚体在同轴条件下节距不为$-h^{\mathrm{r}}$的任何运动螺旋$\$$，即

$$\$=(\boldsymbol{S}^{\mathrm{r}};\boldsymbol{r}\times\boldsymbol{S}^{\mathrm{r}}+h\boldsymbol{S}^{\mathrm{r}}),\ h\neq-h^{\mathrm{r}}\tag{3-35}$$

不仅如此，在同轴条件下，还限制了h=0时的转动以及h=∞时的移动。如果运动螺旋$\$=(\boldsymbol{S};\boldsymbol{r}\times\boldsymbol{S}+h\boldsymbol{S})$与约束反螺旋$\$^{r}$的轴线倾斜相交，即$\boldsymbol{S}\cdot\boldsymbol{S}^{\mathrm{r}}\neq0$，则在$h\neq-h^{\mathrm{r}}$的条件下，该运动螺旋同样被约束。如果运动螺旋与约束反螺旋轴线相错，则对于互易积不为零，即

$$\boldsymbol{S}^{\mathrm{r}}\cdot(\boldsymbol{r}\times\boldsymbol{S}+h\boldsymbol{S})+\boldsymbol{S}\cdot(\boldsymbol{r}^{\mathrm{r}}\times\boldsymbol{S}^{\mathrm{r}}+h^{\mathrm{r}}\boldsymbol{S}^{\mathrm{r}})\neq0\tag{3-36}$$

条件下的各种运动螺旋均被约束，也包括h=0时的转动。

综上所述，反螺旋与被约束的运动可以表示为

$$(\boldsymbol{S}^{\mathrm{r}};\boldsymbol{r}^{\mathrm{r}}\times\boldsymbol{S}^{\mathrm{r}}+h^{\mathrm{r}}\boldsymbol{S}^{\mathrm{r}})\Rightarrow\begin{cases}(0;\boldsymbol{S}),\quad \boldsymbol{S}\cdot\boldsymbol{S}^{\mathrm{r}}\neq0, & \text{移动被限制}\\(\boldsymbol{S};\boldsymbol{r}\times\boldsymbol{S}),\quad \boldsymbol{S}^{\mathrm{r}}\cdot(\boldsymbol{r}\times\boldsymbol{S})+\boldsymbol{S}\cdot(\boldsymbol{r}^{\mathrm{r}}\times\boldsymbol{S}^{\mathrm{r}}+h^{\mathrm{r}}\boldsymbol{S}^{\mathrm{r}})\neq0, & \text{转动被限制}\\(\boldsymbol{S};\boldsymbol{r}\times\boldsymbol{S}+h\boldsymbol{S}),\quad \boldsymbol{S}^{r}\cdot(\boldsymbol{r}\times\boldsymbol{S}+h\boldsymbol{S})+\boldsymbol{S}\cdot(\boldsymbol{r}^{r}\times\boldsymbol{S}^{r}+h^{r}\boldsymbol{S}^{r})\neq0, & \text{螺旋运动被限制}\end{cases}\tag{3-37}$$

3.4.4 约束线矢力作用下存在的特殊转动

上节从机构运动的螺旋系出发，研究了不同的反螺旋对运动的约束。一个确定的机械系统形成一个确定的机构运动链(运动螺旋系)，该运动链有一个反螺旋系，其约束了一部分运动，还剩余一部分运动。下面讨论这些剩余运动以何种形式运动。一般来说，刚体的瞬时运动为$h\neq0$的螺旋运动。但是从习惯上看，还是希望将约束下所允许的运动尽可能表示为独立的移动(h=∞)或转动(h=0)。如果将这些线性无关的移动和转动作为三维空间的基，则它们的线性组合即可以表示运动输出刚体的螺旋运动。在机器人机构中，经常出现

的反螺旋有约束线矢力和约束力偶。由于约束力偶的情况比较简单，在此仅分析约束线矢力。

1. 单个约束线矢力

若机械系统对刚体施加一个约束线矢力$\boldsymbol{\$}^{\mathrm{r}}$，则刚体沿此力作用线方向的移动受到限制。同时，如果该线矢力对刚体转动或螺旋运动做功不为零，相应的运动也会受到限制。由于自由刚体具有 6 个自由度(三维转动和三维移动)，在一个约束作用下，还应存在 5 个独立运动，即 5 个可能位移(角位移和线位移)。

假定约束力螺旋$\boldsymbol{\$}^{\mathrm{r}}$与允许的运动螺旋$\boldsymbol{\$}^{\mathrm{m}}$互逆，下面研究与约束线矢力$\boldsymbol{\$}^{\mathrm{r}}$相逆而为约束所允许的运动以及它们在空间的分布。为方便起见，将坐标系 y 轴与$\boldsymbol{\$}^{\mathrm{r}}$相重合，如图 3-12 所示，则

$$\boldsymbol{\$}^{\mathrm{r}} = (0,1,0;0,0,0)$$

若允许的运动表示为

$$\boldsymbol{\$}^{\mathrm{m}} = (\boldsymbol{S};\boldsymbol{S}^0) = (l,m,n;p,q,r)$$

假定$\boldsymbol{\$}^{\mathrm{m}}$为单位螺旋，且 $\boldsymbol{S}\cdot\boldsymbol{S}^0 \neq 0$ ，因为$\boldsymbol{\$}^{\mathrm{r}}$与$\boldsymbol{\$}^{\mathrm{m}}$相逆，由式(3-16)可以得到 q=0。螺旋的节距为

$$h = \frac{lp + mq + nr}{l^2 + m^2 + n^2} = lp + nr \tag{3-38}$$

若运动螺旋$\boldsymbol{\$}^{\mathrm{m}}$的轴线经过选定点 A，该点的矢径为 $\boldsymbol{r} = [X, Y, Z]^{\mathrm{T}}$ ，又因 $\boldsymbol{S}^0 = \boldsymbol{r} \times \boldsymbol{S} + h\boldsymbol{S}$ ，有

$$\begin{bmatrix} p \\ 0 \\ r \end{bmatrix} = \begin{bmatrix} Yn - Zm \\ Zl - Xn \\ Xm - Yl \end{bmatrix} + \begin{bmatrix} hl \\ hm \\ hn \end{bmatrix} \tag{3-39}$$

即给出螺旋轴线所经过的空间点位置 X、Y、Z 及螺旋方向 l、m 和 n，由式(3-39)必可求得 p、r 和 h，从而得到经过选定点和选定方向与所设定约束线矢力$\boldsymbol{\$}^{\mathrm{r}}$相逆的运动螺旋。也就是说，对于一个确定的线矢量，在空间任何一点沿任何方向都存在与该线矢量相逆的反螺旋。

为了形象地看到与某一个线矢量相逆的螺旋在空间分布的特点及规律，在图 3-12 所示的 x 轴选(1,0,0)，(0,0,0)及(−1,0,0)三点，分别作 x 轴的垂面，再在 3 个垂面内给定不同方向，按式(3-39)求出各个不同方向下与约束线矢力$\boldsymbol{\$}^{\mathrm{r}}$相逆的运动螺旋$\boldsymbol{\$}^{\mathrm{m}}$的节距。

根据该图，可以得到如下三点结论：

1) 在与约束线矢力$\boldsymbol{\$}^{\mathrm{r}}$垂直相交的方向上，运动螺旋的节距可为任何值，即 $h=-\infty\sim+\infty$。也就是说，在这些方向上该约束线矢力对机械系统不构成任何约束，任意的运动都是允许的。

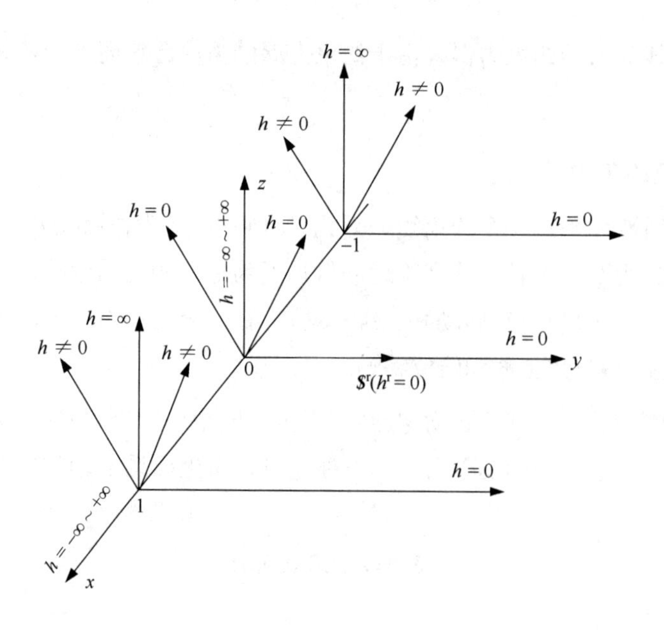

图 3-12 单个约束线矢力所允许的运动

2）在与约束线矢力$\boldsymbol{S}^r$共面的作用线上，所允许运动螺旋的节距都为零。这些作用线表示该机械系统做回转运动的轴线。

3）在所有与约束线矢力既不平行也不相交的空间相错方向上，运动螺旋的节距不等于零，机械系统所允许的运动都是$h≠0$的螺旋运动或$h=\infty$的移动（与约束线矢力方向垂直）。

2. 两个约束线矢力

假定系统对刚体施加两个约束线矢力，即两个$h=0$的约束反螺旋，下面来分析在这两个约束反螺旋共同作用下刚体尚存的 4 个自由度及其表现形式。如图 3-13 所示，对于空间交错（异面）的两约束线矢力，不妨分别设定：

$$\boldsymbol{S}_1^r = (0,0,1;\ 0,-1,0)$$

$$\boldsymbol{S}_2^r = (0,1,0;\ 0,0,0)$$

对两约束线矢力求代数和，可得

$$f\boldsymbol{S}_3^r = \boldsymbol{S}_1^r + \boldsymbol{S}_2^r = (0,1,1;\ 0,-1,0)$$

这里，$\boldsymbol{S}_3^r$是单位螺旋，容易求得$f=\sqrt{2}$，螺旋节距$h=-1/2$，螺旋的轴线经过选定点A，且A的矢径为$\boldsymbol{r}=(1/2, 0, 0)$，且

$$\boldsymbol{S}_3^r = (0,1,1;\ 0,-1,0)/\sqrt{2}$$

再对两约束线矢力作差运算，可得

$$f\boldsymbol{S}_4^r = \boldsymbol{S}_1^r - \boldsymbol{S}_2^r = (0,-1,1;\ 0,-1,0)$$

这里，$\boldsymbol{S}_4^r$是单位螺旋，容易求得$f=\sqrt{2}$，螺旋节距$h=1/2$，螺旋轴线也经过点A，且

$$\mathbf{S}_4^{\mathrm{r}} = (0,-1,1;\ 0,-1,0)/\sqrt{2}$$

由于 $\mathbf{S}_3^{\mathrm{r}}$ 和 $\mathbf{S}_4^{\mathrm{r}}$ 是由 $\mathbf{S}_1^{\mathrm{r}}$ 和 $\mathbf{S}_2^{\mathrm{r}}$ 线性组合得到的，故它们有相同的反螺旋。由于约束反螺旋 $\mathbf{S}_3^{\mathrm{r}}$ 和 $\mathbf{S}_4^{\mathrm{r}}$ 的轴线相交且垂直（$\mathbf{S}_3^{\mathrm{r}}$ 和 $\mathbf{S}_4^{\mathrm{r}}$ 的原部点积为零），这样可以容易地直接写出与约束反螺旋 $\mathbf{S}_3^{\mathrm{r}}$ 和 $\mathbf{S}_4^{\mathrm{r}}$ 相逆的其他 4 个线性无关的运动螺旋。

$$\mathbf{S}_1 = (1,0,0;0,0,0),\quad h=0$$

$$\mathbf{S}_2 = (0,0,0;1,0,0),\quad h=\infty$$

$$\mathbf{S}_3 = (0,1,1;0,0,1)/\sqrt{2},\quad h=1/2$$

$$\mathbf{S}_4 = (0,-1,1;0,0,-1)/\sqrt{2},\quad h=-1/2$$

其中，$\mathbf{S}_3$ 和 $\mathbf{S}_4$ 分别为与 $\mathbf{S}_3^{\mathrm{r}}$ 和 $\mathbf{S}_4^{\mathrm{r}}$ 共轴、节距符号相反的运动螺旋；而 $\mathbf{S}_1$ 表示 $\mathbf{S}_3^{\mathrm{r}}$ 和 $\mathbf{S}_4^{\mathrm{r}}$ 轴线所决定的平面法线方向（即沿 x 轴方向）的转动，$\mathbf{S}_2$ 则表示沿此平面法线方向的移动。任何其他所允许的运动，均是这 4 个运动螺旋的线性组合。

此外，还有一种更为直接的求解运动螺旋的方法，可以根据上面单个约束线矢力作用下所允许运动螺旋的分布规律得到。因为 $\mathbf{S}_1^{\mathrm{r}}$ 和 $\mathbf{S}_2^{\mathrm{r}}$ 是约束线矢力，按照与约束线矢力共面的轴线可以作为旋转运动转轴的原理，如果一条轴线分别与 $\mathbf{S}_1^{\mathrm{r}}$ 和 $\mathbf{S}_2^{\mathrm{r}}$ 共面，则此轴线可以作为运动转轴。另外，在与约束线矢力垂直的方向允许移动，则同时与两约束线矢力垂直的方向就是该机械系统所允许的移动方向。故根据图 3-13，可直接写出系统的运动螺旋。

$$\mathbf{S}_5 = (0,0,1;\ 0,0,0)\text{，绕 } z \text{ 轴的转动}$$

$$\mathbf{S}_6 = (0,1,0;\ 0,0,1)\text{，绕与 } \mathbf{S}_1^{\mathrm{r}} \text{ 相交且与 } y \text{ 轴平行的轴线转动}$$

$$\mathbf{S}_7 = (1,0,0;\ 0,0,0)\text{，绕 } x \text{ 轴的转动}$$

$$\mathbf{S}_8 = (0,0,0;\ 1,0,0)\text{，沿 } x \text{ 轴的移动}$$

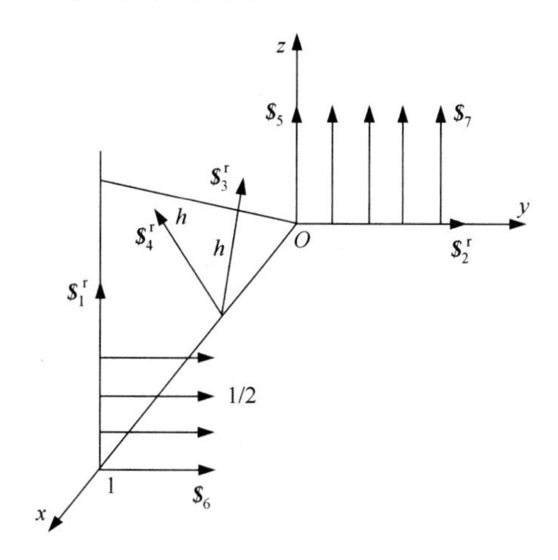

图 3-13　两约束线矢力所允许的运动

以上所列出的 4 个可能运动，它们之间是线性无关的，且都为简单的移动和转动（一个移动和 3 个转动)，其他运动都是此 4 个运动的线性组合。

此外，应当看到上述两组运动螺旋本质上是一致的，是可以通过线性变换互相转化的。应当注意到，上述分析是基于两个约束线矢力在空间交错的一般情况得出的结果。特殊情况下，如果两个约束线矢力相互平行，这两个约束线矢力约束了与线矢力方向不垂直的移动以及转轴方向与两线矢力不平行也不同时相交的转动；如果两个约束线矢力相交，这两个约束线矢力约束了不与它们都垂直方向的移动以及转轴不在两线矢力所确定平面的转动。

3. 三个约束线矢力

若系统对刚体施加三个约束线矢力，通常它们将约束其 3 个运动自由度。下面分析三个约束线矢力在不同空间方位情况下该刚体的运动情况。

一般情况下，它们是三条空间分布的不平行于同一平面的相互交错的直线。该三个线矢力限制了刚体在三维空间沿 3 个方向的移动，此时刚体只有 3 个转动自由度。如前所述，此三个线矢力不仅约束了任何方向的移动，对存在的转动也有限制，只有与三个线矢力全部相交的直线才能作为转轴。能够同时与空间 3 条直线相交的直线有无穷多条，为求这样的轴线，可以用代数法和几何法。

首先，用代数法来求解。若 3 个约束线矢力分别表示为 $\$_1^r=(\boldsymbol{S}_1;\boldsymbol{S}_{01})$、$\$_2^r=(\boldsymbol{S}_2;\boldsymbol{S}_{02})$ 和 $\$_3^r=(\boldsymbol{S}_3;\boldsymbol{S}_{03})$，所求直线的线矢为 $\$=(\boldsymbol{S};\boldsymbol{S}_0)$，此直线与上述 3 个线矢力均相交，按照直线互矩的定义，必须同时满足如下方程：

$$\boldsymbol{S}\cdot\boldsymbol{S}_{0i}+\boldsymbol{S}_i\cdot\boldsymbol{S}_0=0,\quad i=1,2,3 \tag{3-40}$$

或

$$\begin{aligned}
lp_1+mq_1+nr_1+l_1p+m_1q+n_1r=0\\
lp_2+mq_2+nr_2+l_2p+m_2q+n_2r=0\\
lp_3+mq_3+nr_3+l_3p+m_3q+n_3r=0
\end{aligned} \tag{3-41}$$

求解上述方程组，可得到 3 个线性无关的线矢量同时与所给的 3 个线矢力相交。

接下来，用几何法来求解。事实上，如何作出一条直线能够同时与 3 条给定的直线相交， 已在前面 3.4.2 节中讨论过，可得到如下交线方程：

$$\boldsymbol{r}\times\left[(\boldsymbol{r}_{\mathrm{A}}\times\boldsymbol{S}_1)\times(\boldsymbol{r}_{\mathrm{A}}\times\boldsymbol{S}_2-\boldsymbol{S}_{02})\right]=\left[\boldsymbol{r}_2\cdot(\boldsymbol{r}_{\mathrm{A}}\times\boldsymbol{S}_2\cdot\boldsymbol{S}_{02})\right](\boldsymbol{r}_{\mathrm{A}}\times\boldsymbol{S}_1)$$

上式为通过 $\$_3^r$ 上一点 A 与 $\$_1^r$、$\$_2^r$ 和 $\$_3^r$ 同时相交的直线方程。这样的直线有无穷多，但最多只有 3 条直线是线性无关的，也就是这些直线所构成直线簇的最大线性无关秩为 3。

上面讨论的是 3 个约束线矢力在空间交错的一般情况。接下来讨论一种特殊情况，如图 3-14 所示，若作用在刚体上的 3 个约束线矢力分别位于 3 个不同的平行平面，且正交于同一直线(图中 z 轴)，此时 3 个线矢力也约束了刚体的 3 个自由度，其中两个为与平面平行方向的移动，另一个被约束的自由度是转动，下面分析该系统所允许的转动情况。

由于 3 个约束线矢力平行于同一平面，其方向矢量线性相关，故可找到一组系数λ_1、λ_2和λ_3，使得 3 个方向矢量的线性组合为零。

$$\lambda_1 \boldsymbol{S}_1 + \lambda_2 \boldsymbol{S}_2 + \lambda_3 \boldsymbol{S}_3 = 0 \tag{3-42}$$

再以此 3 个系数线性组合 3 个线矢力，可得一个约束力偶为

$$\boldsymbol{\$}^{\mathrm{r}} = \lambda_1 \boldsymbol{\$}_1^{\mathrm{r}} + \lambda_2 \boldsymbol{\$}_2^{\mathrm{r}} + \lambda_3 \boldsymbol{\$}_3^{\mathrm{r}} = \left(\sum_1^3 \lambda_i \boldsymbol{S}_i ; \sum_1^3 \lambda_i \boldsymbol{S}_{0i} \right) = (0; \boldsymbol{S}_0) \tag{3-43}$$

对应图 3-14 所选择的坐标系，各个对偶部 $\boldsymbol{S}_{0i}$ 的第 3 分量都为零，则线性组合后所得到 $\boldsymbol{S}_0$ 的第 3 分量也为零，即该约束力偶也平行于 xy 平面。显然，与矢量 $\boldsymbol{S}_0$ 不垂直的任何转动均被约束，而系统允许的两个转动在与 $\boldsymbol{S}_0$ 垂直的平面内，它们可由与 3 个约束线矢力均相交的轴线来确定，例如，与 3 个线矢力都正交的 z 轴就是一个允许转动的转轴。

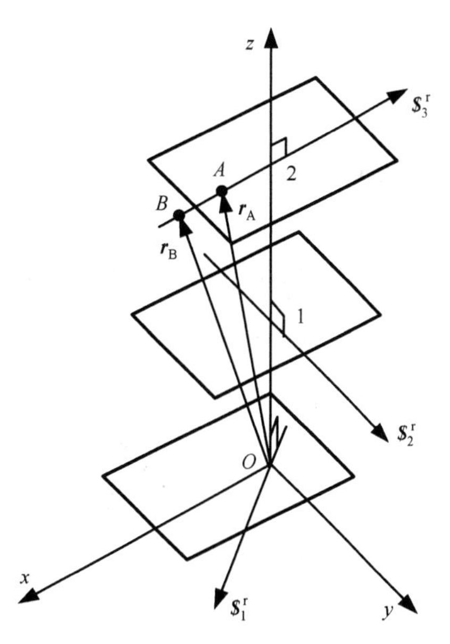

图 3-14　三线矢正交同一直线

令图 3-14 中的 3 个约束线矢力分别为

$$\boldsymbol{\$}_1^{\mathrm{r}} = (1,1,0;\ 0,0,0)/\sqrt{2}$$
$$\boldsymbol{\$}_2^{\mathrm{r}} = (0,1,0;\ -1,0,0)$$
$$\boldsymbol{\$}_3^{\mathrm{r}} = (-1,0,0;\ 0,-2,0)$$

不难写出同时与 3 个约束线矢力相逆的 4 个运动螺旋为

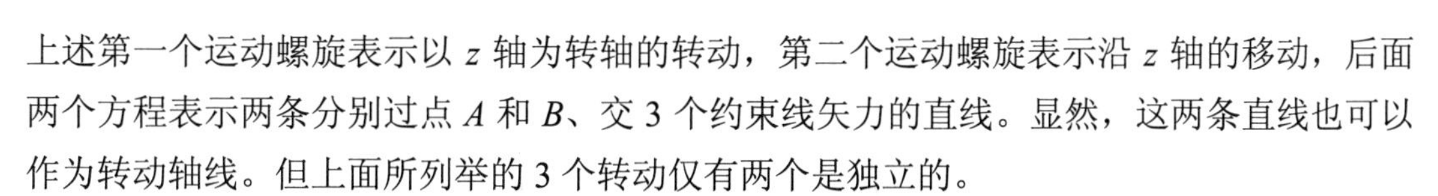

$$\boldsymbol{\$}_1^{\mathrm{m}} = (0,0,1;\ 0,0,0)$$
$$\boldsymbol{\$}_2^{\mathrm{m}} = (0,0,0;\ 0,0,1)$$
$$\boldsymbol{r} \times \left[(\boldsymbol{r}_{\mathrm{A}} \times \boldsymbol{S}_1) \times (\boldsymbol{r}_{\mathrm{A}} \times \boldsymbol{S}_2 - \boldsymbol{S}_{02}) \right] = \left[\boldsymbol{r}_2 \cdot (\boldsymbol{r}_{\mathrm{A}} \times \boldsymbol{S}_2 \cdot \boldsymbol{S}_{02}) \right] (\boldsymbol{r}_{\mathrm{A}} \times \boldsymbol{S}_1)$$
$$\boldsymbol{r} \times \left[(\boldsymbol{r}_{\mathrm{B}} \times \boldsymbol{S}_1) \times (\boldsymbol{r}_{\mathrm{B}} \times \boldsymbol{S}_2 - \boldsymbol{S}_{02}) \right] = \left[\boldsymbol{r}_2 \cdot (\boldsymbol{r}_{\mathrm{B}} \times \boldsymbol{S}_2 \cdot \boldsymbol{S}_{02}) \right] (\boldsymbol{r}_{\mathrm{B}} \times \boldsymbol{S}_1)$$

上述第一个运动螺旋表示以 z 轴为转轴的转动，第二个运动螺旋表示沿 z 轴的移动，后面两个方程表示两条分别过点 A 和 B、交 3 个约束线矢力的直线。显然，这两条直线也可以作为转动轴线。但上面所列举的 3 个转动仅有两个是独立的。

若图中的 3 个约束线矢力不与 z 轴正交，即无公共垂线，此时由式(3-43)获得的约束力偶矢不再与平面平行，但系统所允许的转动同样与 3 个约束线矢力相交。

对于 3 个约束线矢力在空间布置的其他特殊情况，讨论如下。

1)3 个约束线矢力共面、不共点且不相互平行。

此时，限制了刚体在线矢力平面方向的两个移动和轴线不在平面的任何转动，而允许沿平面法线方向的移动和绕平面内任何轴线的转动。

2) 3 个线矢力在空间共点但不共面。

此时，刚体失去三维空间的任何移动，而存在 3 个独立的转动，但所有转动的转轴必须经过汇交点。

3) 3 个约束线矢力在空间平行但不共面。

此时，刚体失去了与线矢力不垂直方向的移动以及与线矢力方向不平行的任何转动，而允许刚体沿与线矢力相垂直的两个方向移动和轴线与线矢力平行的任何转动。

习　题

3-1　如果空间有 4 个螺旋$\$_1$、$\$_2$、$\$_3$和$\$_4$，其中，前 3 个螺旋是节距为零的线矢量，且它们共面，第 4 个螺旋是节距为无穷大的偶量，而且与前 3 个螺旋轴线所在的平面相垂直，试分析这 4 个螺旋所组成螺旋系的相关性。

3-2　对于表 3-1 所示的 4c 类型线簇，试证明该线簇秩为 4。

3-3　两个螺旋轴线相交，轴线之间的扭向角为 40°，其互易积为 0，其中第一个螺旋的节距为 3，试求第二个螺旋的节距。

3-4　如果螺旋三系的 3 个螺旋均为线矢量，且其中两个线矢量平行，另一个线矢量与它们异面，试分析该螺旋三系的反螺旋系。

3-5　题 3-5 图为由 3 个轴线平行的转动副组成的平面串联机械手，试分析其运动螺旋系和约束螺旋系。

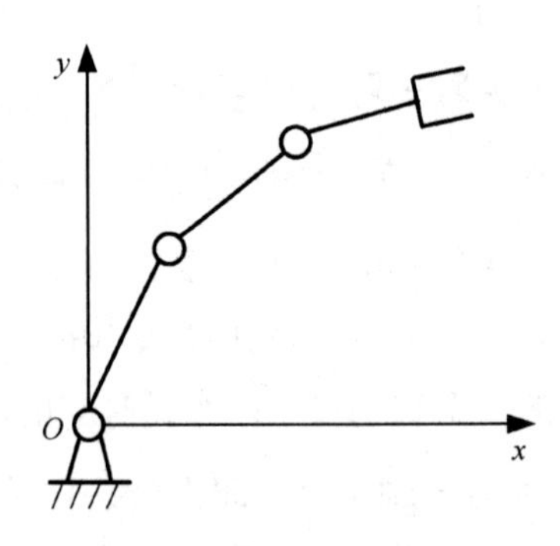

题 3-5 图

3-6　试讨论分析刚体在约束力偶作用下所存在的特殊转动。

第 4 章 串联机器人机构拓扑结构特征与综合

本章讨论非独立运动输出为常量的串联机器人机构拓扑结构综合问题。内容涉及串联机器人机构拓扑结构组成及其符号表示，串联机器人机构的活动度公式，串联机器人机构运动输出特征方程，串联机器人机构运动输出特征矩阵运算，串联机器人机构的拓扑结构综合等。

4.1 串联机器人机构拓扑结构特征

4.1.1 串联机器人机构结构组成及其符号表示

机构是由连杆通过运动副连接而成的约束系统。运动副约束两连杆之间的若干相对运动自由度；而连杆尺度参数约束同一连杆上运动副轴线之间的相对方向与位置。

1. 运动副基本类型

自由度为 1～5 的运动副类型众多，但其常用的基本类型主要有 6 种，即转动副、移动副、螺旋副、圆柱副、万向节和球面副，如表 4-1 所示，其生活中对应的例子分别如图 4-1(a)～(f)所示。

表 4-1 常用的运动副类型

运动副名称	符　号	简　图	自 由 度
转动副	R		1
移动副	P		1

续表

运动副名称	符　号	简　图	自 由 度
螺旋副	H		1
圆柱副	C		2
万向节	U		2
球面副	S		3

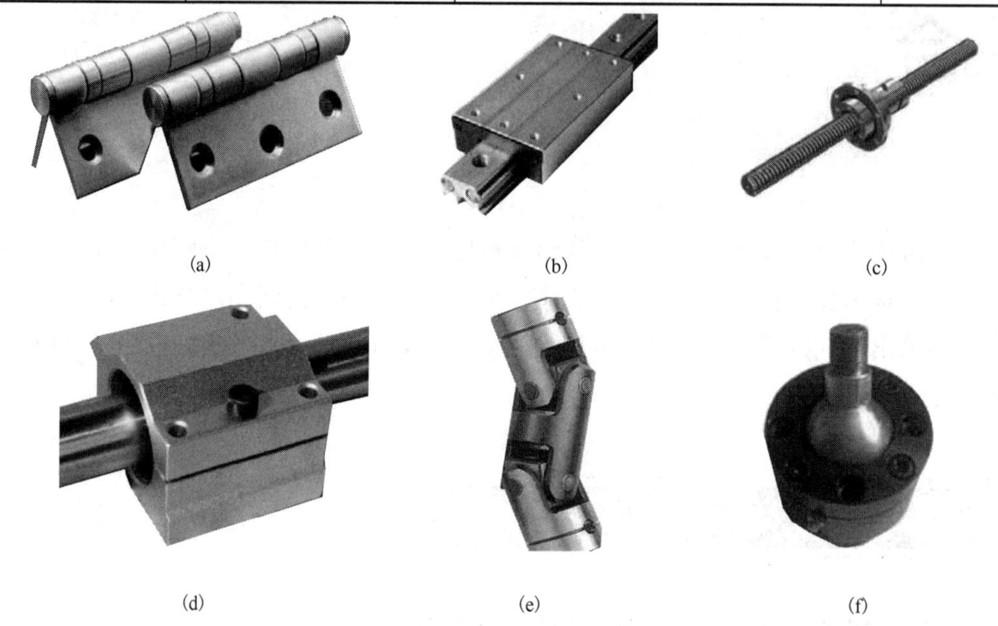

图 4-1　常用的运动副示例

2．尺度参数与尺度型机构

机器人由连杆通过关节运动副顺次连接而成。为表示机器人连杆之间的相对位置和姿态，Denavit 和 Harenberg 提出了 D-H 方法，即在每一连杆建立一直角坐标系，并约定如下：

1) z_i 轴线沿第 i 个运动副轴线方向，对转动副和移动副，其正向可任意选定。

2) x_i 轴线沿第 i 与第 i+1 个运动副两轴线的公垂线方向，其正向由第 i 个运动副轴线指向第 i+1 个运动副轴线。若两运动副轴线平行，x_i 可选定为垂直于两轴线的任一直线；若两运动副轴线相交，则交点为原点，x_i 为 $z_i \times z_{i+1}$ 方向，或相反。

3) y_i 轴线根据右手法则确定。

对由三个转动副组成的串联机构，所建立的坐标系如图 4-2 所示，其连杆的尺度参数定义如下。

θ_i(转角)：运动副轴线的两相邻公垂线之间的夹角，即按右手坐标系，绕 z_i 轴线由 x_{i-1} 转向 x_i 轴的关节角。

d_i(轴向偏置)：第 i 个运动副的两条公垂线(x_{i-1} 与 x_i)之间的距离，方向指向 z_i 方向。

a_i(杆长)：两相邻运动副(i，i+1)轴线之间的公垂线的长度。

α_i(扭角)：两相邻运动副轴线之间的夹角，即按右手坐标系，绕 x_i 轴线由 z_i 到 z_{i+1} 的转角。

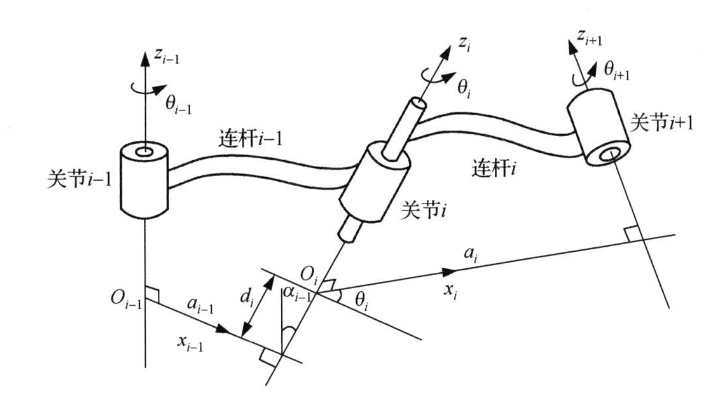

图 4-2　连杆参数的 D-H 表示方法

上述机器人连杆的关节运动副可特殊配置如下：

1) 两运动副轴线重合，即 α_i=0，a_i=0。

2) 两运动副轴线平行，即 α_i=0，$a_i \neq 0$。

3) 两运动副轴线相交于一点，即 $\alpha_i \neq 0$，a_i=0。

4) 两运动副轴线垂直，即 $\alpha_i=\pi/2$。

5) 三个互不平行的移动副平行于同一平面，即 α_i=常数或 a_i=0，θ_i=0。

上述运动副轴线方向与位置的 5 种特殊配置类型及其组合称为尺度类型。就机构拓扑结构综合而言，仅考虑尺度类型的机构称为尺度型机构。本书所述机器人机构无特别说明，均指尺度型机构。

3. 串联机器人机构结构组成及其符号表示

对由 P 副(移动副)、R 副(转动副)与 H 副(螺旋副)构成的串联机器人机构[亦称单开链(Single Opened Chain)，简记为 SOC]，其结构组成可用符号表示，约定如下。

1) 同一连杆上两运动副轴线为任意方位配置，两者之间用“-”表示，如 R-R，R-P，R-H，P-P 等。

2) 同一连杆上两运动副轴线重合，两者之间用“/”表示，如 R/R，R/P，R/H，P/P 等。

3) 同一连杆上两运动副轴线平行，两者之间用“//”表示，如 R//R，R//P，R//H，P//P 等。

4) 同一连杆上两运动副轴线相交于一点，两者共用“⌒”表示，如$\widehat{\text{RR}}$，$\widehat{\text{RP}}$，$\widehat{\text{RH}}$，$\widehat{\text{PP}}$ 等。当连续若干个 R 副轴线相交于同一点时，用同一个“⌒”表示，如$\widehat{\text{RRR}}$，$\widehat{\text{RRRR}}$等。

5) 若干个 P 副平行于同一平面，用$\diamond$ (-P-P-…-P-) 表示。

6) 同一连杆上两运动副轴线垂直，两者之间用“⊥”表示，如 R⊥R，R⊥P，R⊥H 等。特别说明，当 $R\perp P\perp R^*$ 且 $R//R^*$ 时，记为 $R(\perp P)//R^*$；当 R-P-R^* 且 $R//R^*$ 时，记为 $R(\text{-}P)//R^*$。

上述约定既表示机构结构组成的运动副类型、数目与次序，又表示机构的尺度型特征，且使符号表示具有唯一性。

多自由度运动副也可以表示为单开链结构，如 C 副为 SOC{-R//P-}，U 副为 $\text{SOC}\left\{\text{-}\widehat{\text{R}\perp\text{R}}\text{-}\right\}$，S 副为$\text{SOC}\left\{\text{-}\widehat{\text{RRR}}\text{-}\right\}$。

4.1.2 串联机器人机构的活动度公式

串联机器人机构的活动度公式为

$$F=\sum_{i=1}^{m} f_i \tag{4-1}$$

式中，F 为机构活动度；m 为机构运动副数；f_i 为第 i 个运动副自由度数。

4.1.3 串联机器人机构运动输出特征矩阵

1. 串联机器人机构的位移输出与速度输出

串联机器人机构的位移输出是末端连杆的位置与方向(位姿)，为机构运动输入的函数。串联机器人机构位移输出矩阵记为 $\boldsymbol{M}_{\text{S}}(\theta_1\sim\theta_F)$，即

$$\boldsymbol{M}_{\text{S}}(\theta_1\sim\theta_F)=\begin{bmatrix} x(\theta_1\sim\theta_F) & y(\theta_1\sim\theta_F) & z(\theta_1\sim\theta_F) \\ \alpha(\theta_1\sim\theta_F) & \beta(\theta_1\sim\theta_F) & \gamma(\theta_1\sim\theta_F) \end{bmatrix} \tag{4-2}$$

式中，$x(\theta_1\sim\theta_F)$，$y(\theta_1\sim\theta_F)$，$z(\theta_1\sim\theta_F)$ 为固连于末端连杆的动坐标系原点在静坐标系(可视为机器人的基座坐标系)中的坐标；$\alpha(\theta_1\sim\theta_F)$，$\beta(\theta_1\sim\theta_F)$，$\gamma(\theta_1\sim\theta_F)$ 为固连于末端连杆的动坐标系相对于静坐标系的方向(姿态)参数；θ_i 为第 i 个主动输入的广义变量；F 为机构活动度。

相应地，串联机器人机构速度输出矩阵为

$$\dot{\boldsymbol{M}}_{\text{S}}(\dot\theta_1\sim\dot\theta_F)=\begin{bmatrix} \dot x(\dot\theta_1\sim\dot\theta_F) & \dot y(\dot\theta_1\sim\dot\theta_F) & \dot z(\dot\theta_1\sim\dot\theta_F) \\ \dot\alpha(\dot\theta_1\sim\dot\theta_F) & \dot\beta(\dot\theta_1\sim\dot\theta_F) & \dot\gamma(\dot\theta_1\sim\dot\theta_F) \end{bmatrix} \tag{4-3}$$

式(4-2)和式(4-3)称为机构运动输出矩阵，矩阵中每个元素均由复杂的运动分析来确

定。在运动输出矩阵诸元素中，如有ξ_S个独立运动输出元素，则其余$(6-\xi_S)$个为非独立运动输出元素，并把ξ_S称为串联机器人机构的秩。如果机器人末端独立运动输出元素小于 6，则称其为欠秩机器人。根据前面所讲的螺旋理论，ξ_S可以认为是机构运动螺旋系的秩，而$(6-\xi_S)$为约束螺旋系的秩。

在串联机器人机构的运动输出矩阵中，约定如下：

1) 当式(4-2)中的某元素为常量时，该元素用“.”表示；相应地，在式(4-3)中的对应元素用“0”表示。

2) 当式(4-2)中的某元素为非独立元素时，该元素用“{该元素}”表示，不再记$(\theta_1 \sim \theta_F)$；相应地在式(4-3)中的对应元素也用“{该元素}”表示，不再记$(\dot{\theta}_1 \sim \dot{\theta}_F)$。

3) 当式(4-2)中的某元素为独立元素时，该元素记法同式(4-2)，但不再记$(\theta_1 \sim \theta_F)$；相应地在式(4-3)中的对应元素记法同式(4-3)，但不再记$(\dot{\theta}_1 \sim \dot{\theta}_F)$。

4) 机构位移输出矩阵与速度输出矩阵仍分别记为$\boldsymbol{M}_S$与$\dot{\boldsymbol{M}}_S$，但为了强调它们揭示了串联机器人机构的运动输出特征，将它们统称为机构运动输出特征矩阵，简称为输出特征矩阵。

例如，图 4-3 所示的串联机器人机构(F=4)的位移与速度输出特征矩阵为

$$\boldsymbol{M}_S = \begin{bmatrix} x & y & \bullet \\ \bullet & \bullet & \gamma \end{bmatrix} \qquad \dot{\boldsymbol{M}}_S = \begin{bmatrix} \dot{x} & \dot{y} & 0 \\ 0 & 0 & \dot{\gamma} \end{bmatrix}$$

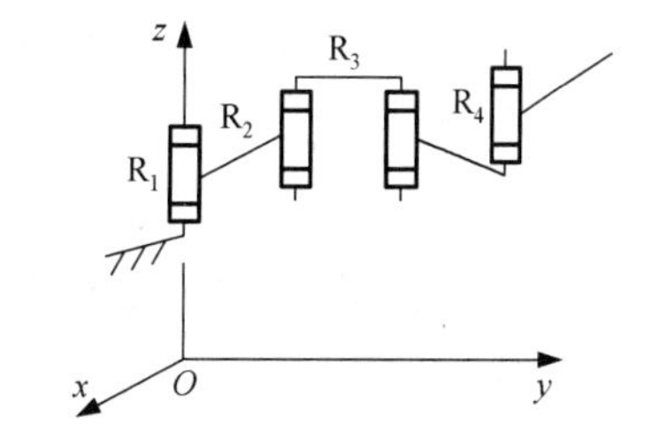

图 4-3　一种串联机器人 SOC{-R_1//R_2//R_3//R_4-}

再如，若式(4-2)和式(4-3)诸元素皆为独立运动输出时，其位移、速度输出特征矩阵分别为

$$\boldsymbol{M}_S = \begin{bmatrix} x & y & z \\ \alpha & \beta & \gamma \end{bmatrix} \qquad \dot{\boldsymbol{M}}_S = \begin{bmatrix} \dot{x} & \dot{y} & \dot{z} \\ \dot{\alpha} & \dot{\beta} & \dot{\gamma} \end{bmatrix}$$

机构运动输出特征矩阵也可以用矢量形式表示为

$$\boldsymbol{M}_S = \begin{bmatrix} t^{\xi_{SP}} \\ r^{\xi_{SR}} \end{bmatrix} \qquad \dot{\boldsymbol{M}}_S = \begin{bmatrix} \dot{t}^{\xi_{SP}} \\ \dot{r}^{\xi_{SR}} \end{bmatrix}$$

式中，$t^{\xi_{SP}}$为末端连杆的独立平移输出，ξ_{SP}为独立平移输出数，$\xi_{SP} = 0,1,2,3$；$r^{\xi_{SR}}$为末端连杆的独立转动输出，ξ_{SR}为独立转动输出数，$\xi_{SR} = 0,1,2,3$。

一般情况下，运动输出特征矩阵的矢量形式几何意义明确，更加便于运算。

例如，图 4-4(a)所示的串联机器人机构的输出特征矩阵的分量形式与矢量形式分别为

$$\boldsymbol{M}_S = \begin{bmatrix} x & y & z \\ \bullet & \bullet & \gamma \end{bmatrix}, \qquad \boldsymbol{M}_S = \begin{bmatrix} t^3 \\ r^1(//C_1) \end{bmatrix}$$

式中，$r^1(//C_1)$表示末端连杆可绕平行C_1轴线的方向转动。

又如，图 4-4(b)所示的串联机器人机构输出特征矩阵的分量形式和矢量形式分别为

$$\boldsymbol{M}_{\mathrm{S}}=\begin{bmatrix} x & y & z \\ \alpha & \{\beta\} & \gamma \end{bmatrix}, \quad \boldsymbol{M}_{\mathrm{S}}=\begin{bmatrix} t^3 \\ r^2(//\square(\mathrm{R}_2,\mathrm{R}_3)) \end{bmatrix}$$

式中，$\{\beta\}$ 为末端连杆的非独立转动输出；$r^2(//\square(\mathrm{R}_2,\mathrm{R}_3))$ 表示末端连杆可绕平行于 R_2 和 R_3 所确定平面内任一直线转动，但不能绕 R_2 和 R_3 所确定平面的法线方向转动。

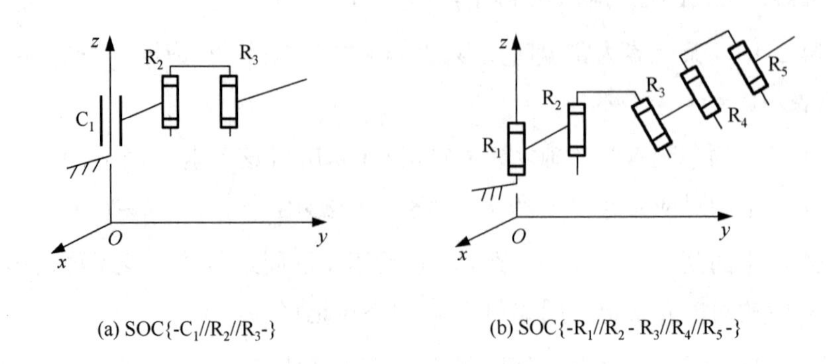

(a) SOC{-C1//R2//R3-}　　(b) SOC{-R1//R2 - R3//R4//R5 -}

图 4-4　两种欠秩串联机器人机构

2．非独立输出为常量的串联机器人机构位移输出特征矩阵类型

非独立输出为常量的串联机器人机构位移输出特征矩阵的全部类型如表4-2所示。机构的非独立输出是否为常量，主要取决于连杆尺度参数之间的特定几何条件，就本书所研究的尺度型机构而言，其实质是由机构运动副轴线的特殊配置类型决定的。根据机构结构和机构运动输出特征矩阵之间的内在联系和规律性，可综合出对应于不同输出特征矩阵的串联机器人机构。

表 4-2　非独立输出为常量的串联机器人机构位移输出特征矩阵类型

独立输出数	位移输出特征矩阵					
	A	B	C	D	E	F
1	$\begin{bmatrix} x & \cdot & \cdot \\ \cdot & \cdot & \cdot \end{bmatrix}$	$\begin{bmatrix} \cdot & \cdot & \cdot \\ \alpha & \cdot & \cdot \end{bmatrix}$				
2	$\begin{bmatrix} x & y & \cdot \\ \cdot & \cdot & \cdot \end{bmatrix}$	$\begin{bmatrix} x & \cdot & \cdot \\ \alpha & \cdot & \cdot \end{bmatrix}$	$\begin{bmatrix} x & \cdot & \cdot \\ \cdot & \beta & \cdot \end{bmatrix}$	$\begin{bmatrix} \cdot & \cdot & \cdot \\ \alpha & \beta & \cdot \end{bmatrix}$		
3	$\begin{bmatrix} x & y & z \\ \cdot & \cdot & \cdot \end{bmatrix}$	$\begin{bmatrix} x & y & \cdot \\ \alpha & \cdot & \cdot \end{bmatrix}$	$\begin{bmatrix} x & y & \cdot \\ \cdot & \cdot & \gamma \end{bmatrix}$	$\begin{bmatrix} x & \cdot & \cdot \\ \alpha & \beta & \cdot \end{bmatrix}$	$\begin{bmatrix} x & \cdot & \cdot \\ \cdot & \beta & \gamma \end{bmatrix}$	$\begin{bmatrix} \cdot & \cdot & \cdot \\ \alpha & \beta & \gamma \end{bmatrix}$
4	$\begin{bmatrix} x & y & z \\ \alpha & \cdot & \cdot \end{bmatrix}$	$\begin{bmatrix} x & y & \cdot \\ \alpha & \beta & \cdot \end{bmatrix}$	$\begin{bmatrix} x & y & \cdot \\ \cdot & \beta & \gamma \end{bmatrix}$	$\begin{bmatrix} x & \cdot & \cdot \\ \alpha & \beta & \gamma \end{bmatrix}$		
5	$\begin{bmatrix} x & y & z \\ \alpha & \beta & \cdot \end{bmatrix}$	$\begin{bmatrix} x & y & \cdot \\ \alpha & \beta & \gamma \end{bmatrix}$				
6	$\begin{bmatrix} x & y & z \\ \alpha & \beta & \gamma \end{bmatrix}$					

需要特别指出的是，本表所给出的非独立输出常量是广义常量，而非仅指在静坐标系下不变的狭义常量。例如，图4-4(b)所示的机构位移输出特征矩阵没有R_2和R_3所确定平面的法线方向的转动输出，其可视为该转动输出在平面的法线方向为常量，但该法线方向随机器人运动而发生变化，故为广义常量。在该意义下，其位移输出特征矩阵视同表4-2中的5A。对于串联机器人而言，难以在机构拓扑结构综合中获得静坐标系意义下的狭义常量[图4-3和图4-4(a)所示的串联机器人运动输出特征矩阵给出的常量]，因此，本书给出了广义常量的概念，有助于解决该问题。

3. 冗余度串联机器人机构

当机构活动度 F 大于机器人末端输出特征矩阵的独立输出元素数ξ_S时，称为冗余度串联机器人机构。例如，图 4-3 所给出的机构即冗余度串联机器人机构。冗余度串联机器人机构有助于改善机器人性能，如回避奇异、回避障碍物以及克服关节转角限制等。

4.2 串联机器人机构运动输出特征方程

4.2.1 运动螺旋的矩阵表示

如第 2 章所述，运动螺旋可表示为

$$\boldsymbol{\$}=\omega(\boldsymbol{S};\boldsymbol{S}^0)$$

若将运动螺旋的原部和对偶部在参考坐标系中分别表示为

$$\omega\boldsymbol{S}=(r_x,r_y,r_z)\,,\quad \omega\boldsymbol{S}^0=(t_x,t_y,t_z)$$

相应地，运动螺旋 $\boldsymbol{\$}$ 可写为

$$\boldsymbol{\$}=(r_x,r_y,r_z,t_x,t_y,t_z)$$

为便于运算，运动螺旋 $\boldsymbol{\$}$ 改记为

$$\boldsymbol{\$}=\begin{bmatrix} t_x & t_y & t_z \\ r_x & r_y & r_z \end{bmatrix}$$

当用运动螺旋表示刚体的运动时，根据运动螺旋的定义，螺旋原部表示刚体的角速度，螺旋对偶部表示刚体与坐标原点重合点的线速度，即螺旋原部对应速度输出特征矩阵 $\dot{\boldsymbol{M}}_{\mathrm{S}}$ 的第二行，螺旋对偶部对应 $\dot{\boldsymbol{M}}_{\mathrm{S}}$ 的第一行，故运动螺旋 $\boldsymbol{\$}$ 等价于其速度输出特征矩阵。

$$\boldsymbol{\$}=\begin{bmatrix} t_x & t_y & t_z \\ r_x & r_y & r_z \end{bmatrix}=\dot{\boldsymbol{M}}_{\mathrm{S}}=\begin{bmatrix} \dot{x} & \dot{y} & \dot{z} \\ \dot{\alpha} & \dot{\beta} & \dot{\gamma} \end{bmatrix} \tag{4-4}$$

4.2.2 运动副的运动输出特征矩阵

1．移动副输出特征矩阵

对图 4-5 所示的由单个 P 副构成的串联机器人机构，建立坐标系 $Oxyz$，则连杆 2 与连杆 1 之间的运动螺旋矩阵 $\mathbb{S}_{\mathrm{P}}$ 表示为

$$\mathbb{S}_{\mathrm{P}}=\begin{bmatrix}\{t_x\} & t_y & \{t_z\} \\ 0 & 0 & 0\end{bmatrix}$$

式中，t_y 为移动副的独立平移输出；$\{t_x\}$，$\{t_z\}$ 为移动副的非独立平移输出。

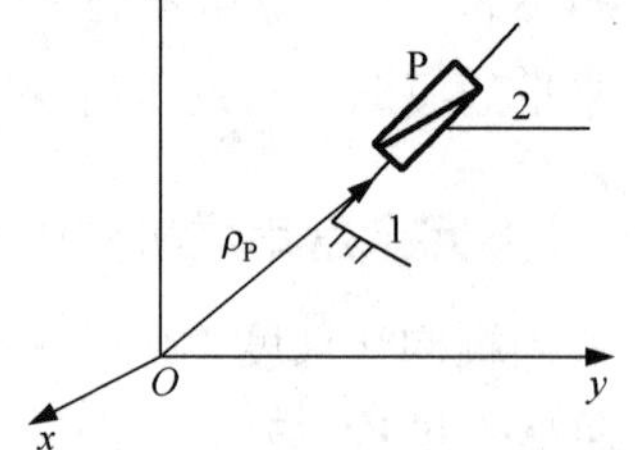

图 4-5 移动副运动输出

若取 t_x 为独立运动输出，则$\{t_y\}$和$\{t_z\}$为非独立运动输出。

由式(4-2)和式(4-3)可知，P 副的位移输出特征矩阵和速度输出特征矩阵分别为

$$\boldsymbol{M}_{\mathrm{P}}=\begin{bmatrix}\{x\} & y & \{z\} \\ \bullet & \bullet & \bullet\end{bmatrix}, \quad \dot{\boldsymbol{M}}_{\mathrm{P}}=\mathbb{S}_{\mathrm{P}}=\begin{bmatrix}\{\dot{x}\} & \dot{y} & \{\dot{z}\} \\ 0 & 0 & 0\end{bmatrix}$$

更一般地，P 副运动输出特征矩阵 $\boldsymbol{M}_{\mathrm{P}}$ 和 $\dot{\boldsymbol{M}}_{\mathrm{P}}$ 的矢量形式分别为

$$\boldsymbol{M}_{\mathrm{P}}=\begin{bmatrix}t^1(//\mathrm{P}) \\ r^0\end{bmatrix} \tag{4-5}$$

$$\dot{\boldsymbol{M}}_{\mathrm{P}}=\begin{bmatrix}\dot{t}^1(//\mathrm{P}) \\ \dot{r}^0\end{bmatrix} \tag{4-6}$$

式(4-5)表明，P 副只有一个独立平移输出，即 $t^1(//\mathrm{P})$，转动输出皆为常量，即 r^0。

2．转动副输出特征矩阵

对图 4-6 所示的由单个 R 副构成的串联机器人机构，建立坐标系 $Oxyz$，则连杆 2 与连杆 1 之间的运动螺旋矩阵 $\mathbb{S}_{\mathrm{R}}$ 表示为

$$\mathbb{S}_{\mathrm{R}}=\begin{bmatrix}\{t_x\} & \{t_y\} & 0 \\ 0 & 0 & r_z\end{bmatrix}$$

式中，r_z 为转动副的独立转动输出；$\{t_x\}$，$\{t_y\}$为转动副的非独立平移输出。

若取 t_x 为独立运动输出，则$\{t_y\}$和$\{r_z\}$为非独立运动输出。

由式(4-2)和式(4-3)可知，R 副的位移输出特征矩阵和速度输出特征矩阵分别为

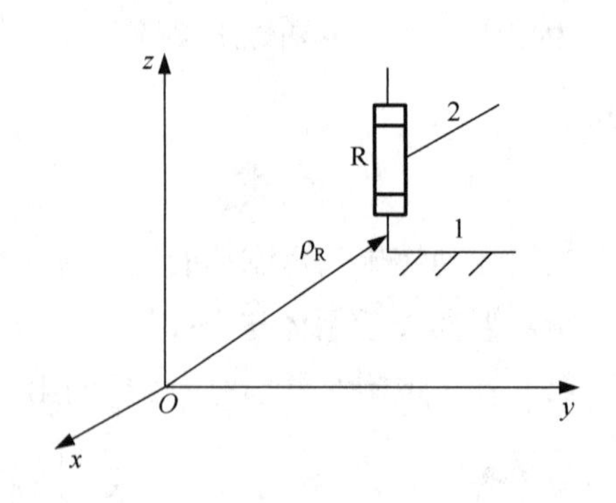

图 4-6 转动副运动输出

$$\boldsymbol{M}_{\mathrm{R}}=\begin{bmatrix}\{x\} & \{y\} & \bullet \\ \bullet & \bullet & \gamma\end{bmatrix}$$

$$\dot{\boldsymbol{M}}_{\mathrm{R}}=\boldsymbol{\$}_{\mathrm{R}}=\begin{bmatrix}\{\dot{x}\} & \{\dot{y}\} & 0 \\ 0 & 0 & \dot{\gamma}\end{bmatrix}$$

更一般地，R 副运动输出特征矩阵 $\boldsymbol{M}_{\mathrm{R}}$ 和 $\dot{\boldsymbol{M}}_{\mathrm{R}}$ 的矢量形式分别为

$$\boldsymbol{M}_{\mathrm{R}}=\begin{bmatrix}\{t^1(\perp \mathrm{R}, \rho_{\mathrm{R}})\} \\ r^1(//\mathrm{R})\end{bmatrix} \tag{4-7}$$

$$\dot{\boldsymbol{M}}_{\mathrm{R}}=\begin{bmatrix}\{\dot{t}^1(\perp \mathrm{R}, \rho_{\mathrm{R}})\} \\ \dot{r}^1(//\mathrm{R})\end{bmatrix} \tag{4-8}$$

式中，$t^1(\perp \mathrm{R}, \rho_{\mathrm{R}})$ 为转动副的衍生平移，该平移输出既垂直于 R 副轴线又垂直于矢径 ρ_{R}。

3．螺旋副输出特征矩阵

对图 4-7 所示的由单个 H 副构成的串联机器人机构，建立坐标系 $Oxyz$，则连杆 2 与连杆 1 之间的运动螺旋矩阵 $\boldsymbol{\$}_{\mathrm{H}}$ 表示为

$$\boldsymbol{\$}_{\mathrm{H}}=\begin{bmatrix}\{t_x\} & \{t_y\} & \{t_z\} \\ 0 & 0 & r_z\end{bmatrix}$$

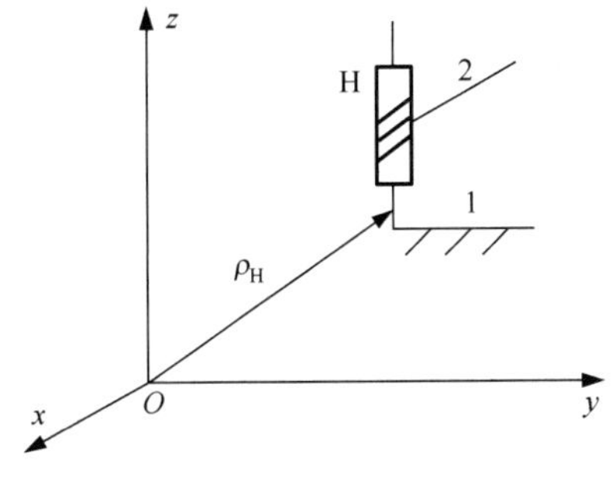

图 4-7　螺旋副的运动螺旋

由式(4-2)和式(4-3)可知，H 副的位移输出特征矩阵和速度输出特征矩阵分别为

$$\boldsymbol{M}_{\mathrm{H}}=\begin{bmatrix}\{x\} & \{y\} & \{z\} \\ \bullet & \bullet & \gamma\end{bmatrix}$$

$$\dot{\boldsymbol{M}}_{\mathrm{H}}=\boldsymbol{\$}_{\mathrm{H}}=\begin{bmatrix}\{\dot{x}\} & \{\dot{y}\} & \{\dot{z}\} \\ 0 & 0 & \dot{\gamma}\end{bmatrix}$$

更一般地，H 副运动输出特征矩阵 $\boldsymbol{M}_{\mathrm{H}}$ 和 $\dot{\boldsymbol{M}}_{\mathrm{H}}$ 的矢量形式分别为

$$\boldsymbol{M}_{\mathrm{H}}=\begin{bmatrix}\{t^1(//\mathrm{H})\}+\{t^1(\perp \mathrm{H}, \rho_{\mathrm{H}})\} \\ r^1(//\mathrm{H})\end{bmatrix} \tag{4-9}$$

$$\dot{\boldsymbol{M}}_{\mathrm{H}}=\begin{bmatrix}\{\dot{t}^1(//\mathrm{H})\}+\{\dot{t}^1(\perp \mathrm{H}, \rho_{\mathrm{H}})\} \\ \dot{r}^1(//\mathrm{H})\end{bmatrix} \tag{4-10}$$

式中，$t^1(\perp \mathrm{H}, \rho_{\mathrm{H}})$ 为表示该平移既垂直于 H 副轴线又垂直于矢径 ρ_{H}。

式(4-9)表明，H 副有三个运动输出，即转动 $r^1(//\mathrm{H})$、轴向平移 $t^1(//\mathrm{H})$ 与转动的衍生平移 $t^1(\perp \mathrm{H}, \rho_{\mathrm{H}})$，但只有一个独立输出。取其中之一为独立输出，则其余两个为非独立输出并分别置入大括号内。式(4-9)取 $r^1(//\mathrm{H})$ 为独立输出，$t^1(//\mathrm{H})$ 和 $t^1(\perp \mathrm{H}, \rho_{\mathrm{H}})$ 皆为非独立输出。

4.2.3 串联机器人机构运动输出特征方程求解

设串联机器人机构运动副 i 的相对运动螺旋为 $\boldsymbol{\$}_i (i=1,2,\cdots,n)$，由螺旋系串联定理可知，末端连杆相对于机架的运动螺旋 $\boldsymbol{\$}_{n-0}$ 为

$$\boldsymbol{\$}_{n-0}=\sum_{i=1}^{n}\boldsymbol{\$}_i$$

将该式展开可得

$$\boldsymbol{\$}_{n-0}=\begin{bmatrix} t_x^{(n-0)} & t_y^{(n-0)} & t_z^{(n-0)} \\ r_0^{(n-0)} & r_y^{(n-0)} & r_z^{(n-0)} \end{bmatrix}=\begin{bmatrix} t_{x1} & t_{y1} & t_{z1} \\ r_{x1} & r_{y1} & r_{z1} \end{bmatrix}+\cdots+\begin{bmatrix} t_{xi} & t_{yi} & t_{zi} \\ r_{xi} & r_{yi} & r_{zi} \end{bmatrix}+\cdots+\begin{bmatrix} t_{xn} & t_{yn} & t_{zn} \\ r_{xn} & r_{yn} & r_{zn} \end{bmatrix}$$

根据式(4-4)，则有

$$\dot{\boldsymbol{M}}_{\mathrm{S}}=\begin{bmatrix} \dot{x} & \dot{y} & \dot{z} \\ \dot{\alpha} & \dot{\beta} & \dot{\gamma} \end{bmatrix}=\boldsymbol{\$}_{n-0}=\begin{bmatrix} t_x^{(n-0)} & t_y^{(n-0)} & t_z^{(n-0)} \\ r_x^{(n-0)} & r_y^{(n-0)} & r_z^{(n-0)} \end{bmatrix}=\sum_{i=1}^{n}\begin{bmatrix} t_{xi} & t_{yi} & t_{zi} \\ r_{xi} & r_{yi} & r_{zi} \end{bmatrix} \tag{4-11}$$

式(4-11)称为串联机器人机构的速度输出特征方程。

通常，串联机器人机构运动到某一位置，$\dot{\boldsymbol{M}}_{\mathrm{S}}$ 的某个元素 $\dot{x}$（或 $\dot{\alpha}$）为零，并不意味着 $\boldsymbol{M}_{\mathrm{S}}$ 中的该元素 x(或 α)为常量(这里指狭义常量)。但若使 $\dot{x}$（或 $\dot{\alpha}$）为零的存在条件与机构的运动位置无关，而只与机构尺度类型(运动副轴线方位的特殊配置类型：恒重合、恒平行、恒共点、恒共面、恒垂直以及它们的组合)有关，则机构运动过程中速度输出特征矩阵某元素 $\dot{x}$（或 $\dot{\alpha}$）恒为零必对应于位移输出特征矩阵的 x(或α)为常量。也就是说，尺度型串联机器人机构的速度输出特征矩阵 $\dot{\boldsymbol{M}}_{\mathrm{S}}$ 与位移输出特征矩阵 $\boldsymbol{M}_{\mathrm{S}}$ 具有对应相关性，且存在条件相同，因此，将其称为相关性对应原理。相应地，串联机器人机构的位移输出特征方程记为

$$\boldsymbol{M}_{\mathrm{S}}=\begin{bmatrix} x & y & z \\ \alpha & \beta & \gamma \end{bmatrix}=\sum_{i=1}^{n}\boldsymbol{M}_i=\sum_{i=1}^{n}\begin{bmatrix} x_i & y_i & z_i \\ \alpha_i & \beta_i & \gamma_i \end{bmatrix} \tag{4-12}$$

式中，$\boldsymbol{M}_i$ 为第 i 个运动副的位移输出特征矩阵。

在尺度型串联机器人机构的运动过程中，由于速度输出特征矩阵(线性)与位移输出特征矩阵(非线性)具有对应相关性，故可用式(4-12)获得串联机器人机构的位移输出特征矩阵。式(4-12)仅用于确定尺度型机构的独立输出和非独立输出，其存在条件仅考虑运动副轴线方位的特殊配置类型。

那么，如何用串联机器人机构位移输出特征方程获得机构的运动输出矩阵呢？首先，需要确定串联机器人机构运动过程的相关性，其判定准则如下：

1)相互平行的两平移必相关，只对应一个独立平移输出。

2) 平行于同一平面的三个平移必相关，只对应平行于该平面的两个独立平移输出。注意平移有三种形式：P 副平移、R 和 H 副的转动衍生平移以及 H 副的轴向平移。

3) 不平行于同一平面的四个平移必相关，三维空间内最多有三个独立平移输出。

4) 相互平行(重合)的两个转动必相关，只对应一个独立转动输出。

5) 平行于同一平面的三个转动必相关。

6) 不平行于同一平面的四个转动必相关，三维空间内最多有三个独立的转动输出。

顺便说明，因机构拓扑结构设计只关心运动过程相关性，故不涉及瞬时运动相关性问题。由于式(4-12)只涉及机构运动过程相关性，故有如下特性：

1) 对应于串联机器人机构末端连杆输出特征矩阵的某独立运动输出元素，其位移输出特征方程的 n 个运动副输出特征矩阵相同位置的 n 个元素中，至少有一个为独立运动输出元素。

2) 对应于串联机器人机构末端连杆输出特征矩阵的非独立元素/常量，其位移输出特征方程的 n 个运动副输出特征矩阵相同位置的 n 个元素应皆为非独立元素/常量。

3) 串联机器人机构运动输出特征矩阵有 6 个元素，每一元素对应一个标量方程。由特性 1) 可知，$\boldsymbol{M}_{\mathrm{S}}$ 的 ξ_{S} 个独立运动输出元素对应的 ξ_{S} 个方程互不相关。由特性 2) 可知，$\boldsymbol{M}_{\mathrm{S}}$ 的 $(6-\xi_{\mathrm{S}})$ 个非独立运动输出元素对应的 $(6-\xi_{\mathrm{S}})$ 个方程中，皆为运动副的非独立运动输出元素，即该 $(6-\xi_{\mathrm{S}})$ 个方程与上述 ξ_{S} 个互不相关方程之间皆存在相关性。因此，$\boldsymbol{M}_{\mathrm{S}}$ 的独立运动输出元素 ξ_{S} 就是串联机器人机构独立运动输出方程的数量，且有

$$\xi_{\mathrm{S}} = \xi_{\mathrm{SR}} + \xi_{\mathrm{SP}}, \quad 1 \leqslant \xi_{\mathrm{S}} \leqslant 6 \tag{4-13}$$

式中，ξ_{SR} 为 $\boldsymbol{M}_{\mathrm{S}}$ 的独立转动输出数，$0 \leqslant \xi_{\mathrm{SR}} \leqslant 3$；$\xi_{\mathrm{SP}}$ 为 $\boldsymbol{M}_{\mathrm{S}}$ 的独立平移输出数，$0 \leqslant \xi_{\mathrm{SP}} \leqslant 3$。

4.3 串联机器人机构运动输出特征矩阵运算

4.3.1 运动输出特征矩阵运算规则

确定串联机器人机构位移输出特征矩阵的主要步骤如下。

步骤 1　将串联机器人机构结构组成用符号表示。

步骤 2　建立坐标系。

为了简化运算，应使尽可能多 R 副(H 副)轴线通过坐标系原点，并注意使运动副轴线平行于坐标轴。

步骤 3　自机架开始，依次写出串联机器人机构的各运动副输出特征矩阵，同时标定其独立输出与非独立输出，并代入运动输出特征方程。

基于运动相关性，独立运动输出的标定原则如下：

1）当第 i 个运动副为 P_i 副时。

① 若 P_i 副平移与第 1～$(i–1)$ 个运动副的独立平移不相关，则取其为独立输出，记作 $t^1(//P_i)$。

② 若 P_i 副平移与第 1～$(i–1)$ 个运动副的独立平移相关，则为非独立输出，记作 $\{t^1(//P_i)\}$，该运动副输出特征矩阵称为无标定矩阵，即不含独立输出的特征矩阵。

2）当第 i 个运动副为 R_i 副时。

① 若 R_i 副转动与第 1～$(i–1)$ 个运动副的独立转动不相关，则取其为独立输出，记作 $r^1(//R_i)$，其转动衍生平移为非独立输出，记作 $\{t^1(\perp R_i, \rho_{Ri})\}$。

② 若 R_i 副转动与第 1～$(i–1)$ 个运动副的独立转动相关，则该转动为非独立输出，记作 $\{r^1(//R_i)\}$；若其转动衍生平移与第 1～$(i–1)$ 个运动副的独立平移以及非独立衍生平移均不相关，则取该衍生平移为独立输出，记作 $t^1(\perp R_i, \rho_{Ri})$；否则，为非独立输出，记作 $\{t^1(\perp R_i, \rho_{Ri})\}$。

③ 若 R_i 副的转动与衍生平移皆为非独立输出，则 R_i 副的运动输出特征矩阵称为无标定矩阵。

3）当第 i 个运动副为 H_i 副时。

① 若 H_i 副转动与第 1～$(i–1)$ 个运动副的独立转动不相关，则取其为独立输出，记作 $r^1(//H_i)$，其轴向平移与转动衍生平移皆为非独立输出，记作 $\{t^1(//H_i)\}+\{t^1(\perp H_i, \rho_{Hi})\}$；

② 若 H_i 副转动与第 1～$(i–1)$ 个运动副的独立转动相关，而其轴向平移与第 1～$(i–1)$ 个运动副的独立平移不相关，则取轴向平移为独立输出，记作 $t^1(//H_i)$，而其转动与转动衍生平移皆为非独立输出，分别记为 $\{r^1(//H_i)\}$ 与 $\{t^1(\perp H_i,\ \rho_{Hi})\}$；

③ 若 H_i 副转动与轴向平移皆为非独立输出，而其转动衍生平移与第 1～$(i–1)$ 个运动副的独立平移以及非独立衍生平移均不相关，则取转动衍生平移为独立输出，记作 $t^1(\perp H_i, \rho_{Hi})$，而转动与轴向平移分别记作 $\{r^1(//H_i)\}$ 与 $\{t^1(//H_i)\}$。

④ 若 H_i 副的转动、轴向平移与转动衍生平移皆为非独立输出，则该输出特征矩阵称为无标定矩阵。

综上所述，标定运动副的独立输出是判定相关性的过程，并将运动副输出特征矩阵分为两类：含独立输出的标定矩阵和不含独立输出的无标定矩阵。

步骤 4 确定 $\boldsymbol{M}_S$ 的独立运动输出。

基于已标定的运动副输出特征矩阵，可得到 $\boldsymbol{M}_S$ 的独立运动输出类型。

1）所有已标定运动副输出特征矩阵的独立平移数之和即为 $\boldsymbol{M}_S$ 的平移秩 ξ_{SP}，其末端平移方向为所有平移（独立平移和非独立平移）的合成。

2）所有已标定运动副输出特征矩阵的独立转动之和即为 $\boldsymbol{M}_S$ 的转动秩 ξ_{SR}，其末端转动方向为所有转动（独立转动和非独立转动）的合成。

步骤 5　确定 $\boldsymbol{M}_{\mathrm{S}}$ 的非独立运动输出。

根据运动副标定过程，容易判定 $\boldsymbol{M}_{\mathrm{S}}$ 的非独立输出是常量或非独立变量。若是常量，则判定其方位。

步骤 6　确定串联机器人机构的秩，即 $\xi_{\mathrm{S}}=\xi_{\mathrm{SP}}+\xi_{\mathrm{SR}}$。

4.3.2　运算示例

例 4-1　图 4-8 所示的 6R 串联机器人机构的结构组成为 SOC$\{-\mathrm{R}_1//\mathrm{R}_2//\mathrm{R}_3-\mathrm{R}_4//\mathrm{R}_5//\mathrm{R}_6-\}$，取坐标系过 R_1 轴线，依次标定各运动副的输出特征矩阵，并代入式(4-12)，得到该串联机器人运动输出特征矩阵为

$$\boldsymbol{M}_{\mathrm{S}}=\begin{bmatrix} t^0 \\ r^1(//\mathrm{R}_1) \end{bmatrix}_{\mathrm{R}_1}+\begin{bmatrix} t^1(\perp\mathrm{R}_2,\rho_{\mathrm{R}2}) \\ \{r^1(//\mathrm{R}_2)\} \end{bmatrix}_{\mathrm{R}_2}+\begin{bmatrix} t^1(\perp\mathrm{R}_3,\rho_{\mathrm{R}3}) \\ \{r^1(//\mathrm{R}_3)\} \end{bmatrix}_{\mathrm{R}_3}$$

$$+\begin{bmatrix} \{t^1(\perp\mathrm{R}_4,\rho_{\mathrm{R}4})\} \\ r^1(//\mathrm{R}_4) \end{bmatrix}_{\mathrm{R}_4}+\begin{bmatrix} t^1(\perp\mathrm{R}_5,\rho_{\mathrm{R}5}) \\ \{r^1(//\mathrm{R}_5)\} \end{bmatrix}_{\mathrm{R}_5}+\begin{bmatrix} \{t^1(\perp\mathrm{R}_6,\rho_{\mathrm{R}6})\} \\ \{r^1(//\mathrm{R}_6)\} \end{bmatrix}_{\mathrm{R}_6}$$

$$=\begin{bmatrix} t^3 \\ r^2(//\Box(\mathrm{R}_3,\mathrm{R}_4)) \end{bmatrix}$$

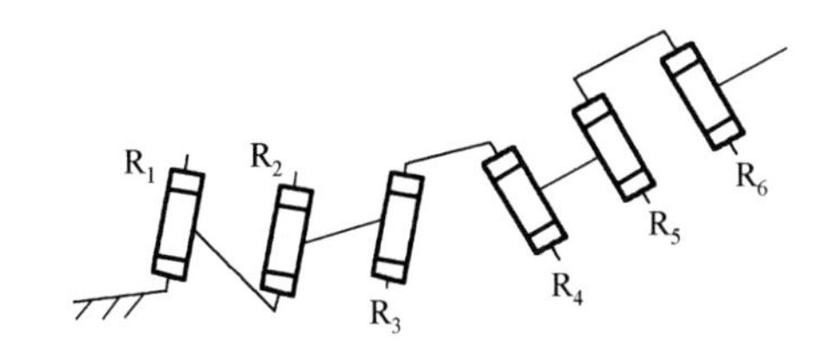

图 4-8　例 4-1 中 SOC$\{-\mathrm{R}_1//\mathrm{R}_2//\mathrm{R}_3-\mathrm{R}_4//\mathrm{R}_5//\mathrm{R}_6-\}$ 结构类型的串联机器人

对上式说明如下：

1) R_2、R_3 转动皆与 R_1 转动相关，故不取转动输出，但是 R_2、R_3 的两衍生平移互不平行，故取两衍生平移皆为独立输出；类似地，R_5 的转动与 R_4 相关，故其转动为非独立输出，但其衍生平移与第 1～4 个运动副的独立平移无关，故取该衍生平移为独立输出；R_6 的转动与衍生平移皆与前面 5 个运动副的运动输出相关，故为非独立输出，即 R_6 为无标定矩阵。

2) 6 个运动副输出特征矩阵的独立转动为 $r^1(//\mathrm{R}_1)$ 与 $r^1(//\mathrm{R}_4)$，故 $\boldsymbol{M}_{\mathrm{S}}$ 的独立转动输出为二维的，即 $r^2(//\Box(\mathrm{R}_3,\mathrm{R}_4))$；其独立平移为 $t^1(\perp\mathrm{R}_2,\rho_{\mathrm{R}2})$、$t^1(\perp\mathrm{R}_3,\rho_{\mathrm{R}3})$ 与 $t^1(\perp\mathrm{R}_5,\rho_{\mathrm{R}5})$，故 $\boldsymbol{M}_{\mathrm{S}}$ 的独立平移输出为三维的，即 t^3。

3) $\boldsymbol{M}_{\mathrm{S}}$ 的非独立转动输出为平面 $\Box(\mathrm{R}_3,\mathrm{R}_4)$ 的法线方向，且为常量(这里为广义常量，在

静坐标系下，法线方向随串联机器人运动而发生变化）。

4）该机构的秩 $\xi_S=\xi_{SP}+\xi_{SR}=3+2=5$。

例 4-2 图 4-9 所示的 6R 串联机器人机构的结构组成为 $\text{SOC}\left\{-\widehat{R_1R_2R_3}-\widehat{R_4R_5R_6}-\right\}$，取坐标系原点位于 O 点，依次标定各运动副的输出特征矩阵，并代入式(4-12)，可得到该串联机器人运动输出特征矩阵为

$$\begin{aligned}\boldsymbol{M}_S=&\begin{bmatrix}t^0\\r^1(//R_1)\end{bmatrix}_{R_1}+\begin{bmatrix}t^0\\r^1(//R_2)\end{bmatrix}_{R_2}+\begin{bmatrix}t^0\\r^1(//R_3)\end{bmatrix}_{R_3}+\begin{bmatrix}t^1(\perp R_4,\rho_{OO'})\\\{r^1(//R_4)\}\end{bmatrix}_{R_4}\\&+\begin{bmatrix}t^1(\perp R_5,\rho_{OO'})\\\{r^1(//R_5)\}\end{bmatrix}_{R_5}+\begin{bmatrix}\{t^1(\perp R_6,\rho_{OO'})\}\\\{r^1(//R_6)\}\end{bmatrix}_{R_6}\\=&\begin{bmatrix}t^2(\perp\rho_{OO'})\\r^3\end{bmatrix}\end{aligned}$$

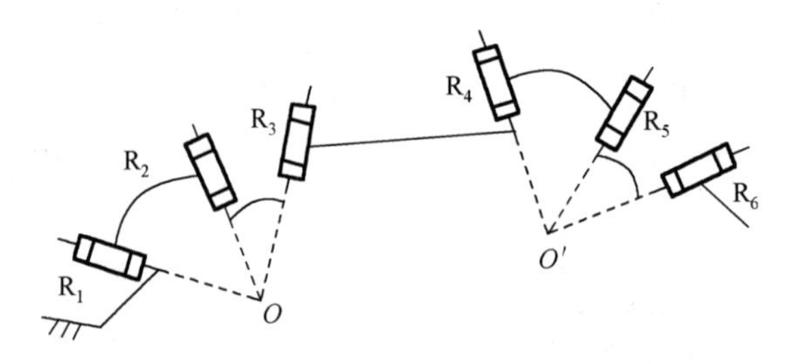

图 4-9 例 4-2 中 $\text{SOC}\{-\widehat{R_1R_2R_3}-\widehat{R_4R_5R_6}-\}$ 结构类型的串联机器人

对上式说明如下：

1）R_1、R_2、R_3 的三个转动互不相关，皆为独立输出；R_4、R_5、R_6 的转动皆与 R_1、R_2、R_3 的独立转动相关，故取其衍生平移为独立平移，但 R_6 的衍生平移与 R_4、R_5 的衍生平移相关（垂直于$\rho_{OO'}$的平面方向仅有两个独立平移），故该衍生平移为非独立输出，即 R_6 为无标定运动副。

2）6 个运动副输出特征矩阵的独立转动为 $r^1(//R_1)$、$r^1(//R_2)$ 及 $r^1(//R_3)$，故 $\boldsymbol{M}_S$ 的独立转动输出为三维的，即 r^3；其独立平移为 $t^1(\perp R_4,\ \rho_{OO'})$ 与 $t^1(\perp R_5,\ \rho_{OO'})$，故 $\boldsymbol{M}_S$ 的独立平移输出为二维的，即 $t^2(\perp\rho_{OO'})$。

3）$\boldsymbol{M}_S$ 的非独立转动平移输出沿 OO'方向，且为常量（这里为广义常量，在静坐标系下，OO'方向随串联机器人运动而发生变化）。

4）该机构的秩 $\xi_S=\xi_{SP}+\xi_{SR}=2+3=5$。

例 4-3 图 4-10 所示的 5H 串联机器人机构的结构组成为 $\text{SOC}\{-H_1//H_2//H_3//H_4//H_5-\}$，取坐标系过 H_1 轴线，依次标定各运动副输出特征矩阵，并代入式(4-12)，得到该串联机器人运动输出特征矩阵为

$$
\boldsymbol{M}_{\mathrm{S}}=\begin{bmatrix}\left\{t^{1}(//\mathrm{H}_{1})\right\}\\ r^{1}\left(//\mathrm{H}_{1}\right)\end{bmatrix}_{\mathrm{H}_{1}}+\begin{bmatrix}t^{1}(//\mathrm{H}_{2})+\left\{t^{1}\left(\perp\mathrm{H}_{2},\rho_{\mathrm{H2}}\right)\right\}\\ \left\{r^{1}(//\mathrm{H}_{2})\right\}\end{bmatrix}_{\mathrm{H}_{2}}+\begin{bmatrix}\left\{t^{1}(//\mathrm{H}_{3})\right\}+t^{1}(\perp\mathrm{H}_{3},\rho_{\mathrm{H3}})\\ \left\{r^{1}(//\mathrm{H}_{3})\right\}\end{bmatrix}_{\mathrm{H}_{3}}
$$
$$
+\begin{bmatrix}\left\{t^{1}(//\mathrm{H}_{4})\right\}+t^{1}(\perp\mathrm{H}_{4},\rho_{\mathrm{H4}})\\ \left\{r^{1}(//\mathrm{H}_{4})\right\}\end{bmatrix}_{\mathrm{H}_{4}}+\begin{bmatrix}\left\{t^{1}(//\mathrm{H}_{5})\right\}+\left\{t^{1}(\perp\mathrm{H}_{5},\rho_{\mathrm{H5}})\right\}\\ \left\{r^{1}(//\mathrm{H}_{5})\right\}\end{bmatrix}_{\mathrm{H}_{5}}
$$
$$
=\begin{bmatrix}t^{3}\\ r^{1}(//\mathrm{H}_{1})\end{bmatrix}
$$

对上式说明如下：

1) H_2～H_5的转动皆与H_1的转动相关，故其转动皆为非独立输出；取H_2轴向平移为独立输出，则 H_2 的转动衍生平移为非独立输出；H_3、H_4 与H_5的轴向平移皆与H_2的轴向平移相关，故取其转动衍生平移为独立输出；但H_5的转动衍生平移又与H_3和H_4的转动衍生平移有关(三者皆$\perp\mathrm{H}_3$)，故为非独立输出。因此，H_5为无标定矩阵。

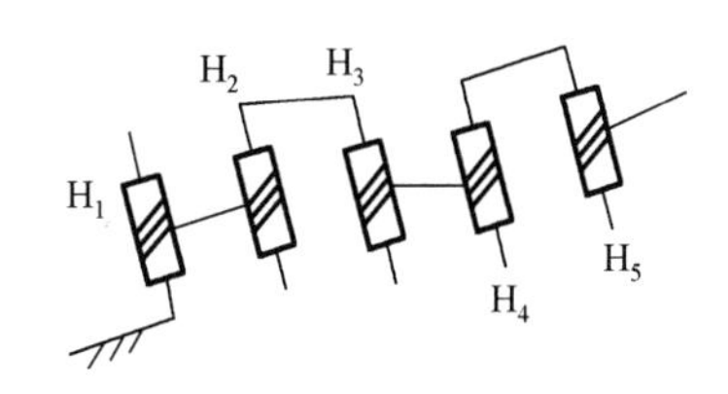

图 4-10　例 4-3 中一种 5H 副结构类型的串联机器人

2) 5 个 H 副的独立转动输出为 $r^1(//\mathrm{H}_1)$，故 $\boldsymbol{M}_{\mathrm{S}}$ 的独立转动输出为一维的，即 $r^1(//\mathrm{H}_1)$；其独立平移为 $t^1(//\mathrm{H}_2)$、$t^1(\perp\mathrm{H}_3,\ \rho_{\mathrm{H3}})$与 $t^1(\perp\mathrm{H}_4,\ \rho_{\mathrm{H4}})$，故 $\boldsymbol{M}_{\mathrm{S}}$ 的独立平移输出为三维的，即 t^3。

3) $\boldsymbol{M}_{\mathrm{S}}$ 的非独立转动垂直于 H 副轴线，且皆为常量。

4) 该机构的秩 $\xi_{\mathrm{S}}=\xi_{\mathrm{SP}}+\xi_{\mathrm{SR}}=3+1=4$。

4.3.3　运动副轴线特殊配置类型及其运动输出特征

下面分析运动副轴线特殊配置的尺度型串联机器人的运动输出特征。

1．运动副轴线恒重合

只由转动副 $\mathrm{R}_i\,(i=1,2,\cdots,n)$ 组成的单开链，每一连杆的杆长与扭角皆为零，即所有转动副轴线重合(简称恒重合)，如图 4-11 (a) 所示。此单开链的结构组成为SOC$\{$-R/R/$\cdots$/R-$\}$，运动输出特征矩阵 $\boldsymbol{M}_{\mathrm{S}}$ 为

$$
\boldsymbol{M}_{\mathrm{S}}=\sum_{i=1}^{n}\boldsymbol{M}_{\mathrm{R}_i}=\begin{bmatrix}\left\{t^{1}(\perp\mathrm{R}_{1},\rho_{\mathrm{R1}})\right\}\\ r^{1}(//\mathrm{R}_{1})\end{bmatrix}_{\mathrm{R}_{1}}+\begin{bmatrix}\left\{t^{1}(\perp\mathrm{R}_{2},\rho_{\mathrm{R2}})\right\}\\ \left\{r^{1}(//\mathrm{R}_{2})\right\}\end{bmatrix}_{\mathrm{R}_{2}}+\cdots+\begin{bmatrix}\left\{t^{1}(\perp\mathrm{R}_{n},\rho_{\mathrm{R}n})\right\}\\ \left\{r^{1}(//\mathrm{R}_{n})\right\}\end{bmatrix}_{\mathrm{R}_{n}}
$$
$$
=\begin{bmatrix}\left\{t^{1}(\perp\mathrm{R}_{1})\right\}\\ r^{1}(//\mathrm{R}_{1})\end{bmatrix}\tag{4-14}
$$

由 R_1/R_2 可知，$r^1(//R_2)$ 为非独立输出；又因 R_1、R_2 轴线与其矢径 ρ_{R1} 和 ρ_{R2} 共面，使 $t^1(\perp R_1,\rho_{R1})//t^1(\perp R_2,\rho_{R2})$，则 $t^1(\perp R_1,\rho_{R1})$ 和 $t^1(\perp R_2,\rho_{R2})$ 相关，即 R_2 的衍生平移与 R_1 的非独立衍生平移相关，根据运动输出特征矩阵的运算规则，R_2 的衍生平移应为非独立输出。如果令坐标轴通过转动副轴线，显然，这些共轴的转动副均无衍生平移，只有一个转动输出。另外，根据螺旋理论，由于 R_1、R_2 为转动副，其运动输出可以用线矢量来表示，两个共线的线矢量其秩为 1，即只有一个独立输出。

式(4-14)表明：轴线重合转动副所输出的所有转动均相关，且所有转动的衍生平移相关。

只由移动副 $P_i(i=1,2,\cdots,n)$ 组成且轴线重合的单开链，简称恒重合，其结构组成为 SOC$\{$-P/P/$\cdots$/P-$\}$。运动输出特征矩阵 $\boldsymbol{M}_S$ 为

$$\boldsymbol{M}_S=\sum_{i=1}^{n}\boldsymbol{M}_{P_i}=\sum_{i=1}^{n}\begin{bmatrix}t^1(//P_i)\\r^0\end{bmatrix}_{P_i}=\begin{bmatrix}t^1(//P_1)\\r^0\end{bmatrix}\tag{4-15}$$

式(4-15)表明：方向重合移动副的所有平移相关。

注意，上述结论对于轴线平行的移动副也同样成立，因为移动副对应的运动螺旋为偶量，是自由矢量。

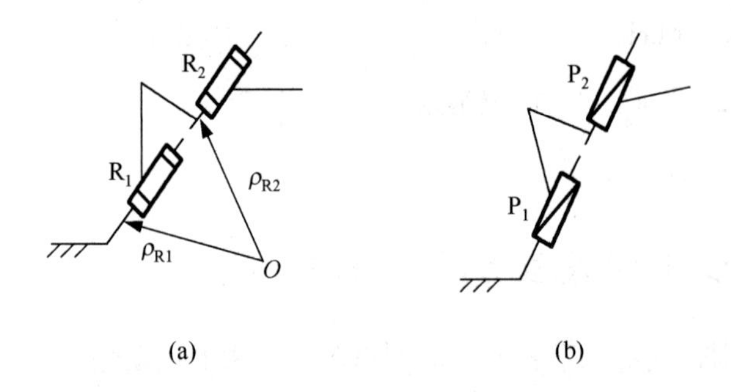

图 4-11　运动副轴线恒重合的单开链

2. 运动副轴线恒平行

只由转动副 $R_i(i=1,2,\cdots,n)$ 组成的单开链，每一连杆的扭角皆为零，即所有转动副轴线相互平行(简称恒平行)，如图 4-12 所示。此单开链的结构组成为 SOC$\{$-R//R//$\cdots$//R-$\}$，运动输出特征矩阵 $\boldsymbol{M}_S$ 为

$$\boldsymbol{M}_S=\sum_{i=1}^{n}\boldsymbol{M}_{R_i}=\begin{bmatrix}t^0\\r^1(//R_i)\end{bmatrix}_{R_i}+\sum_{i=1}^{n}\begin{bmatrix}t^1(\perp R_i)\\\{r^1(//R_i)\}\end{bmatrix}_{R_i}$$

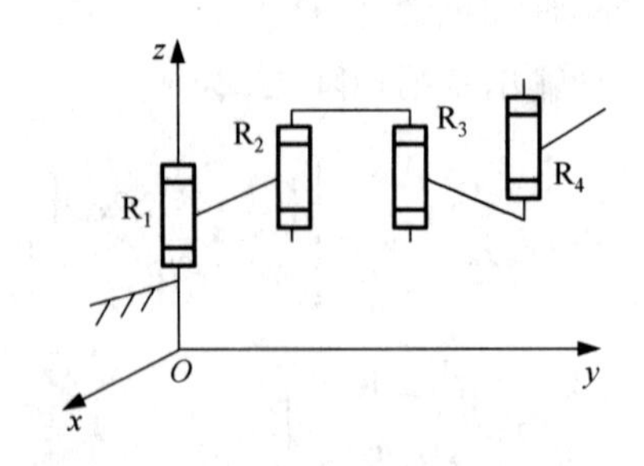

图 4-12　R 副轴线恒平行的单开链

当 n=2 时，

$$M_S = \sum_{i=1}^{n} M_{R_i} = \begin{bmatrix} t^1(\perp R) \\ r^1(//R) \end{bmatrix} \tag{4-16}$$

当 $n \geqslant 3$ 时，

$$M_S = \sum_{i=1}^{n} M_{R_i} = \begin{bmatrix} t^2(\perp R) \\ r^1(//R) \end{bmatrix} \tag{4-17}$$

由此可知，R 副轴线相互平行的单开链，只有一个独立转动输出，其转动的衍生平移最多有两个独立输出，且方向垂直于转动副轴线，而沿轴线方向的平移为常量。

3．运动副轴线恒共点

只由转动副 $R_i(i=1,2,\cdots,n)$ 组成的单开链，每一连杆的杆长与轴长皆为零，即所有转动副轴线相交于一点（简称恒共点），如图 4-13 所示。此单开链的结构组成为 $\text{SOC}\left\{\text{-}\widehat{\text{RR}\cdots\text{R}}\text{-}\right\}$，运动输出特征矩阵 M_S 为

$$M_S = \sum_{i=1}^{n} M_{R_i} = \sum_{i=1}^{n} \begin{bmatrix} t^0 \\ r^1(//R_i) \end{bmatrix}_{R_i}$$

当 $n=2$ 时，

$$M_S = \begin{bmatrix} t^0 \\ r^2(//(\diamond R_1, R_2)) \end{bmatrix} \tag{4-18}$$

当 $n \geqslant 3$ 时，

$$M_S = \begin{bmatrix} t^0 \\ r^3 \end{bmatrix} \tag{4-19}$$

式中，$\diamond(R_1, R_2)$ 为平行于 R_1 与 R_2 轴线所确定的平面。

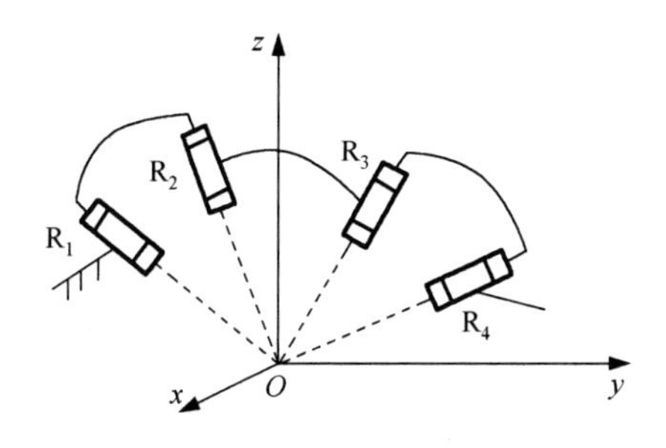

图 4-13　R 副轴线恒共点的单开链

由此可知，对于 R 副轴线恒共点的单开链，最多有三个独立转动输出。

4．运动副轴线恒共面

只由移动副 $P_i(i=1,2,\cdots,n)$ 组成的单开链，所有 P 副皆平行于同一平面（简称恒共面），

如图 4-14 所示。此单开链的结构组成为 SOC{◇(-P-P-…-P-)}，运动输出特征矩阵 $\boldsymbol{M}_{\mathrm{S}}$ 为

$$\boldsymbol{M}_{\mathrm{S}}=\sum_{i=1}^{n}\boldsymbol{M}_{\mathrm{P}_i}=\sum_{i=1}^{n}\begin{bmatrix}t^1(//\mathrm{P}_i)\\ r^0\end{bmatrix}_{\mathrm{P}_i}=\begin{bmatrix}t^2(//\diamond(\mathrm{P}_1,\mathrm{P}_2,\cdots,\mathrm{P}_n))\\ r^0\end{bmatrix}$$

P 副恒共面的单开链最多只有两个独立平移，而平面法线方向的平移为常量。

5．转动副轴线与移动副垂直

由两个轴线平行的转动副（$\mathrm{R}_1//\mathrm{R}_2$）与移动副 $\mathrm{P}_i(i=1,2,\cdots,n)$ 组成的单开链，所有 P_i 副皆垂直于 R_1 与 R_2 副轴线（简称恒垂直），如图 4-15 所示。此单开链的结构组成为 SOC{-$\mathrm{R}_1//\mathrm{R}_2\perp$◇(-P-P-…-P-)}，运动输出特征矩阵 $\boldsymbol{M}_{\mathrm{S}}$ 为

$$\boldsymbol{M}_{\mathrm{S}}=\sum_{i=1}^{2}\boldsymbol{M}_{\mathrm{R}_i}+\sum_{j=1}^{n}\boldsymbol{M}_{\mathrm{P}_j}=\begin{bmatrix}t^2(\perp\mathrm{R})\\ r^1(//\mathrm{R})\end{bmatrix}$$

由此可知，若干 P 副垂直于两个轴线平行 R 副的单开链，最多只有两个独立平移，其方向垂直于 R 副轴线，而沿 R 副轴线方向的平移为常量。

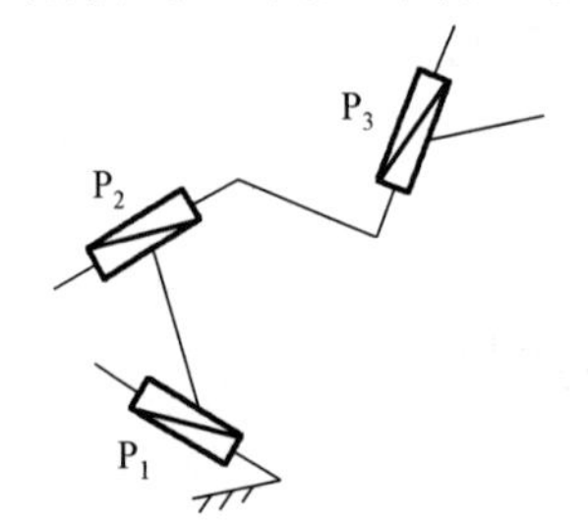

图 4-14　P 副恒共面的单开链

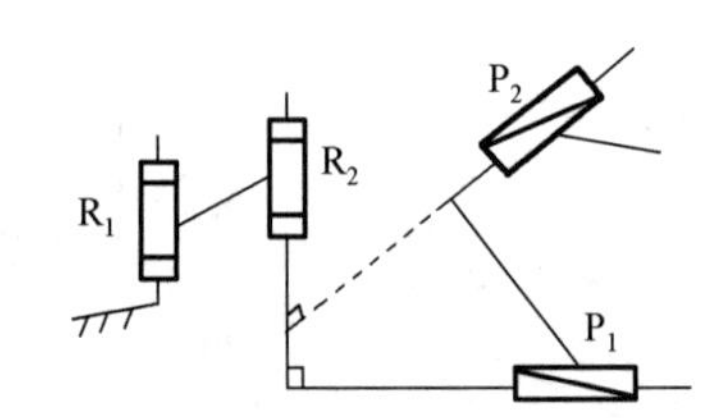

图 4-15　P 副恒垂直于 R 副轴线的单开链

4.4　串联机器人机构的拓扑结构综合

基于串联机器人机构运动输出特征方程与不同尺度类型单开链的输出特性，可进行串联机器人机构的拓扑综合，即已知单开链的秩 ξ_{S} 与活动度 F，求单开链的结构组成（运动副类型、数目以及运动副轴线方位的配置类型等）。

本节讨论只含 R 和 P 副，且非独立输出为广义常量的单开链拓扑结构综合，并分为两类：

1）$f=\xi_{\mathrm{S}}$ 的非冗余度单开链拓扑结构综合。

2）$f>\xi_{\mathrm{S}}$ 的冗余度单开链拓扑结构综合。

4.4.1　拓扑结构综合主要步骤

已知单开链的秩与活动度 F，拓扑结构综合的主要步骤如下。

步骤 1　选定单开链的运动输出特征矩阵 $\boldsymbol{M}_\text{S}$。

由 $\boldsymbol{M}_\text{S}$ 确定单开链独立转动输出数 ξ_{SR} 与独立平移输出数 ξ_{SP}。

步骤 2　确定运动副类型与数目。

1) R 副数目 m_R 与 P 副数目 m_P 应满足 $F= m_\text{R} + m_\text{P}$。

2) m_R 的最小值为 ξ_{SR}。

3) m_P 的最大值为 $F- \xi_{\text{SR}}$。

由上述约束条件，可得到运动副类型与数目的多种组合方案。

步骤 3　确定运动副轴线方位的配置类型。

运动副轴线方位配置基本原则如下：

1) 当 $m_\text{R} > \xi_{\text{SR}}$ 且 $\xi_{\text{SR}}=1$ 或 2 时，m_R 个 R 副应按 ξ_{SR} 个方向配置轴线恒平行，以免出现不需要的独立转动输出。

2) 当需要 R 副衍生平移且其方向垂直于 R 副轴线时，应配置若干 R 副轴线相互平行。

3) 当需要 R 副衍生平移且其方向垂直于 R 副轴线上的公共矢径时，应配置若干 R 副轴线交于一点。

4) 若 $m_\text{P} > \xi_{\text{SP}}=2$，应配置所有 P 副平行于同一平面。

5) 若需 R 副衍生平移与 P 副平移共面，应配置 P 副垂直于 R 副轴线。

步骤 4　检验运动输出特征矩阵 $\boldsymbol{M}_\text{S}$。

对步骤 3 得到的单开链拓扑结构，确定其运动输出特征矩阵，以检验是否满足选定的 $\boldsymbol{M}_\text{S}$。若对应于 $\boldsymbol{M}_\text{S}$ 的 $F=\xi_\text{S}+1$ 的单开链结构中，包含对应于其他 $\boldsymbol{M}_\text{S}^*$ 的 $F^* = \xi_\text{S}^* + 1$ 的冗余子单开链，则予以删除。

步骤 5　绘出机构简图。

4.4.2　拓扑结构综合示例

例 4-4　已知串联机器人机构的秩 $\xi_\text{S}=3$ ($\xi_{\text{SR}}=1$，$\xi_{\text{SP}}=2$)，对应于其活动度 $F=\xi_\text{S}=3$ 及 $F=\xi_\text{S}+1=4$，试综合其结构类型。

步骤 1　选定 $\boldsymbol{M}_\text{S} = \begin{bmatrix} x & y & \bullet \\ \bullet & \bullet & \gamma \end{bmatrix}$。

步骤 2　确定运动副组合方案。

对 $F=3$，运动副组合方案：3R、2R1P 与 1R2P。

对 $F=4$，运动副组合方案：4R、3R1P、2R2P 与 1R3P。

步骤 3　确定运动副轴线方位的配置类型。

根据运动副轴线方位配置基本原则第 1) 条，对 F=3 的 3R 和 2R1P 的运动副组合方案，R 副之间只能做恒平行配置；对于 1R2P 的组合方案，应根据第 5) 条确定，即其结构组成分别为

$$\text{SOC}\{\text{-R//R//R-}\},\quad \text{SOC}\{\text{-R//R}\perp\text{P-}\},\quad \text{SOC}\{\text{-R}\perp\text{▱}(\text{-P-P-})\}$$

对 F=4 的 4R、3R1P 和 2R2P 组合方案，R 副之间只能做恒平行配置；对于 1R3P 的组合方案，应根据第 5) 条确定，即其结构组成分别为

$$\text{SOC}\{\text{-R//R//R//R-}\},\quad \text{SOC}\{\text{-R//R//R}\perp\text{P-}\}$$

$$\text{SOC}\{\text{-R//R}\perp\text{▱}(\text{-P-P-})\},\quad \text{SOC}\{\text{-R}\perp\text{▱}(\text{-P-P-P-})\}$$

步骤 4　检验运动输出特征矩阵。

易知，步骤 3 得到的 7 种单开链都满足选定的 $\boldsymbol{M}_{\text{S}}$ 。但应注意到，SOC{-R ⊥▱(-P-P-P-)} 包含冗余子单开链 SOC{▱(-P-P-P-)}，该子链的 $\boldsymbol{M}_{\text{S}}^{*}=\begin{bmatrix} x & y & \bullet \\ \bullet & \bullet & \bullet \end{bmatrix}$，且 $F^{*}=\xi_{\text{S}}^{*}+1=3$，应予删除。其他单开链结构类型无此特点。

步骤 5　绘出机构简图。

对应于 $\boldsymbol{M}_{\text{S}}=\begin{bmatrix} x & y & \bullet \\ \bullet & \bullet & \gamma \end{bmatrix}$ 且 F=4 的单开链机构简图如图 4-16 所示。F=3 的机构简图略。

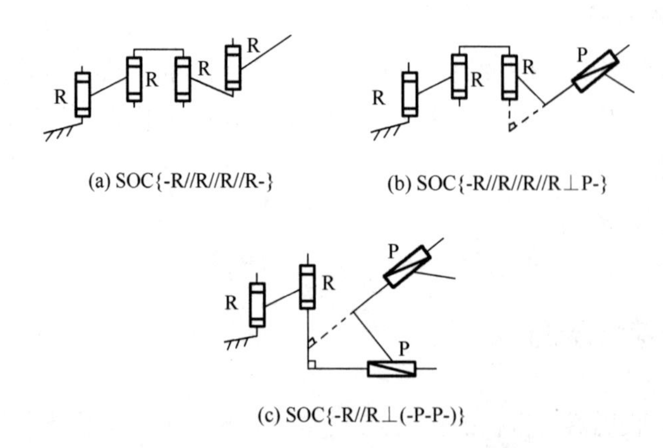

(a) SOC{-R//R//R//R-}　　(b) SOC{-R//R//R//R⊥P-}

(c) SOC{-R//R⊥(-P-P-)}

图 4-16　对应于 $\boldsymbol{M}_{\text{S}}=\begin{bmatrix} x & y & \bullet \\ \bullet & \bullet & \gamma \end{bmatrix}$ 且 F=4 的单开链机构简图

例 4-5　已知串联机器人机构的秩 $\xi_{\text{S}}=4\,(\xi_{\text{SR}}=\xi_{\text{SP}}=2)$，对应于其活动度 $F=\xi_{\text{S}}=4$ 及 $F=\xi_{\text{S}}+1=4$，试综合其结构类型。

步骤 1　选定 $\boldsymbol{M}_{\text{S}}=\begin{bmatrix} x & y & \bullet \\ \bullet & \beta & \gamma \end{bmatrix}$。

步骤 2　确定运动副组合方案。

对 F=4，运动副组合方案：4R、3R1P 与 2R2P。

对 F=5，运动副组合方案：5R、4R1P、3R2P 与 2R3P。

步骤 3 确定运动副轴线方位的配置类型。

对 F=4 的 4R、3R1P 与 2R2P 等组合方案，R 副应配置在两个不同方向。同时，考虑到 $\boldsymbol{M}_{\mathrm{S}}$ 的两个平移输出垂直于其中一个转动方向，则其相应单开链结构组成分别为

$$\mathrm{SOC}\{\text{-}\widehat{\mathrm{RR}}//\mathrm{R}//\mathrm{R}\text{-}\},\quad \mathrm{SOC}\{\text{-}\widehat{\mathrm{RR}}//\mathrm{R}\perp\mathrm{P}\text{-}\},\quad \mathrm{SOC}\{\text{-}\widehat{\mathrm{RR}}\perp\Box(\text{-P-P-})\}$$

对 F=5 的 5R、4R1P、3R2P 与 2R3P 等组合方案，根据上面的分析，其相应单开链结构组成分别为

$$\mathrm{SOC}\{\text{-}\widehat{\mathrm{RR}}//\mathrm{R}//\mathrm{R}//\mathrm{R}\text{-}\},\quad \mathrm{SOC}\{\text{-}\widehat{\mathrm{RR}}//\mathrm{R}//\mathrm{R}\perp\mathrm{P}\text{-}\}$$

$$\mathrm{SOC}\{\text{-}\widehat{\mathrm{RR}}//\mathrm{R}\perp\Box(\text{-P-P-})\},\quad \mathrm{SOC}\{\text{-}\widehat{\mathrm{RR}}\perp\Box(\text{-P-P-P-})\}$$

步骤 4　检验运动输出特征矩阵。

易知，步骤 3 得到的 7 种单开链的 $\boldsymbol{M}_{\mathrm{S}}$ 皆满足要求。但 F=5 的前 3 个单开链分别含有对应于 $\boldsymbol{M}_{\mathrm{S}}^{*}=\begin{bmatrix} x & y & \bullet \\ \bullet & \bullet & \gamma \end{bmatrix}$ 的 $F^{*}=\xi_{\mathrm{S}}^{*}+1=4$ 的冗余子单开链：SOC{-R//R//R//R-}，SOC{-R//R//R ⊥ P-}，SOC{-R//R ⊥▱(-P-P-)}；F=5 的第 4 个单开链含有对应于 $\boldsymbol{M}_{\mathrm{S}}^{*}=\begin{bmatrix} x & y & \bullet \\ \bullet & \bullet & \bullet \end{bmatrix}_{\mathrm{S}}$ 的 $F^{*}=\xi_{\mathrm{S}}^{*}+1=3$ 的冗余子单开链 SOC{▱(-P-P-P-)}，皆应删除。

步骤 5 绘出机构简图（略）。

例 4-6　已知串联机器人机构的秩 $\xi_{\mathrm{S}}=5$（$\xi_{\mathrm{SR}}=2$，$\xi_{\mathrm{SP}}=3$），对应于其活动度 $F=\xi_{\mathrm{S}}=5$ 及 $F=\xi_{\mathrm{S}}+1=6$，试综合其结构类型。

步骤 1　选定 $\boldsymbol{M}_{\mathrm{S}}=\begin{bmatrix} x & y & z \\ \alpha & \bullet & \gamma \end{bmatrix}$。

步骤 2　确定运动副组合方案。

对 F=5，运动副组合方案：5R、4R1P、3R2P 与 2R3P。

对 F=6，运动副组合方案：6R、5R1P、4R2P、3R3P 与 2R4P。

步骤 3　确定运动副轴线方位的配置类型。

因 $\xi_{\mathrm{SR}}=2$，所有 R 副应配置在两个不同方向，同时考虑到转动衍生平移和 P 副平移，应有 3 个独立平移输出。

对 F=5，对应于 4 种运动副组合方案的单开链结构组成分别为

$$\mathrm{SOC}\{\text{-R//R//R-R//R-}\},\quad \mathrm{SOC}\{\text{-R//R-R//R-P-}\},\quad \mathrm{SOC}\{\text{-R-R//R//R-P-}\}$$

$$\mathrm{SOC}\{\text{-R//R-R-P-P-}\},\quad \mathrm{SOC}\{\text{-R-R-P-P-P-}\}$$

对 F=6，对应于前 3 种运动副组合方案的单开链结构组成分别为

SOC{-R//R//R-R//R//R-}，　SOC{-R//R-R//R//R//R-}，　SOC{-R//R-R//R//R-P-}

SOC{-R-R//R//R//R-P-}，　SOC{-R//R-R//R-P-P-}，　SOC{-R-R//R//R-P-P-}

因为后两种必含有冗余子链，这里不做讨论。

步骤 4　检验运动输出特征矩阵。

由运动输出特征方程可知，步骤 3 得到的所有单开链都满足选定的 $\boldsymbol{M}_{\mathrm{S}}$ 。但 F=6 的所有单开链结构类型中，只有

SOC{-R//R//R-R//R//R-}，　SOC{-R//R-R//R//R-P-}，　SOC{-R//R-R//R-P-P-}

这 3 种结构类型不含对应于其他运动输出特征矩阵的冗余子单开链。

步骤 5　绘出机构简图。

对应于 $\boldsymbol{M}_{\mathrm{S}}=\begin{bmatrix} x & y & z \\ \alpha & \bullet & \gamma \end{bmatrix}$ 且 F=6 的 3 种单开链机构简图分别如图 4-17 所示。

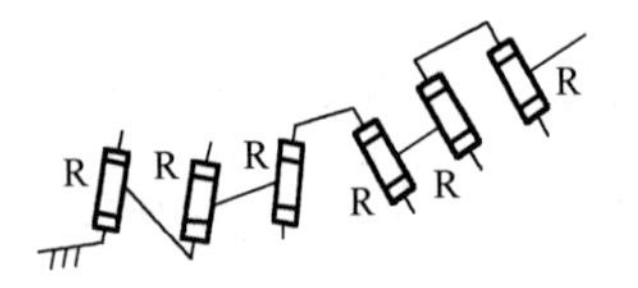

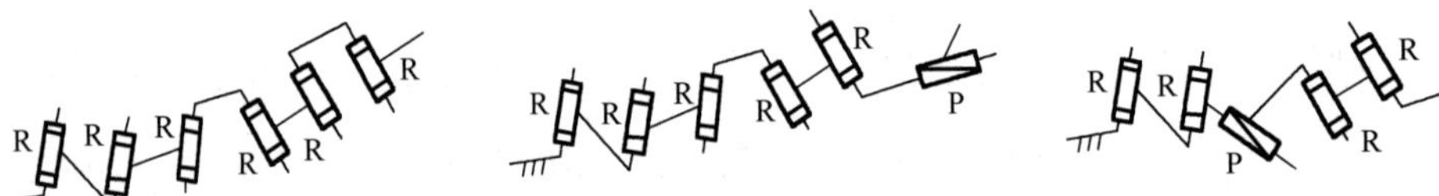

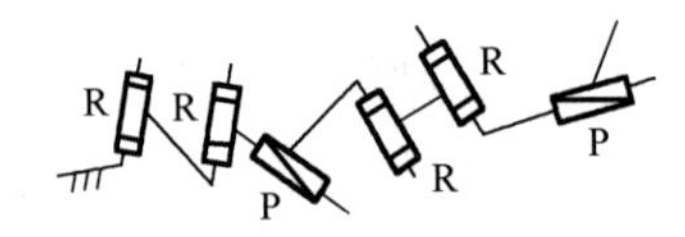

(a) SOC{-R//R//R-R//R//R-}　(b) SOC{-R//R//R-R//R-P-}　(c) SOC{-R//R-R//R-P-P-}

图 4-17　对应于 $\boldsymbol{M}_{\mathrm{S}}=\begin{bmatrix} x & y & z \\ \alpha & \bullet & \gamma \end{bmatrix}$ 且 F=6 的 3 种单开链机构简图

例 4-7　已知串联机器人机构的秩 $\xi_{\mathrm{S}}=5(\xi_{\mathrm{SR}}=3，\xi_{\mathrm{SP}}=2)$，对应于其活动度 $F=\xi_{\mathrm{S}}=5$ 及 $F=\xi_{\mathrm{S}}+1=6$，试综合其结构类型。

步骤 1　选定 $\boldsymbol{M}_{\mathrm{S}}=\begin{bmatrix} x & y & \bullet \\ \alpha & \beta & \gamma \end{bmatrix}$。

步骤 2　确定运动副组合方案。

对 F=5，运动副组合方案：5R、4R1P 与 3R2P。

对 F=6，运动副组合方案：6R、5R1P 与 4R2P。

步骤 3　确定运动副轴线方位的配置类型。

考虑到如下两方面：

1) 因 ξ_{SP}=2，转动副的衍生平移应与 P 副的平移共面。

2) R 副转动的衍生平移总垂直于 R 副轴线和其矢径。

对 F=5 的 3 种运动副组合方案，单开链结构组成分别为

5R：SOC{-$\widehat{\mathrm{RRR}}$-R//R-}，SOC{-$\widehat{\mathrm{RR}}$-R//R//R-}，SOC{-$\widehat{\mathrm{RRR}}$-$\widehat{\mathrm{RR}}$-}

4R1P：SOC{-$\widehat{\text{RRR}}$-R⊥P-}，SOC{-$\widehat{\text{RR}}$-R//R⊥P-}

3R2P：SOC{-$\widehat{\text{RRR}}$-P-P-}

对 F=6 的 3 种运动副组合方案，单开链结构组成分别为

6R：SOC{-$\widehat{\text{RRR}}$-R//R//R-}，SOC{-$\widehat{\text{RRR}}$-$\widehat{\text{RRR}}$-}

5R1P：SOC{-$\widehat{\text{RRR}}$-R//R⊥P-}

4R2P：SOC{-$\widehat{\text{RRR}}$-P⊥R⊥P-}

步骤 4　检验运动输出特征矩阵。

由运动输出特征方程，可判定步骤 3 得到所有单开链都满足选定的 $\boldsymbol{M}_{\text{S}}$。

步骤 5　绘出机构简图。

对应于 $\boldsymbol{M}_{\text{S}}=\begin{bmatrix} x & y & \bullet \\ \alpha & \beta & \gamma \end{bmatrix}$ 且 F=6 的单开链机构简图如图 4-18 所示。

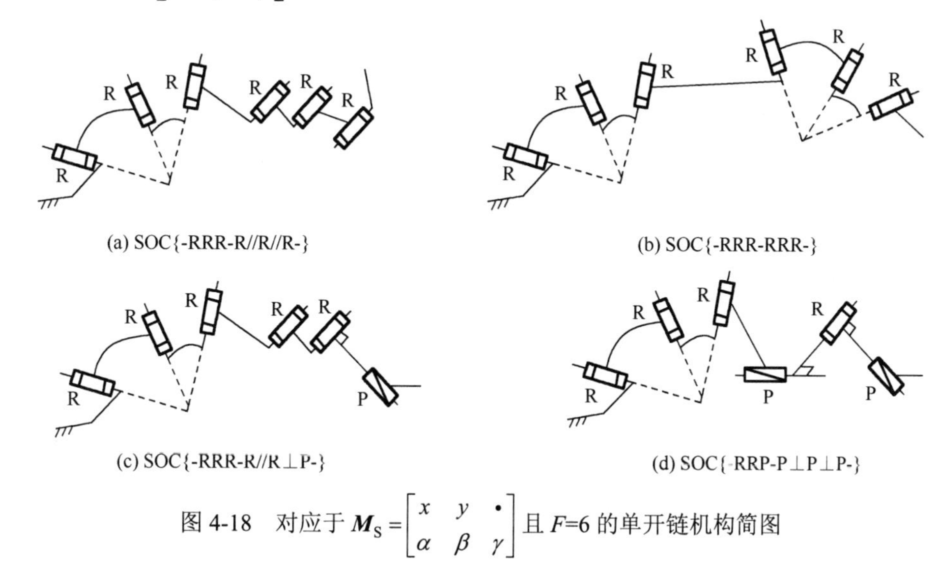

(a) SOC{-RRR-R//R//R-}　(b) SOC{-RRR-RRR-}

(c) SOC{-RRR-R//R⊥P-}　(d) SOC{-RRP-P⊥P⊥P-}

图 4-18　对应于 $\boldsymbol{M}_{\text{S}}=\begin{bmatrix} x & y & \bullet \\ \alpha & \beta & \gamma \end{bmatrix}$ 且 F=6 的单开链机构简图

4.4.3　串联机器人机构的拓扑结构类型

如前所述，基于串联机器人机构拓扑结构综合方法，可得到对应于每一种输出特征矩阵 $\boldsymbol{M}_{\text{S}}$ 的活动度为 $F=\xi_{\text{S}}$、$F=\xi_{\text{S}}+1$ 的单开链全部结构类型。

表 4-3 给出了常用秩(ξ_{S}=2～5)的单开链拓扑结构类型，其包含了 ξ_{S}=2～5 且 $F=\xi_{\text{S}}$ 的 21 种欠秩非冗余单开链以及相应于 $F=\xi_{\text{S}}+1$ 的 15 种欠秩冗余单开链。这些结构类型有如下特点。

1)运动副轴线的方位采用尺度型配置：恒重合、恒平行、恒共点、恒共面与恒垂直 5 种类型以及它们的组合。

2) 运动输出特征矩阵的非独立运动输出皆为常量(这里指广义常量)。

3) 隶属于 $\boldsymbol{M}_{\text{S}}$ 的 $F=\xi_{\text{S}}+1$ 的单开链不含有对应于其他 $\boldsymbol{M}_{\text{S}}^{*}$ 的 $F^{*}=\xi_{\text{S}}^{*}+1$ 的冗余子单开链。

表 4-3 所列的单开链结构类型既可直接用于串联机器人机构的拓扑结构设计，又可用于后面所讲述的单回路机器人机构拓扑结构综合和并联机器人机构的拓扑结构综合。

表 4-3 $F=\xi_{\text{S}}$ 及 $F=\xi_{\text{S}}+1$ 的单开链拓扑结构类型

No.	ξ_{S}	$\boldsymbol{M}_{\text{S}}$	$F=\xi_{\text{S}}$	$F=\xi_{\text{S}}+1$
1	2	$\begin{bmatrix} t^2 \\ r^0 \end{bmatrix}$	SOC{-P-P-}	SOC{▱(-P-P-P-)}
2	3	$\begin{bmatrix} t^3 \\ r^0 \end{bmatrix}$	SOC{-P-P-P-}	SOC{-P-P-P-P-}
3		$\begin{bmatrix} t^2(\perp \text{R}) \\ r^1(//\text{R}) \end{bmatrix}$	SOC{-R//R//R-}	SOC{-R//R//R//R-}
4			SOC{-R//R ⊥ P-}	SOC{-R//R//R ⊥ P-}
5			SOC{-R ⊥▱(-P-P-)}	SOC{-P ⊥ R(⊥ P)//R-}
6		$\begin{bmatrix} t^0 \\ r^3 \end{bmatrix}$	SOC{-$\widehat{\text{RRR}}$-}	SOC{-$\widehat{\text{RRRR}}$-}
7	4	$\begin{bmatrix} t^3 \\ r^1(//\text{R}) \end{bmatrix}$	SOC{-R//R//R-P-}	SOC{-R//R//R-P-P-}
8			SOC{-R//R-P-P-}	SOC{-R//R-P-P-P-}
9			SOC{-R-P-P-P-}	
10	4	$\begin{bmatrix} t^2(\perp \text{R}) \\ r^2 \end{bmatrix}$	SOC{-$\widehat{\text{RR}}$//R//R-}	
11			SOC{-$\widehat{\text{RR}}$//R ⊥ P-}	
12			SOC{-$\widehat{\text{RR}}$ ⊥▱(-P-P-)}	
13	5	$\begin{bmatrix} t^3 \\ r^2(//▱(\text{R}, \text{R}^*)) \end{bmatrix}$	SOC{-R//R//R-R*//R*-}	SOC{-R//R//R-R*//R*//R*-}
14			SOC{-R//R-R*//R*-P-}	SOC{-R//R//R-R*//R*-P-}
15			SOC{-R//R-R*-P-P-}	SOC{-R//R-R*//R*-P-P-}
16		$\begin{bmatrix} t^2(\perp \rho_{OO'}) \\ r^3 \end{bmatrix}$	SOC{-$\widehat{\text{RRR}}$-$\widehat{\text{RR}}$-}	SOC{-$\widehat{\text{RRR}}$-$\widehat{\text{RRR}}$-}
17		$\begin{bmatrix} t^2(\perp \text{R}^*) \\ r^3 \end{bmatrix}$	SOC{-$\widehat{\text{RRR}}$-R*//R*-}	SOC{-$\widehat{\text{RRR}}$-R*//R*//R*-}
18			SOC{-$\widehat{\text{RR}}$-R*//R*//R*-}	
19			SOC{-$\widehat{\text{RRR}}$-R* ⊥ P-}	SOC{-$\widehat{\text{RRR}}$-R*//R* ⊥ P-}
20			SOC{-$\widehat{\text{RR}}$-R*//R* ⊥ P-}	
21			SOC{-$\widehat{\text{RRR}}$-P-P-}	SOC{-$\widehat{\text{RRR}}$-P ⊥ R* ⊥ P-}

习　　题

4-1　何谓尺度型机构？何谓冗余度串联机器人机构？

4-2　何谓相关性对应原理？它有什么意义？

4-3　题 4-3 图所示的单自由度转动机构末端在 xOy 面的法线方向有转动输出，在 x 方向和 y 方向均有衍生平移输出，试说明该机构末端最多只有一个独立转动输出或独立平移输出。注：末端到旋转中心的距离为 l。

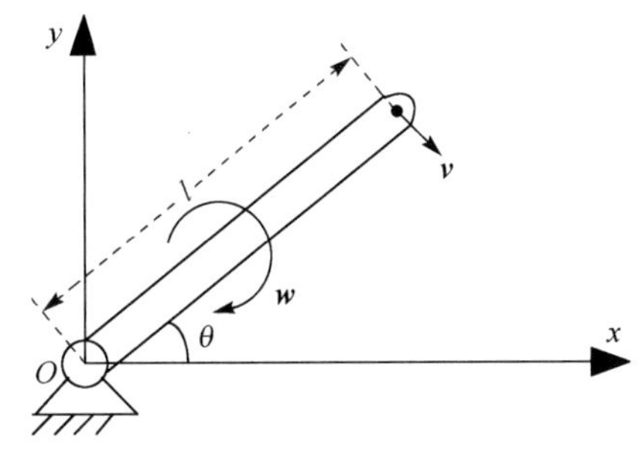

题 4-3 图

4-4　题 4-4 图所示的 6R 串联机器人机构的结构组成为 $\text{SOC}\{-\widehat{R_1R_2R_3}-R_4//R_5\perp R_6-\}$，依次标定各运动副输出特征矩阵的独立输出，由此确定该串联机器人机构的位移输出特征矩阵 $\boldsymbol{M}_\text{S}$，并给出该机构的秩。

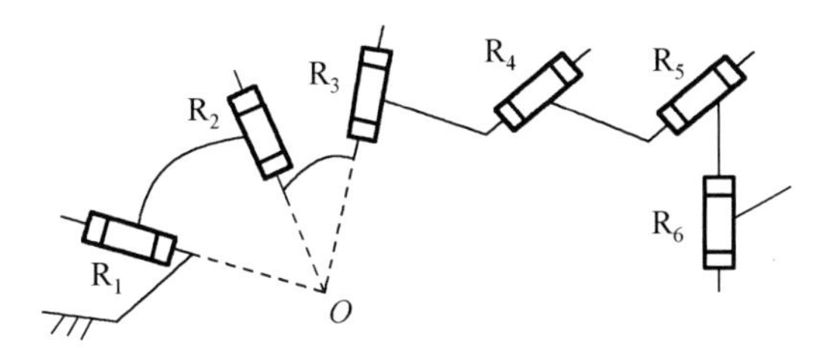

题 4-4 图

4-5　题 4-5 图所示的 6H 串联机器人机构的结构组成为 $\text{SOC}\{-H_1//H_2//H_3//H_4-R_5//R_6-\}$，依次标定各运动副输出特征矩阵的独立输出，由此确定该串联机器人机构的位移输出特征矩阵 $\boldsymbol{M}_\text{S}$，并给出该机构的秩，说明该机构是否存在无标定矩阵。

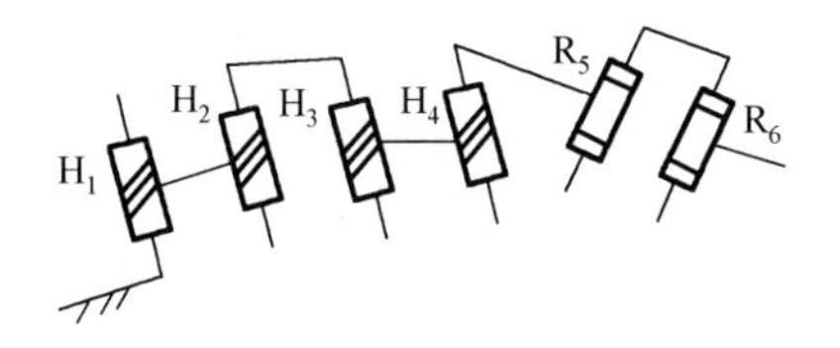

题 4-6 图

4-6　对于活动度为 4、5、6 和 7 的单开链，试分别给出一种冗余度为 2 且不含冗余子单开链的机构结构形式。

4-7　对具有表 4-2 中第 3 行 B 列、第 3 行 D 列、第 4 行 B 列以及第 4 行 D 列所示位移输出特征矩阵类型的串联机器人机构进行拓扑结构综合，并用动力学仿真软件给出仿真结果。

第 5 章 单回路机器人机构拓扑结构特征与综合

单回路机器人机构可分为三类：无过约束回路、一般过约束回路与特殊过约束回路。无过约束回路和一般过约束回路具有结构简单、精度高和刚度大等优点，不仅已有众多实际应用，而且对并联机器人机构拓扑结构设计具有重要意义。本章主要讨论无过约束回路与一般过约束回路机构的秩与其结构组成之间的内在联系，一般过约束回路的拓扑结构综合方法与一般过约束回路的结构类型。最后，简单介绍特殊过约束回路的研究现状。

5.1 单回路机器人机构过约束性及其分类

根据 3.1.3 节所述，单回路机器人机构[也称单闭链(Single Loop Chain)，简记为 SLC]可以简单理解为串联机器人机构的闭合形式(末端连杆被固连)。图 5-1 是一种 7 自由度冗余度串联机器人机构，参照机器人学数学基础，容易写出末端连杆位移输出的表达式，即

$$\begin{cases} x = f_1(\alpha_i, a_i, d_i, \theta_1, \cdots, \theta_7) \\ y = f_2(\alpha_i, a_i, d_i, \theta_1, \cdots, \theta_7) \\ z = f_3(\alpha_i, a_i, d_i, \theta_1, \cdots, \theta_7) \\ \alpha = f_4(\alpha_i, \theta_1, \cdots, \theta_7) \\ \beta = f_5(\alpha_i, \theta_1, \cdots, \theta_7) \\ \gamma = f_6(\alpha_i, \theta_1, \cdots, \theta_7) \end{cases} \tag{5-1}$$

式中，$\alpha_i, a_i, d_i (i = 1, 2, \cdots, 7)$ 为连杆 i 的尺度参数，分别为扭角、杆长与轴向偏置，这里为定值；$\theta_1, \cdots, \theta_7$ 为机构的主动输入变量(由于此 7 自由度冗余度机器人各个关节均为转动副，故该输入变量均为角度，如果关节为移动副，则此关节的输入变量为位移，即 d 为变量)。

若将该串联机器人末端连杆固定，则末端位姿确定，即 x、y、z、α、β和γ为定值。由式 (5-1) 可写出如下位移方程组：

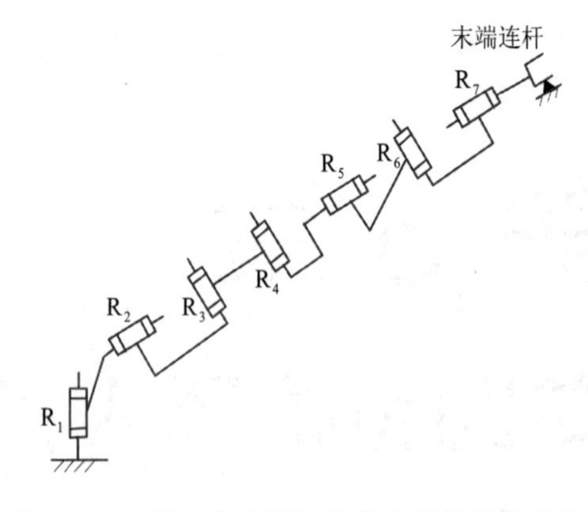

图 5-1 一种 7 自由度冗余度串联机器人机构
($SOC\{-R_1\perp R_2\perp R_3//R_4\perp \overline{R_5\perp R_6\perp R_7}-\}$)

$$
\begin{cases}
g_1(\alpha_i,a_i,d_i,\theta_1,\cdots,\theta_7)=0\\
g_2(\alpha_i,a_i,d_i,\theta_1,\cdots,\theta_7)=0\\
g_3(\alpha_i,a_i,d_i,\theta_1,\cdots,\theta_7)=0\\
g_4(\alpha_i,\theta_1,\cdots,\theta_7)=0\\
g_5(\alpha_i,\theta_1,\cdots,\theta_7)=0\\
g_6(\alpha_i,\theta_1,\cdots,\theta_7)=0
\end{cases}
\tag{5-2}
$$

将上面的方程扩展为一般形式，则单回路机器人机构的位移方程组可写成如下形式：

$$
\begin{cases}
g_1(\alpha_i,a_i,d_i,\theta_1,\cdots,\theta_F)=0\\
g_2(\alpha_i,a_i,d_i,\theta_1,\cdots,\theta_F)=0\\
g_3(\alpha_i,a_i,d_i,\theta_1,\cdots,\theta_F)=0\\
g_4(\alpha_i,\theta_1,\cdots,\theta_F)=0\\
g_5(\alpha_i,\theta_1,\cdots,\theta_F)=0\\
g_6(\alpha_i,\theta_1,\cdots,\theta_F)=0
\end{cases}
\tag{5-3}
$$

式中，$\theta_1,\cdots,\theta_F$ 为机器人机构 F 个广义变量，对于转动副为角位移，对于移动副为线位移。

由于上述位移方程组的本质是通过限定末端位移实现对广义变量的约束，故也可称为位移约束方程组。

定义：单闭链位移方程组的独立位移方程数称为该方程组的秩ξ_L，简称为单闭链的秩，而$(6-\xi_L)$为单闭链的过约束数。

按此定义，单闭链可分为三类：

1) ξ_L=6 的无过约束回路。该种情况下，机构的活动度 $F\geqslant1$。

2) ξ_L=2～5 的一般过约束回路。该种情况下，机构的活动度 $F\geqslant1$。

无过约束回路和一般过约束回路的存在条件与机构运动位置无关，只与运动副轴线方位的特殊配置类型(如恒重合、恒平行、恒共点、恒共面、恒垂直及其组合)有关，例如，图 5-2 所示的 Sarrus 机构，其存在条件为 R1 //R2 //R3 与 R4 //R5 //R6。无过约束回路和一般过约束回路统称为普通过约束回路。

3) ξ_L=2～5 的特殊过约束回路，其存在条件不仅与运动副轴线方位的特殊配置类型有关，还与连杆尺度参数(扭角、杆长与轴向偏置)组成的特殊函数有关。该种情况下，机构的活动度 F 只能为 1。例如，图 5-3 所示的 Bricard 三面体机构，其存在条件为 $\alpha_1=\alpha_3=\alpha_5=\pi/2$，$\alpha_2=\alpha_4=\alpha_6=3\pi/2$，$d_i=0\ (i=1,\cdots,6)$，以及 $a_1^2+a_3^2+a_5^2=a_2^2+a_4^2+a_6^2$ (连杆长度参数之间的特殊函数关系）。

若已知单闭链所有连杆的尺度参数，确定位移方程组的秩ξ_L必然涉及非线性代数方程组相关性判定这一难题，但在机器人机构拓扑结构设计阶段，连杆尺度参数尚不能全部确定。因此，本章首先讨论对机器人机构拓扑结构设计具有重要意义的无过约束回路与一般过约束回路秩ξ_L的判定问题。

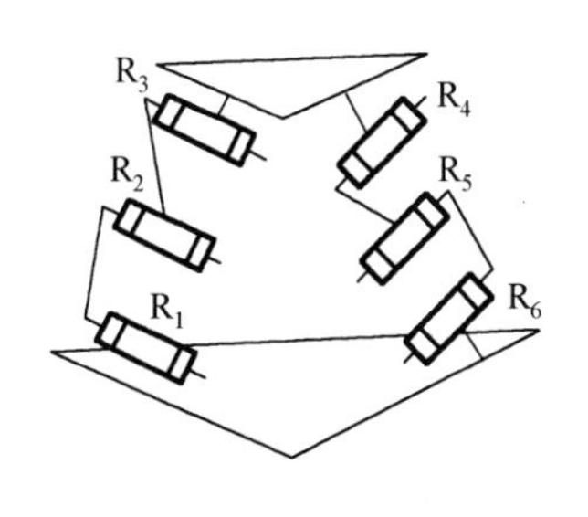

图 5-2　Sarrus 机构

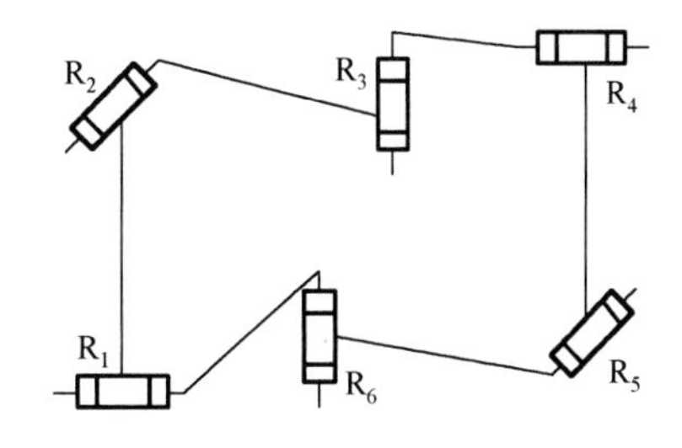

图 5-3　Bricard 三面体机构

5.2　普通过约束回路秩的判定

5.2.1　基本原理

若以螺旋表示运动副连接的两连杆之间的相对运动，则单闭链的运动螺旋方程即为其速度约束方程。按照 3.1.3 节所述，将运动副的运动螺旋$\boldsymbol{S}_i$（等价于运动副的速度输出特征矩阵$\dot{\boldsymbol{M}}_i$）代入单闭链运动螺旋方程，得到单闭链的速度约束方程如下：

$$\sum_{i=1}^{n}\begin{bmatrix} t_{xi} & t_{yi} & t_{zi} \\ r_{xi} & r_{yi} & r_{zi} \end{bmatrix}_i = \sum_{i=1}^{n}\begin{bmatrix} \dot{x}_i & \dot{y}_i & \dot{z}_i \\ \dot{\alpha}_i & \dot{\beta}_i & \dot{\gamma}_i \end{bmatrix}_i = 0 \tag{5-4}$$

众所周知，单闭链速度约束方程组的秩（独立速度约束方程的数量）不一定等于其位移约束方程组的秩。但若使速度约束方程组降秩的条件与机构运动位置无关，而只与机构运动副轴线方位的特殊配置类型（如恒重合、恒平行、恒共点、恒共面、恒垂直及其组合）有关，则无论机构运动到任何位置，机构速度约束方程组与位移约束方程组两者的秩相等，且存在条件相同。若将某一般过约束单闭链或无过约束单闭链的某连杆断开，且断开连杆后得到的单开链与单闭链的运动副轴线方位配置类型完全相同，则断开后的单开链即为该单闭链的转化单开链（记作$\widetilde{SOC}$）。对无过约束与一般过约束回路，满足该要求的截断连杆一定存在。

例如，图 5-4(a)所示的 Sarrus 机构的单闭链结构组成为SLC{-R_1//R_2//R_3-R_4//R_5//R_6-}，断开 R_1 和 R_6 之间的连杆，得到其转化单开链[图 5-4(b)]的结构组成为$\widetilde{SOC}${-R_1//R_2//R_3-R_4//R_5//R_6-}，两者运动副轴线方位的配置类型完全相同。若断开 R_1 与 R_2 之间的连杆，则 R_1 与 R_2 的轴线在机构运动过程中不再始终保持相互平行，所获得的单开链[图 5-4(c)]机构组成为$\widetilde{SOC}\{-R_2//R_3-R_4//R_5//R_6-R_1-\}$，已不同于原 SLC。因此，图 5-4(c)所示的单开链不是原 SLC 的转化单开链$\widetilde{SOC}$。

比较 SLC 的速度约束方程与其$\widetilde{SOC}$速度输出特征方程，因 SLC 与$\widetilde{SOC}$两者的结构组成相同，故两者速度方程的秩相等。又因它们的相关性条件与机构的运动位置无关，而只与机构运动副轴线方位的特殊配置类型有关，则 SLC 位移方程的秩与其$\widetilde{SOC}$运动输出特征方程的秩相等。即

$$\xi_{SLC}=\xi_{\widetilde{SOC}} \quad \text{简记为} \ \xi_L=\xi_{\tilde{S}}$$

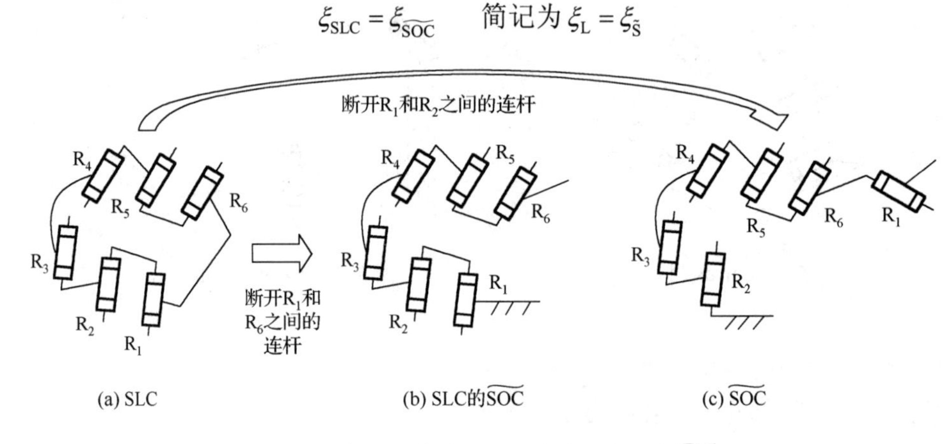

图 5-4　一般过约束单闭链及其转化单开链$\widetilde{SOC}$

该式表明对无过约束和一般过约束单闭链(SLC)，秩ξ_L的确定等同于其转化单开链($\widetilde{SOC}$)秩$\xi_{\tilde{S}}$的确定。

5.2.2　求秩示例

在分析单闭链的秩之前，需要对含有 C、U 与 S 副的单闭链进行转化，将它们转变为只含有 R 与 P 副的结构组成形式，即 C 副等价为$SOC\{-R^C//P^C-\}$，U 副等价为$SOC\{-\widehat{R_1^U\perp R_2^U}-\}$，S 副等价为$SOC\{-\widehat{R_1^S R_2^S R_3^S}-\}$。此外，还需要对含有 S 副的单闭链机构做如下等效(如图 5-5 所示)：

1) 当同一连杆只有 S 副与 R 副时，若 R 副为一组恒平行(或恒重合)元素之一，则取一个等效$R^S//R$(或R^S/R)为该恒平行元素之一；若 R 副为一组恒共点元素之一，也取一个等效R^S为该恒共点元素之一。

2) 当同一连杆有两个 S 副时，在两个 S 副球心连线方向上有一局部转动自由度，故将一个 S 副视为只由两个 R 副组成，记为$SOC\{-\widehat{R_1^S R_2^S}-\}$，$R^S$方向亦按等效原则 1)标定。

例 5-1　图 5-1 所示的 7 自由度冗余度串联机器人首尾连接得到的 SLC 的结构组成为$SLC\{-R_1\perp R_2\perp R_3//R_4\perp \widehat{R_5\perp R_6\perp R_7}-\}$，将连接$R_1$与$R_7$的连杆断开，所得转化单开链的结构组成为$\widetilde{SOC}\{-R_1\perp R_2\perp R_3//R_4\perp \widehat{R_5\perp R_6\perp R_7}-\}$，将原点选在$R_5$、$R_6$和$R_7$转动副的汇

交点，其运动输出特征方程为

$$M_{\tilde{S}}=\begin{bmatrix}t^0\\r^1(//R_7)\end{bmatrix}_{R_7}+\begin{bmatrix}t^0\\r^1(//R_6)\end{bmatrix}_{R_6}+\begin{bmatrix}t^0\\r^1(//R_5)\end{bmatrix}_{R_5}+\begin{bmatrix}t^1(\perp R_4)\\\{r^1(//R_4)\}\end{bmatrix}_{R_4}+\begin{bmatrix}t^1(\perp R_3)\\\{r^1(//R_3)\}\end{bmatrix}_{R_3}+$$

$$\begin{bmatrix}t^1(\perp R_2)\\\{r^1(//R_2)\}\end{bmatrix}_{R_2}+\begin{bmatrix}\{t^1(\perp R_1)\}\\\{r^1(//R_1)\}\end{bmatrix}_{R_1}$$

$$=\begin{bmatrix}t^3\\r^3\end{bmatrix}$$

由此可知 $\xi_L=\xi_{\tilde{S}}=6$，此单闭链机器人机构为无过约束回路。

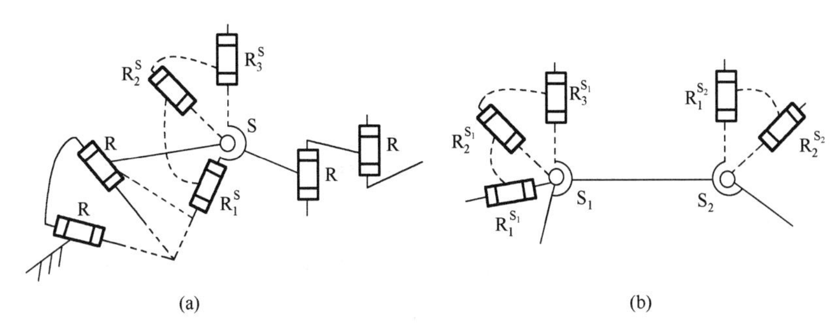

图 5-5　S 副的等效机构形式

例 5-2　图 5-4(a)所示的单闭链 SLC 的转化单开链 $\widetilde{SOC}$ 如图 5-4(b)所示，由图 4-8 可知 $\xi_{\tilde{S}}=5$，故 $\xi_L=\xi_{\tilde{S}}=5$，此单闭链机器人机构为一般过约束回路。

例 5-3　如图 5-6 所示，若单闭链的结构组成为 SLC$\{-R_1//R_2//R_3-R_4/H_5-\}$，将连接 R_1 与 H_5 的连杆断开，所得转化单开链的结构组成为 $\widetilde{SOC}\{-R_1//R_2//R_3-R_4/H_5-\}$，其运动输出特征方程为

$$M_{\tilde{S}}=\begin{bmatrix}t^0\\r^1(//R_1)\end{bmatrix}_{R_1}+\begin{bmatrix}t^1(\perp R_2)\\\{r^1(//R_2)\}\end{bmatrix}_{R_2}+\begin{bmatrix}t^1(\perp R_3)\\\{r^1(//R_3)\}\end{bmatrix}_{R_3}+$$

$$\begin{bmatrix}\{t^1(\perp R_4)\}\\r^1(//R_4)\end{bmatrix}_{R_4}+\begin{bmatrix}t^1(//H_5)+\{t^1(\perp H_5)\}\\\{r^1(//H_5)\}\end{bmatrix}_{H_5}$$

$$=\begin{bmatrix}t^3\\r^2(//\diamond(R_3,R_4))\end{bmatrix}_S$$

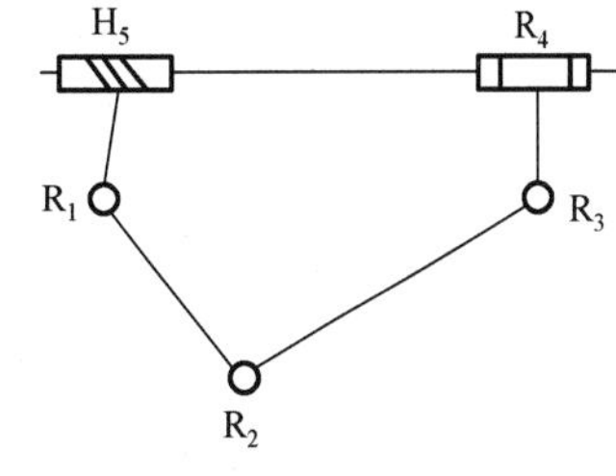

图 5-6　单闭链 SLC$\{-R_1//R_2//R_3-R_4/H_5-\}$

由此可知 $\xi_L=\xi_{\tilde{S}}=5$，此单闭链机器人机构为一般过约束回路。

例 5-4　若图 5-6 所示的单闭链的结构组成为 SLC$\{-R_1//R_2//R_3\perp R_4/H_5-\}$，将连接 R_1 与 H_5 的连杆断开，得到的转化单开链的结构组成为 $\widetilde{SOC}\{-R_1//R_2//R_3\perp R_4/H_5-\}$，其运动输出特征方程为

$$
\boldsymbol{M}_{\tilde{\text{S}}}=\begin{bmatrix} t^0 \\ r^1(/\!/\text{R}_1) \end{bmatrix}_{\text{R}_1}+\begin{bmatrix} t^1(\perp \text{R}_2) \\ \{r^1(/\!/\text{R}_2)\} \end{bmatrix}_{\text{R}_2}+\begin{bmatrix} t^1(\perp \text{R}_3) \\ \{r^1(/\!/\text{R}_3)\} \end{bmatrix}_{\text{R}_3}+\begin{bmatrix} \{t^1(\perp \text{R}_4)\} \\ r^1(/\!/\text{R}_4) \end{bmatrix}_{\text{R}_4}+\begin{bmatrix} \{t^1(/\!/\text{H}_5)\}+\{t^1(\perp \text{H}_5)\} \\ \{r^1(/\!/\text{H}_5)\} \end{bmatrix}_{\text{H}_5}
$$

$$
=\begin{bmatrix} t^2(\perp \text{R}_1) \\ r^2(/\!/\diamond(\text{R}_3,\text{R}_4)) \end{bmatrix}
$$

由于 $\text{H}_5\perp\text{R}_3$ 使 $\{t^1(/\!/\text{H}_5)\}$ 与 $t^1(\perp \text{R}_2)$ 和 $t^1(\perp \text{R}_3)$ 相关，而 $t^1(\perp \text{H}_5)$ 与 $t^1(\perp \text{R}_4)$ 为轴线重合的衍生平移，它们必相关，故 H 副为无标定矩阵。由运动输出特征矩阵 $\boldsymbol{M}_{\tilde{\text{S}}}$ 可知 $\xi_{\text{L}}=\xi_{\tilde{\text{S}}}=4$，此单闭链机器人机构为一般过约束回路。

例 5-5 单闭链的结构组成为 SLC{$-\text{H}_1/\!/\text{H}_2-\text{H}_3/\!/\text{H}_4/\!/\text{H}_5/\!/\text{H}_6-$}，将连接 R_1 与 H_6 的连杆断开，得到的转化单开链的结构组成为 $\widetilde{\text{SOC}}$$\{-\text{H}_1/\!/\text{H}_2/\!/-\text{H}_3/\!/\text{H}_4/\!/\text{H}_5/\!/\text{H}_6-\}$，其运动输出特征方程为

$$
\boldsymbol{M}_{\tilde{\text{S}}}=\begin{bmatrix} \{t^1(/\!/\text{H}_1)\} \\ r^1(/\!/\text{H}_1) \end{bmatrix}_{\text{H}_1}+\begin{bmatrix} t^1(/\!/\text{H}_2)+\{t^1(\perp \text{H}_2)\} \\ \{r^1(/\!/\text{H}_2)\} \end{bmatrix}_{\text{H}_2}+
$$

$$
\begin{bmatrix} \{t^1(/\!/\text{H}_3)\}+\{t^1(\perp \text{H}_3)\} \\ r^1(/\!/\text{H}_3) \end{bmatrix}_{\text{H}_3}+\begin{bmatrix} t^1(/\!/\text{H}_4)+\{t^1(\perp \text{H}_4)\} \\ \{r^1(/\!/\text{H}_4)\} \end{bmatrix}_{\text{H}_4}+
$$

$$
\begin{bmatrix} \{t^1(/\!/\text{H}_5)\}+t^1(\perp \text{H}_5) \\ \{r^1(/\!/\text{H}_5)\} \end{bmatrix}_{\text{H}_5}+\begin{bmatrix} \{t^1(/\!/\text{H}_6)\}+\{t^1(\perp \text{H}_6)\} \\ \{r^1(/\!/\text{H}_6)\} \end{bmatrix}_{\text{H}_6}
$$

$$
=\begin{bmatrix} t^3 \\ r^2(/\!/\diamond(\text{H}_2,\text{H}_3)) \end{bmatrix}
$$

图 5-7 单闭链 SLC{$-\text{H}_1/\!/\text{H}_2-\text{H}_3/\!/\text{H}_4/\!/\text{H}_5/\!/\text{H}_6-$}

H_6 的转动衍生平移 $t^1(\perp \text{H}_6)$ 与前三个独立平移相关，故为非独立平移，则 H_6 为无标定运动副。由运动输出特征方程可知 $\xi_{\text{L}}=\xi_{\tilde{\text{S}}}=5$，此单闭链机器人机构为一般过约束回路。

5.3 单回路机器人机构的活动度与运动副特性

5.3.1 活动度公式

定义：单闭链位移方程组的广义变量数目与该位移方程组秩 ξ_{L} 的差值为单闭链的活动度 F。按此定义，单闭链的活动度公式为

$$
F=\sum_{i=1}^{m} f_i-\xi_{\text{L}}
$$

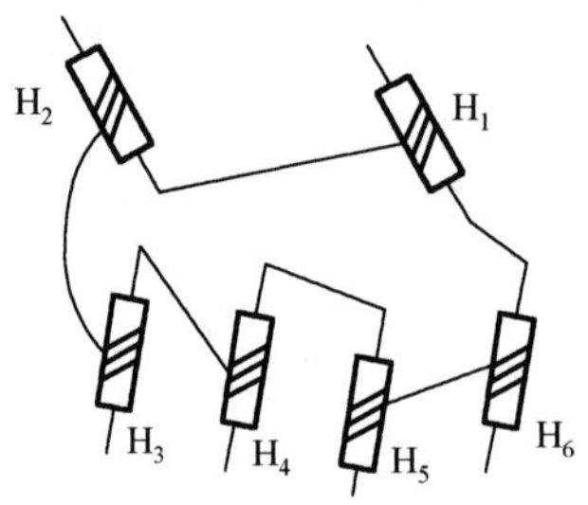

式中，f_i 为第 i 个运动副的自由度数；m 为运动副数目；ξ_{L} 为单闭链位移方程组的秩，对无过约束回路有 $\xi_{\text{L}}=6$，对一般过约束回路有 $\xi_{\text{L}}=\xi_{\tilde{\text{S}}}=2\sim5$。

接下来，给出几个具体求解单闭链机构活动度的例子。

例 5-6　对图5-1所对应的SLC，已知 $\xi_{\text{L}}=\xi_{\tilde{\text{S}}}=6$，故

$$F=\sum_{i=1}^{7}f_i-\xi_{\text{L}}=7-6=1$$

例 5-7　对图 5-4(a)所示的 SLC，已知 $\xi_{\text{L}}=\xi_{\tilde{\text{S}}}=5$，故

$$F=\sum_{i=1}^{6}f_i-\xi_{\text{L}}=6-5=1$$

例 5-8　若图 5-6 所示的结构组成为 SLC$\{-\text{R}_1/\!/\text{R}_2/\!/\text{R}_3\perp\text{R}_4/\text{H}_5-\}$，已知其 $\xi_{\text{L}}=\xi_{\tilde{\text{S}}}=4$，故

$$F=\sum_{i=1}^{5}f_i-\xi_{\text{L}}=5-4=1$$

例 5-9　对图 5-7 所示的 SLC，已知 $\xi_{\text{L}}=\xi_{\tilde{\text{S}}}=5$，故

$$F=\sum_{i=1}^{6}f_i-\xi_{\text{L}}=6-5=1$$

上述 4 个例子表明：对于由 R、P、H 副组成的活动度为 F 的单闭链，所对应的转化单开链一定存在 F 个无标定运动副。

5.3.2　消极运动副及其判定

1．消极运动副

对活动度 $F>0$ 的单闭链，若由某运动副连接的两个连杆不存在相对运动，则该运动副为消极运动副。

2．消极运动副判定准则

对 $F>0$ 的单闭链 SLC，假想将某运动副(或运动副的某自由度)刚化，得到相应原 SLC 的新单闭链 SLC*。若原 SLC 与新 SLC*的活动度相等，即 $F=F^*$，则该运动副为消极运动副(或运动副消极自由度)。

例 5-10　图 5-8 中单闭链结构组成为 SLC$\{-\widehat{\text{R}_1\text{R}_2\text{R}_3}-\text{R}_4-\text{P}_5\perp\text{R}_6\perp\text{P}_7-\}$，其转化单开链结构组成为 $\widetilde{\text{SOC}}\{-\widehat{\text{R}_1\text{R}_2\text{R}_3}-\text{R}_4-\text{P}_5\perp\text{R}_6\perp\text{P}_7-\}$，易知 $\xi_1=\xi_{\tilde{\text{S}}}=6$，故 F=7-6=1。为判定 R_4 是否为消极运动副，假想将其刚化，得到相应原 SLC 的新单闭链 SLC$^*\{-\widehat{\text{R}_1\text{R}_2\text{R}_3}-\text{P}_5\perp\text{R}_6\perp\text{P}_7-\}$，易知 SLC*的 $\xi_{\text{L}}^*=5$，F^*=6–5=1，$F=F^*$，故 R_4 为消极运动副。

例 5-11　图 5-9(a)所示的单闭链结构组成为 SLC$\{-\widehat{\text{R}_1\text{R}_2\text{R}_3\text{R}_4}-\text{S}_5-\text{S}_6-\}$，因含有两个 S 副，需以等效转动副替代。按照 S 副的运动副转化原则，替代后的单闭链如图 5-9(b)所示，其结构组成为 SLC*$\{-\text{R}_1^{\text{S}_6}\text{R}_2^{\text{S}_6}\text{R}_1\text{R}_2\text{R}_3\text{R}_4\text{R}_1^{\text{S}_5}\text{R}_2^{\text{S}_5}\text{R}_3^{\text{S}_5}-\}$。若将连接 $\text{R}_1^{\text{S}_6}$ 和 $\text{R}_2^{\text{S}_6}$ 的连杆断开，得到转化后单开链的结构组成为 $\widetilde{\text{SOC}}\{-\text{R}_2^{\text{S}_6}\text{R}_1\text{R}_2\text{R}_3\text{R}_4\text{R}_1^{\text{S}_5}\text{R}_2^{\text{S}_5}\text{R}_3^{\text{S}_5}-\text{R}_1^{\text{S}_6}-\}$。该 $\widetilde{\text{SOC}}$ 的运动输出特征方程为

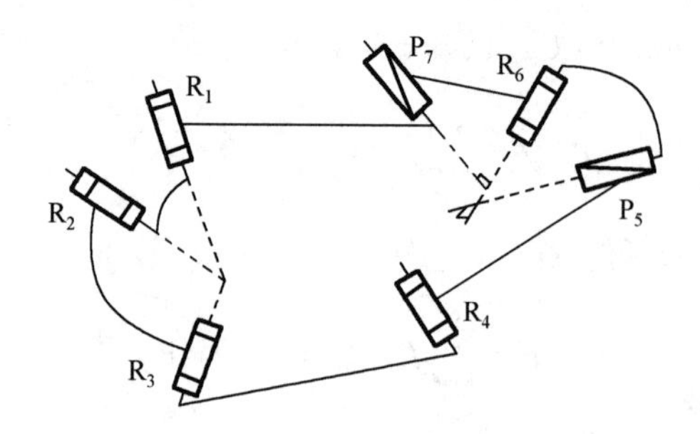

图 5-8　含消极运动副的 SLC $\{-\widehat{R_1R_2R_3}-R_4-P_5\perp R_6\perp P_7-\}$

$$
\begin{aligned}
\boldsymbol{M}_{\tilde{S}} &= \begin{bmatrix} t^0 \\ r^1(//R_2^{S_6}) \end{bmatrix}_{R_2^{S_6}} + \begin{bmatrix} t^0 \\ r^1(//R_1) \end{bmatrix}_{R_1} + \begin{bmatrix} t^0 \\ r^1(//R_2) \end{bmatrix}_{R_2} + \begin{bmatrix} t^0 \\ \{r^1(//R_3)\} \end{bmatrix}_{R_3} + \begin{bmatrix} t^0 \\ \{r^1(//R_4)\} \end{bmatrix}_{R4} + \\
&\quad + \begin{bmatrix} t^0 \\ \{r^1(//R_1^{S_5})\} \end{bmatrix}_{R_1^{S_5}} + \begin{bmatrix} t^1(\perp R_2^{S_5}) \\ \{r^1(//R_2^{S_5})\} \end{bmatrix}_{R_2^{S_5}} + \begin{bmatrix} t^1(\perp R_3^{S_5}) \\ \{r^1(//R_3^{S_5})\} \end{bmatrix}_{R_3^{S_5}} + \begin{bmatrix} t^1(\perp R_1^{S_6}) \\ \{r^1(//R_1^{S_6})\} \end{bmatrix}_{R_1^{S_6}} \\
&= \begin{bmatrix} t^3 \\ r^3 \end{bmatrix}
\end{aligned}
$$

由 $\boldsymbol{M}_{\tilde{S}}$ 可知，$\xi_L=\xi_{\tilde{S}}=6$，故 F=9–6=3。

假想将 $R_2^{S_5}$、$R_3^{S_5}$ 与 $R_1^{S_6}$ 这 3 个运动副刚化，得到新的单闭链 SLC$^*\{-\widehat{R_2^{S_6}R_1R_2R_3R_4R_1^{S_5}}-\}$，容易知道 SLC* 的秩 ξ_L^*=3，F^*=6–3=3，SLC*与 SLC 的活动度相等，故 $R_2^{S_5}$、$R_3^{S_5}$ 与 $R_1^{S_6}$ 皆为运动副的消极自由度。因此，图 5-9(a)所示的单闭链等同于一个 6R 副恒共点的球面机构。

顺便说明，若断开 $R_3^{S_5}$ 与 $R_1^{S_6}$ 之间的连接进行分析，结果相同。

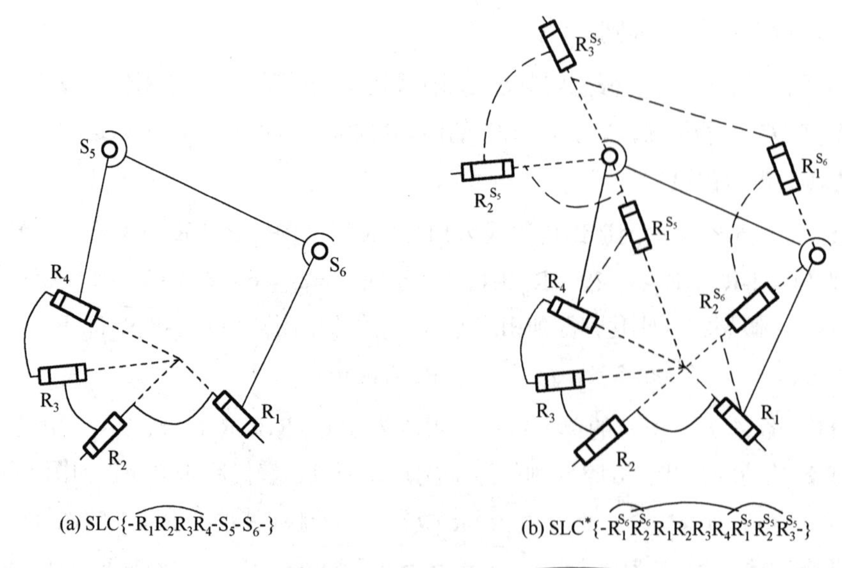

(a) SLC$\{-\widehat{R_1R_2R_3R_4}-S_5-S_6-\}$　　(b) SLC$^*\{-R_1^{S_6}R_2^{S_6}R_1R_2R_3R_4R_1^{S_5}R_2^{S_5}R_3^{S_5}-\}$

图 5-9　含运动副消极自由度的 SLC $\{-\widehat{R_1R_2R_3R_4}-S_5-S_6-\}$

例 5-12　图 5-10(a)所示的单闭链结构组成为 SLC{-R_4//R_1-S_2-S_3-}，因含有两个 S 副，需以等效转动副替代。按照等效运动副的转化原则，替代后的单闭链如图 5-10(b)所示，其结构组成为 SLC{-$\widehat{R_2^{S_3}R_1^{S_3}}$//$R_4$//$R_1$//$\widehat{R_1^{S_2}R_2^{S_2}R_3^{S_2}}$-}。其转化单开链的结构组成为 $\widetilde{\text{SOC}}${-$\widehat{R_2^{S_3}R_1^{S_3}}$//$R_4$//$R_1$//$\widehat{R_1^{S_2}R_2^{S_2}R_3^{S_2}}$-}，由运动输出特征方程易知，转化单开链的 $\xi_{\tilde{S}}$=6，该单闭链活动度 F=7−6=1。假想将 $R_2^{S_2}$、$R_3^{S_2}$ 与 $R_2^{S_3}$ 的 3 个运动副刚化，得到 SLC 的新单闭链 SLC*{-R_4//R_1//$R_1^{S_2}$//$R_1^{S_3}$-}，易知 $\xi_L^*=3$，F^*=4−3=1，所以，$F=F^*$，故 $R_2^{S_2}$、$R_3^{S_2}$ 与 $R_2^{S_3}$ 皆为消极运动副。因此，图 5-10(a)所示的机构等效于图 5-10(c)所示的平面 4R 回路再串联一个 R_5，R_5 等效于绕$(S_2\text{-}S_3)$轴线的局部转动自由度。

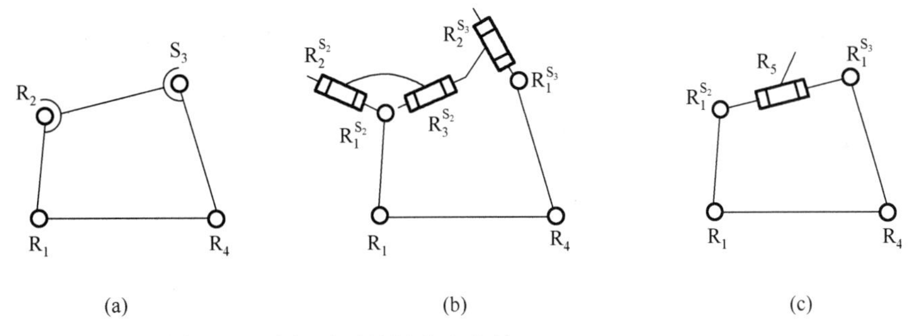

图 5-10　含运动副消极自由度的 SLC{-R_4//R_1-S_2-S_3-}

5.3.3　主动副及其判定

1. 主动副

对活动度 $F\geqslant1$，不含消极运动副的单闭链，为使其运动具有确定性，应有 F 个主动输入，具有主动输入的运动副称为主动副。

2. 主动副判定准则

对 $F\geqslant1$，不含消极运动副的单闭链，F 个主动副的选取应满足主动副存在准则：假设将预选的 F 个主动副刚化，若刚化后机构的活动度 F^*=0，则预选的 F 个主动副可同时为主动副；若 F^*>0，则预选的 F 个主动副不能同时为主动副。

例 5-13　图 5-11 所示的单闭链 SLC{-R_1//R_2//R_3-$\widehat{R_4R_5R_6R_7}$-}，易知其秩 ξ_L=5，故该机构活动度 F=7−5=2。若选 R_1 与 R_2 为主动副并将其刚化，得到新单闭链 SLC*{-R_3-$\widehat{R_4R_5R_6R_7}$-}，不难得到其秩 $\xi_L^*=4$，故 F^*=5−4=1≠0，则 R_1 与 R_2 不能同时为主动副。

因此，图 5-11 所示的单闭链的两个主动副不能任意选取，至少有一个主动副应在 R_4、R_5、R_6 或 R_7 中选取，这是由于该 SLC 包含一个对应于 $\boldsymbol{M}_S^*=\begin{bmatrix}\bullet & \bullet & \bullet\\ \alpha & \beta & \gamma\end{bmatrix}$ 的 $F^*=\xi_S^*+1$ 的冗余子单开链 SOC{-$\widehat{R_4R_5R_6R_7}$-}。一般地，若 $F\geqslant2$ 的 SLC 中含有对应于其他 $\boldsymbol{M}_S^*$ 的 $F^*>\xi_S^*$ 的冗余子单开链，则 SLC 的 F 个主动副应至少在该子单开链中选取 $F^*-\xi_S^*$ 个主动副。

若选 R_1 与 R_7 为主动副，易知新 SLC*的秩 $\xi_L^*=5$，活动度 F^*=5–5=0，故 R_1 与 R_7 可同时为主动副。

例 5-14 图 5-12 所示的单闭链 SLC{-H_1//H_2//H_3//H_4-H_5//H_6//H_7-}，易知其秩 ξ_L=5，故 F=7–5=2。若预选 H_6 与 H_7 为主动副，假想将其刚化得到新单闭链 SLC*{-H_1//H_2//H_3//H_4-H_5-}，不难得到其秩 $\xi_L^*=5$，活动度 F^*=5–5=0，故 H_6 与 H_7 能同时用作主动副。类似地，从图中所示的 7 个 H 副中任意选取两个为主动副，根据主动副判定准则，它们均可同时作为主动副。这是由于该 SLC 不含有对应于其他的 $\boldsymbol{M}_S^*$ 的 $F^*>\xi_S^*$ 的冗余子单开链。

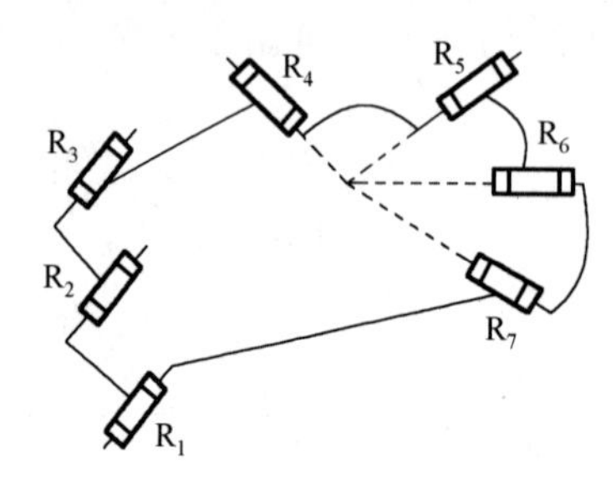

图 5-11 主动副不能任意取的单闭链

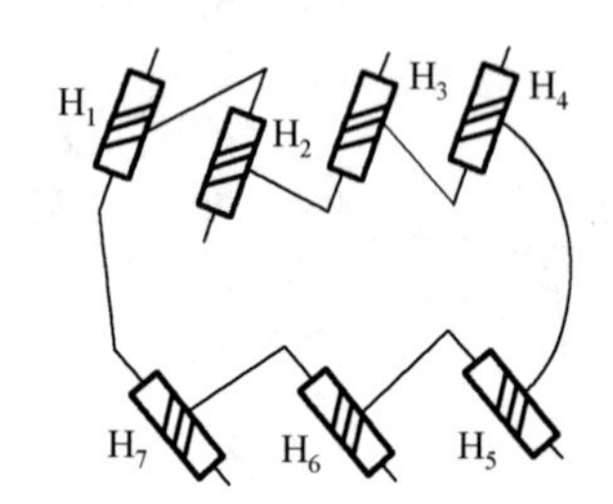

图 5-12 主动副可任意取的单闭链

5.4 一般过约束回路拓扑结构综合

5.4.1 基本原理

由一般过约束单闭链(SLC)秩 ξ_L 的判定原理已知，SLC 与其转化单开链 $\widetilde{SOC}$ 的运动副类型、数目以及运动副轴线方位的配置均相同，且两者秩相等。反之，将单开链 SOC 的首尾两连杆合并为一个刚体，得到的单闭链 SLC 与原 SOC 的运动副类型、数目以及运动副轴线方位的配置类型完全相同，且两者秩相等。因此，一般过约束 SLC 的拓扑结构类型综合可转化为欠秩 SOC 的拓扑结构综合问题。

5.4.2 拓扑结构综合主要步骤

对于给定单闭链的秩($\xi_L=\xi_{LR}+\xi_{LP}=2\sim5$)与活动度 F，一般过约束单闭链的拓扑结构综合步骤总结如下：

步骤 1 选定对应于 $\xi_{\tilde{S}}=\xi_L$ $(\xi_{\tilde{S}R}=\xi_{LR},\xi_{\tilde{S}P}=\xi_{LP})$ 转化单开链的运动输出特征矩阵 $\boldsymbol{M}_{\tilde{S}}$ 。

步骤 2 确定运动副类型及数目。

步骤 3 确定运动副轴线方位的配置类型。

步骤 4　检验转化单开链的运动输出特征矩阵 $\boldsymbol{M}_{\tilde{S}}$。

步骤 5　判定转化单开链是否包含其他 $\boldsymbol{M}_{S}^{*}$ 的 $F^{*}>\xi_{S}^{*}$ 的冗余子单开链。

步骤 6　将单开链首尾连接，生成单闭链结构类型。

步骤 7　删除含有消极运动副的结构类型。

步骤 8　确定主动副的选择范围。

下面举例对上述拓扑结构综合过程进行说明。

对只由 H 副组成，F=1 且ξ_{L}=5(ξ_{LR}=2，ξ_{LP}=3)的一般过约束回路进行结构类型综合，具体步骤如下。

步骤 1　选定相应转化单开链的运动输出特征矩阵 $\boldsymbol{M}_{\tilde{S}}$。

$$\boldsymbol{M}_{\tilde{S}}=\begin{bmatrix} x & y & z \\ \alpha & \cdot & \gamma \end{bmatrix}$$

步骤 2　确定运动副数目。

由单闭链活动度方程可得：$m=F+\xi_{L}=6$。

步骤 3　确定运动副轴线方位的配置类型。

1) $\boldsymbol{M}_{\tilde{S}}$ 的独立转动元素数 $\xi_{\tilde{S}R}$=2，即 6 个 H 副只能配置在两个不同方向，故转化单开链 $\widetilde{\text{SOC}}$ 的 H 副应有两组不同方向的轴线恒平行配置。

2) 在满足 $\boldsymbol{M}_{\tilde{S}}$ 的前提下，考虑每组恒平行元素内最多有两个 H 副为恒重合配置。

根据上述两个约束条件，可得到如下 9 种转化单开链组成方案。

① $\widetilde{\text{SOC}}$\{-H//H//H-H//H//H-\}

② $\widetilde{\text{SOC}}$\{-H/H//H-H/H//H-\}

③ $\widetilde{\text{SOC}}$\{-H/H//H-H//H//H-\}

④ $\widetilde{\text{SOC}}$\{-H//H//H//H-H//H-\}

⑤ $\widetilde{\text{SOC}}$\{-H/H//H//H-H/H-\}

⑥ $\widetilde{\text{SOC}}$\{-H/H//H//H-H//H-\}

⑦ $\widetilde{\text{SOC}}$\{-H//H//H//H-H/H-\}

⑧ $\widetilde{\text{SOC}}$\{-H//H//H//H//H-H-\}

⑨ $\widetilde{\text{SOC}}$\{-H/H//H//H//H-H-\}

步骤 4　检验转化单开链的运动输出特征矩阵 $\boldsymbol{M}_{\tilde{S}}$。

对于该机构的拓扑结构方案 1，即 $\widetilde{\text{SOC}}$\{-H//H//H-H//H//H-\}，其运动输出特征方程为

$$
\begin{aligned}
\boldsymbol{M}_{\tilde{S}} =& \begin{bmatrix} \{t^1(//\mathrm{H}_1)\} \\ r^1(//\mathrm{H}_1) \end{bmatrix}_{\mathrm{H}_1} + \begin{bmatrix} t^1(//\mathrm{H}_2)+\{t^1(\perp \mathrm{H}_2)\} \\ \{r^1(//\mathrm{H}_2)\} \end{bmatrix}_{\mathrm{H}_2} + \\
& \begin{bmatrix} \{t^1(//\mathrm{H}_3)\}+t^1(\perp \mathrm{H}_3) \\ \{r^1(//\mathrm{H}_3)\} \end{bmatrix}_{\mathrm{H}_3} + \begin{bmatrix} \{t^1(//\mathrm{H}_4)\}+\{t^1(\perp \mathrm{H}_4)\} \\ r^1(//\mathrm{H}_4) \end{bmatrix}_{\mathrm{H}_4} + \\
& \begin{bmatrix} t^1(//\mathrm{H}_5)+\{t^1(\perp \mathrm{H}_5)\} \\ \{r^1(//\mathrm{H}_5)\} \end{bmatrix}_{\mathrm{H}_5} + \begin{bmatrix} \{t^1(//\mathrm{H}_6)\}+\{t^1(\perp \mathrm{H}_6)\} \\ \{r^1(//\mathrm{H}_6)\} \end{bmatrix}_{\mathrm{H}_6} \\
=& \begin{bmatrix} t^3 \\ r^2(//\square(\mathrm{H}_3,\mathrm{H}_4)) \end{bmatrix}
\end{aligned}
$$

由检验可知，方案 1 满足ξ_L及$\boldsymbol{M}_{\tilde{S}}$的设计要求。同理，可检验其他拓扑结构方案均满足设计要求。

步骤5 显然，拓扑结构方案8和方案9含有冗余子单开链，而其他方案不含有冗余子单开链。

步骤6 生成单闭链结构类型。

将转化单开链的首尾两连杆合并，即生成相应的单闭链。例如，对于该机构的拓扑结构方案 1，其相应的一般过约束回路为 SLC{-H//H//H-H//H//H-} 。

对于方案 2，相应的一般过约束回路为 SLC{-H/H//H-H/H//H-} 。

步骤 7 删除含消极运动副的结构类型。

对方案 8，即 $\widetilde{\mathrm{SOC}}$\{-H//H//H//H//H-H-\}，其相应的单闭链为 SLC$\{\text{-H}_1//\text{H}_2//\text{H}_3//\text{H}_4//\text{H}_5\text{-H}_6\text{-}\}$，不难判定 H_6 为消极运动副。故方案 8 应予删除。同理，方案 9 也应删除。由此，经拓扑结构综合得到如下 7 种一般过约束单闭链。

SLC{-H//H//H-H//H//H-}，　SLC{-H/H//H-H/H//H-}

SLC{-H/H//H-H//H//H-}，　SLC{-H//H//H//H-H//H-}

SLC{-H/H//H//H-H/H-}，　SLC{-H/H//H//H-H//H-}

SLC{-H//H//H//H-H/H-}

步骤 8 确定主动副选取范围。

由于活动度为 1，对于上述拓扑结构综合所得到的 7 种单闭链结构类型，可任取一个运动副为主动副。

讨论：若将本例的活动度由 F=1 改为 F=2，且不考虑 H 副的恒重合配置，重复以上步骤，可得到如下两种结构类型。

SLC{-H//H//H – H//H//H//H-}

SLC{-H//H – H//H//H//H//H-}

由主动副存在准则可知，对第一种结构类型，两个主动副可以任取；对第二种结构类型，在 5 个相互平行 H 副中，应至少选取一个为主动副，另一个主动副可任取，这是因为

SLC{-H//H-H//H//H//H//H-} 对应的转化单开链中包含了 $\boldsymbol{M}_{\mathrm{S}}^{*}=\begin{bmatrix} x & y & z \\ \bullet & \bullet & \gamma \end{bmatrix}$ 且 $F_{\mathrm{S}}^{*}=5>\xi_{\mathrm{S}}^{*}=4$ 的冗余子单开链 SOC{-H//H//H//H//H-}。

5.4.3　一般过约束回路拓扑结构类型

综上所述，单闭链拓扑结构综合可转化为具有相同秩的冗余单开链拓扑结构综合问题，表 4-3 给出了含 R 副和 P 副、ξ_{S}=2～5 且 $F=\xi_{\mathrm{S}}+1$ 的冗余单开链的 15 种拓扑结构类型，故可得到相对应的由 R 与 P 副组成的一般过约束单闭链的结构类型，其结构简图如图 5-13 所示。这 15 种类型主动副可任选。

此外，表 5-1 给出了 F=2 的 23 种一般过约束单闭链拓扑结构类型，其中 9 种类型[SLC(F=2)]的两个主动副可以任选；14 种类型[SLC*(F=2)]的两个主动副不能任选，应按主动副存在准则选取。表 5-1 中的所有拓扑结构类型均不含消极运动副。

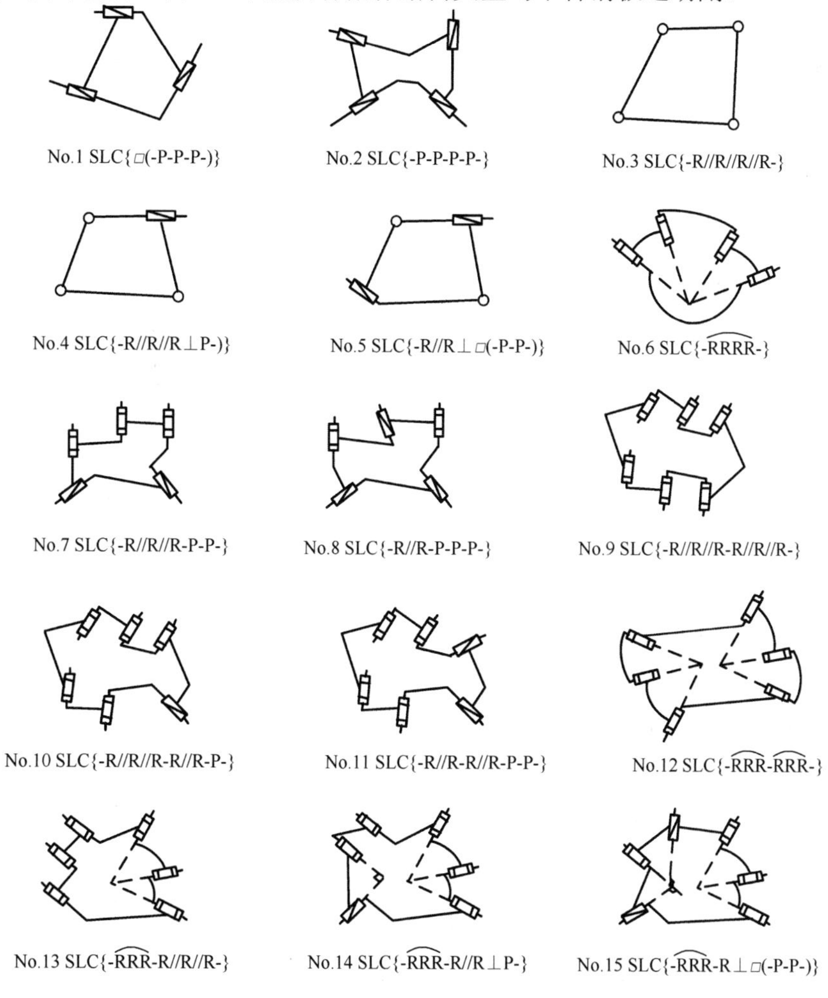

图 5-13　F=1 的一般过约束单闭链

表 5-1　F=1 和 2 且只含 R 和 P 副的一般过约束单闭链拓扑结构类型

No.	ξ_L	SLC(F=1)	SLC(F=2)	SLC*(F=2)
1	2	SLC{▱(-P-P-P-)}	SLC{▱(-P-P-P-P-)}	
2	3	SLC{-P-P-P-P-}	SLC{-P-P-P-P-P-}	
3		SLC{-R//R//R//R-}	SLC{-R//R//R//R//R-}	
4		SLC{-R//R//R ⊥ P-}	SLC{-R//R//R//R ⊥ P-}	
5		SLC{-R//R ⊥▱(-P-P-)}	SLC{-R//R//R ⊥▱(-P-P-)}	SLC{-R//R ⊥▱(-P-P-P-)}
6		SLC{-$\widehat{\text{RRRR}}$-}	SLC{-$\widehat{\text{RRRRR}}$-}	
7	4	SLC{-R//R//R-P-P-}	SLC{-R//R//R-P-P-P-}	SLC{-R//R//R//R-P-P-}
8		SLC{-R//R-P-P-P-}		SLC{-R//R-P-P-P-P-}
9	5	SLC{-R//R//R-R//R//R-}	SLC{-R//R//R-R//R//R-P-}	SLC{-R//R//R//R-R//R//R-}
10		SLC{-R//R//R-R//R-P-}	SLC{-R//R//R-R//R-P-P-}	SLC{-R//R//R//R-R//R-P-}
11		SLC{-R//R-R//R-P-P-}		SLC{-R//R-R//R-P-P-P-}
12		SLC{-$\widehat{\text{RRR}}$-$\widehat{\text{RRR}}$-}		SLC{-$\widehat{\text{RRRR}}$-$\widehat{\text{RRR}}$-}
13		SLC{-$\widehat{\text{RRR}}$-R//R//R-}		SLC{-$\widehat{\text{RRRR}}$-R//R//R-}
14				SLC{-$\widehat{\text{RRR}}$-R//R//R//R-}
15		SLC{-$\widehat{\text{RRR}}$-R//R ⊥ P-}		SLC{-$\widehat{\text{RRRR}}$-R//R ⊥ P-}
16				SLC{-$\widehat{\text{RRR}}$-R//R//R ⊥ P-}
17		SLC{-$\widehat{\text{RRR}}$-R ⊥▱(-P-P-)}		SLC{-$\widehat{\text{RRRR}}$-R ⊥▱(-P-P-)}
18				SLC{-$\widehat{\text{RRR}}$-R//R ⊥▱(-P-P-)}
19				SLC{-$\widehat{\text{RRR}}$-R ⊥▱(-P-P-P-)}

5.5　特殊过约束回路研究简介

5.5.1　特殊过约束回路主要特点

特殊过约束回路的主要特点如下：

1）按照定义，特殊过约束单闭链的存在条件包含机构尺度参数（杆长，轴向偏置，扭角）之间的特殊函数关系。

2）特殊过约束单闭链的秩 ξ_L 一定小于其转化单开链的秩 $\xi_{\bar{S}}$，即 $\xi_L < \xi_{\bar{S}}$。

3）特殊过约束单闭链的活动度 F 只能等于 1，即 F=1。

4) 特殊过约束存在条件中，连杆尺度参数具有某种对称性，如平面对称、中心对称、真轴对称与非真轴对称等。

5.5.2　主要研究方法

特殊过约束单闭链的研究方法主要分为三类。

1. 几何法

大多数早期发现的特殊过约束机构都由数学家提出，由几何法得到或综合推理法导出。该类方法没有统一的模式与系统性，但在过约束机构早期研究中曾起重要作用。

2. 螺旋理论

如果机构运动到任一位置的瞬时活动度皆为 1，则该机构活动度为 1。为此，基于螺旋理论研究机构活动度分两步进行：先判定是否具有瞬时活动度；再判定其存在条件是否满足机构运动的任一位置。

螺旋相关性判别法的基本思想：将机构所有的运动副均以运动螺旋表示，构成一个螺旋系，若存在与该螺旋系中每个螺旋均相逆的反螺旋，则此反螺旋就是该机构的一个公共约束。若机构的公共约束数为λ，则其独立位移方程数$\xi_L=6-\lambda$。

螺旋理论的本质是从瞬时速度分析出发，寻找瞬时降秩的几何条件。但对特殊过约束机构，瞬时降秩条件中含有位置变量，为了确定对机构运动到任一位置的恒降秩条件，就需要用到解析法。

3. 解析法

近年来，解析法逐渐成为研究过约束机构的主流方法，它分为两大类。

1) 由机构矩阵回路方程出发，通过消元最终得到只含一个未知变量的高次方程，若连杆尺度参数使该方程的各项系数恒为零，则未知变量取任意值时方程恒成立，即为过约束机构。满足各项系数恒为零的尺度参数关系，即为过约束机构的存在条件。该方法可给出过约束机构的存在条件，同时又得到运动输入-输出关系。

2) 由机构位移方程组出发，依据提出的相关性判据，直接导出方程组降秩条件，即过约束机构的存在条件，并同时导出运动输入-输出关系。

5.5.3　典型特殊过约束回路及其存在条件

近百年来，数学家与机构学家已发现数十种特殊过约束机构。下面给出 4 种类型特殊过约束机构。

1．Bennett 机构（4R 机构）

如图 5-14 所示，存在条件：$\alpha_1=\alpha_3$，$\alpha_2=\alpha_4$，$a_2=a_4$，$a_1/\sin\alpha_1=\pm a_2/\sin\alpha_2$，$d_i=0$ $(i=1\sim4)$。

2．Myard 机构（5R 机构）

如图 5-15 所示，存在条件：$\alpha_3=\alpha_5=\dfrac{\pi}{2}$，$\alpha_4=\pi-2\alpha_2$，$\alpha_1=\pi-\alpha_2$，$a_1=a_2=a_5/\sin\alpha_2$，$a_3=a_5$，$a_4=0$，$d_i=0(i=1\sim5)$。

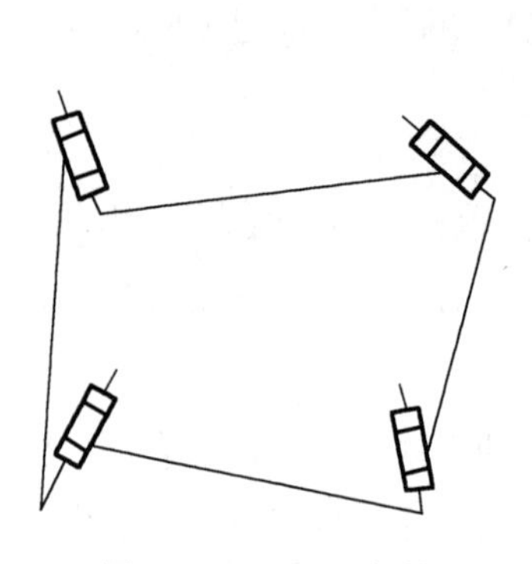

图 5-14　Bennett 机构

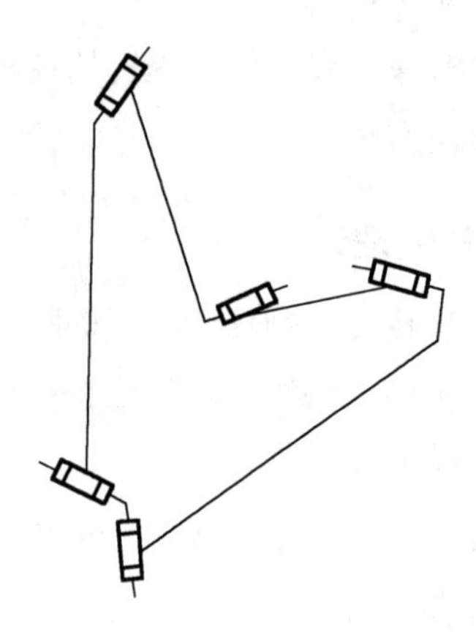

图 5-15　Myard 机构

3．Bricard 三面体机构（6R 机构）

如 5.1 节中的图 5-3 所示，存在条件：$\alpha_1=\alpha_3=\alpha_5=\dfrac{\pi}{2}$，$\alpha_2=\alpha_4=\alpha_6=\dfrac{3\pi}{2}$，$a_1^2+a_3^2+a_5^2=a_2^2+a_4^2+a_6^2$，$d_i=0(i=1\sim6)$。

4．Schatz 机构（6R 机构）

如图 5-16 所示，存在条件：$\alpha_1=\alpha_2=\alpha_4=\alpha_5=\dfrac{\pi}{2}$，$\alpha_6=0$，$\alpha_3=\pm\dfrac{\pi}{2}$，$a_1=a_5=0$，$a_2=a_3=a_4=a$，$a_6=\sqrt{3}a$，$d_2=d_3=d_4=d_5=0$，$d_1=-d_6$。

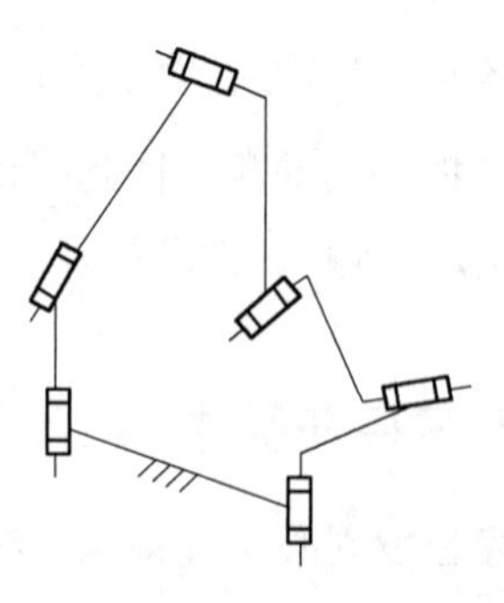

图 5-16　Schatz 机构

习　题

5-1　单开链的秩与一般过约束单闭链的秩之间的联系与区别。

5-2　试分析题 5-2 图所示的两种单闭链机构的活动度。

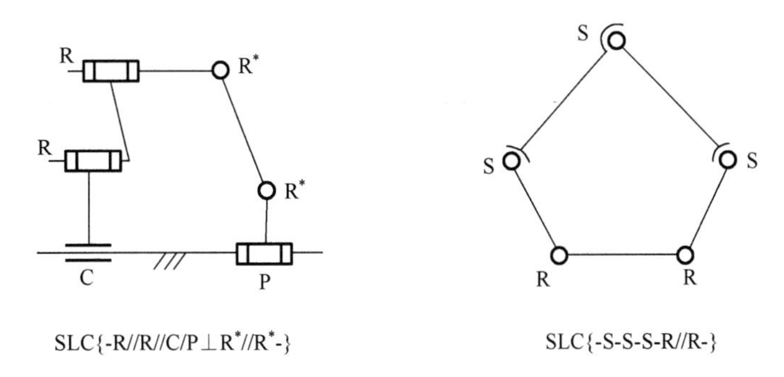

题 5-2 图

5-3　题 5-3 图所示的单闭链结构组成为 SLC{$-S_1-S_2-\widehat{R_3R_4}-$}，试计算其秩和活动度，并根据消极运动副判定准则分析该机构是否具有消极运动副(或消极自由度)。

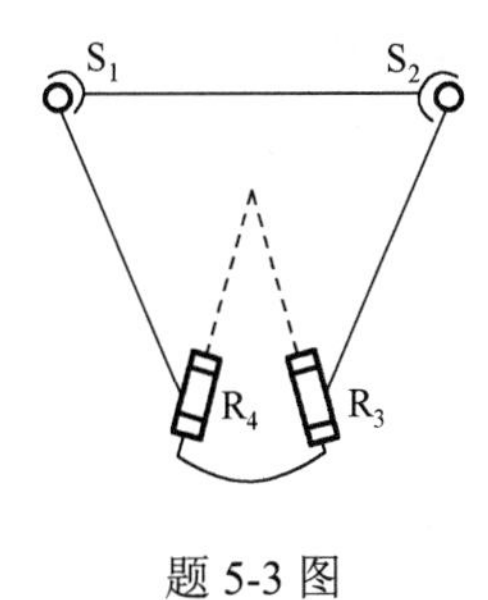

题 5-3 图

5-4　题 5-4 图所示的单闭链的结构组成为 SLC{$-R_1//R_2//R_3//R_4-\widehat{R_5R_6R_7}-$}，试计算其秩和活动度，并根据主动副判定准则分析 R_5 和 R_6 是否可同时为主动副。

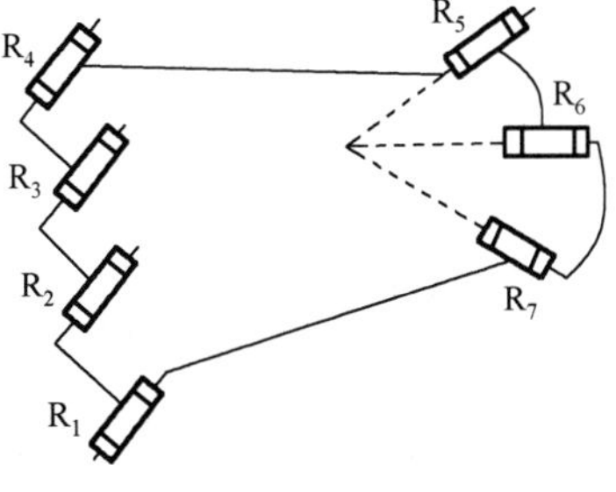

题 5-4 图

5-5　对只由 R 副和 P 副组成，F=2，且ξ_L=5(ξ_{LR}=2，ξ_{LP}=3)的一般过约束回路结构类型进行综合，并用动力学仿真软件给出仿真结果。

第 6 章 并联机器人机构拓扑结构特征与综合

本章讨论非独立运动输出皆为常量的并联机器人机构的拓扑结构特征，内容涉及并联机器人机构结构组成，支路结构组成及其符号表示，机构活动度公式，虚约束类型及其判定，消极运动副及其判定，并联机器人机构运动输出特征矩阵，运动输入-输出控制解耦性，多回路机构耦合性，活动度类型及其判定，拓扑控制解耦原理，主动副及其判定以及并联机器人机构的拓扑结构综合方法等。本章揭示了并联机器人机构拓扑结构与功能之间的内在联系与规律，为拓扑结构类型综合与类型优选奠定了理论基础。

6.1 并联机器人机构结构组成

6.1.1 并联机器人机构结构分解

如图 6-1 所示，任一基本回路数为 v 的并联机器人机构可视为由动平台、静平台以及两者之间并联的 v+1 个单开链(SOC)支路组成。记作

$$\mathrm{PKM} = \{\mathrm{MP}\} + \{\mathrm{FB}\} + \sum_{j=1}^{v+1} \mathrm{SOC}_j \tag{6-1}$$

式中，{MP} 为动平台；{FB} 为静平台；v 为机构基本回路数，且有 $v = m - n + 1$，m 为运动副数；n 为连杆数。

需要说明的是，单回路机器人机构也可以视为两支路并联机器人机构，可用并联机器人机构的理论进行分析。但一般而言，由于单回路机器人机构不指定输出杆件，而并联机器人机构指定动平台作为输出杆件，这导致拓扑结构分析方法有所不同。

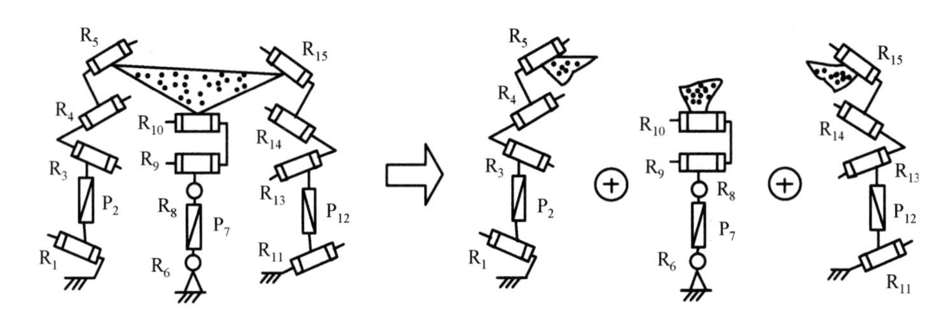

图 6-1　并联机器人机构结构分解

6.1.2　支路基本类型

并联机器人机构动、静两平台之间以支路连接，支路分为两种基本类型：单开链(SOC)支路与混合单开链支路(HSOC)。

1．单开链支路

由 R 副与 P 副组成的 SOC 结构类型及其运动输出特征矩阵 $\boldsymbol{M}_{\mathrm{S}}$ 如表 4-3 所示，从中可直接选取适当的 SOC 作为并联机器人机构动、静平台之间的支路，也可根据需要构造其他 SOC 结构类型。

2．混合单开链支路及其等效单开链

含有回路的开链称为混合单开链，如图 6-2(a)所示。若一混合单开链的运动输出特征矩阵 $\boldsymbol{M}_{\mathrm{HS}}$ 与另一不含回路的 SOC 运动输出特征矩阵 $\boldsymbol{M}_{\mathrm{S}}$ 相同，则称该 SOC 为 HSOC 的运动输出特征等效单开链，如图 6-2 (b)所示。

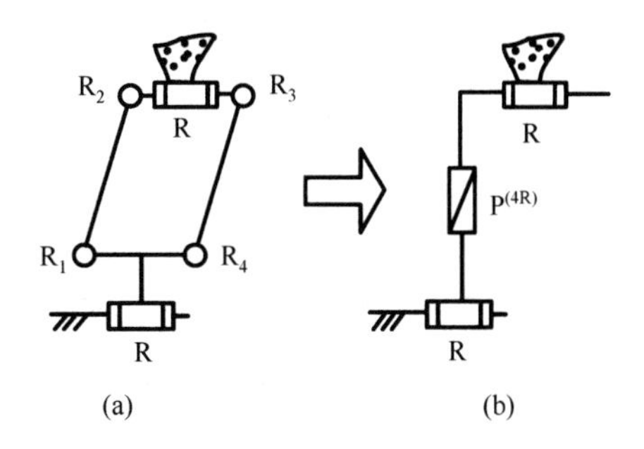

图 6-2　含 4R 平行四边形回路的 HSOC 及其等效 SOC

更一般地，混合单开链可由并联机器人机构(单回路机器人机构可视为回路数为 1 的并联机器人机构)串联若干运动副和连杆组成，如图 6-3(a)、(b)所示。这里，图 6-3(c)为图 6-3(a)、(b)所示混合单开链的等效 SOC。HSOC 的常用并联机器人机构及其运动输出特性如表 6-1 所示。

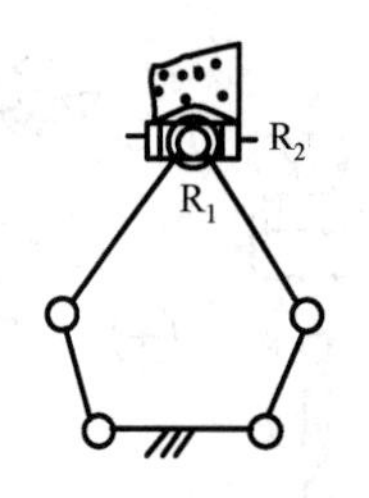

(a) 含平面5杆回路的HSOC

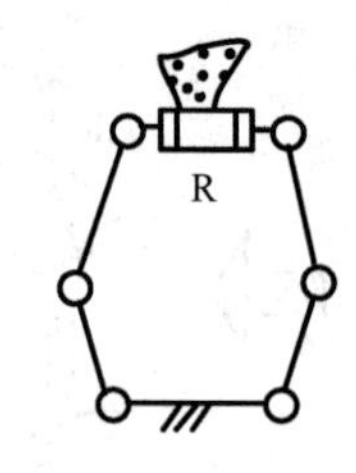

(b) 含平面6杆回路的HSOC

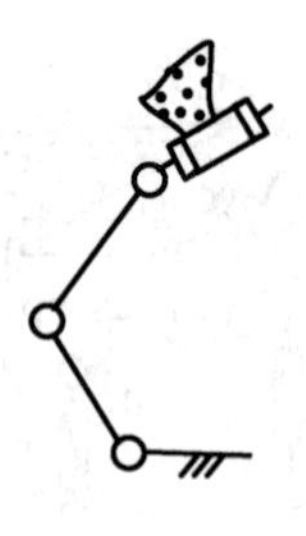

(c) 等效SOC

图 6-3 平面 5R 及 6R 回路

表 6-1 HSOC 的常用并联机器人机构及其运动输出特性

No.	符号表示	并联机器人机构	自由度	混合单开链(HSOC)	运动输出特性
1	(4R)		1	HSOC{-$P^{(4R)}$-}	连杆 1 相对连杆 0 做一维平移，连杆 1 上任一点轨迹为圆
2	(3R-2P)		2	HSOC{-$P^{(3R-2P)}$-$P^{(3R-2P)}$-}	在图示平面内，R_B 副对应的轴心点做二维平移运动
3	(4R-2P)		3	HSOC{-$\diamond P^{(4R-2P)}$-$P^{(4R,2P)}$ $\perp R^{(4R-2P)}$-}	在图示平面内，连杆 1 相对连杆 0 做二维平移及垂直于平移平面的一维转动
4	(4U)		2	HSOC{-$P^{(4U)}$-$R^{(4U)}$-}	连杆 1 相对连杆 0 做一维平移及绕连杆 0 轴线的转动
5	(4S)		4	HSOC{-$P^{(4S)}$-$R^{(4S)}$-$R^{(4S)}$-$R^{(4S)}$-}	对任意位置，连杆 1 相对连杆 0 做一维平移与三维转动 当 4S 为平行四边形时，连杆 1 相对于连杆 0 为瞬时二维平移和二维转动
6	(3S-2P)		3	HSOC{-$R^{(3S-2P)}$-$P^{(3S-2P)}$-$P^{(3S-2P)}$-}	在 3S 副平面内，S_B 副对应的轴心点做二维平移运动，该平面绕 (S_A-S_C) 轴线做转动
7	(5R-C)		2	HSOC{-$R^{(5R-C)}$-$P^{(5R-C)}$-}	连杆 1 相对连杆 0 做二维平移运动

HSOC 支路具有某些优点，譬如，可用只含 R 副的 HSOC 支路（图 6-2）实现独立平移输出，以改善机构运动学、动力学性能及实现控制解耦等。

6.1.3　并联机器人机构结构组成的符号表示

并联机器人机构结构组成的符号表示由三部分组成。

1) 支路为单开链时，用单开链结构组成的符号表示；支路为混合单开链时，用其等效单开链结构组成的符号表示。

图 6-2 (a) 所示的 HSOC 的等效单开链为图 6-2 (b)，故记为 HSOC$\{-R(-P^{(4R)})//R-\}$，其中，$P^{(4R)}$ 为 4R 平行四边形机构的独立平移输出。图 6-3 (a)、(b) 所示的混合单开链均可用图 6-3 (c) 所示的等效单开链来表示。图 6-3 (a) 所示的结构用符号表示为 HSOC$\left\{-\square\left(P_1^{(5R)},P_2^{(5R)}\right)\perp R_1\perp R_2-\right\}$，其中 $P_1^{(5R)}$、$P_2^{(5R)}$ 为 5R 平面回路的两个独立平移输出。图 6-3 (b) 所示的结构用符号表示为 HSOC$\left\{-\square\left(P_1^{(6R)},P_2^{(6R)}\right)\perp R^{(6R)}\perp R-\right\}$，其中，$P_1^{(6R)}$ 和 $P_2^{(6R)}$ 为 6R 平面回路的两个独立平移输出，$R^{(6R)}$ 为其独立转动输出。

2) 静平台上运动副轴线方位 (平行、重合、共点、共面、垂直等) 的符号与单开链结构组成的符号表示方法相同。但当运动副轴线不平行于同一平面时，记作 $\phi\ (R_1,R_2,\cdots,R_i)$；轴线互不平行时，记作 $R_1 \nparallel R_2$；轴线互不垂直时，记作 $R_1 \not\perp R_2$。

3) 动平台运动副轴线方位的符号表示与静平台相同。

图 6-1 所示的并联机器人机构结构组成的符号表示为

$$3\text{-SOC}\{-R(-P)//R\text{-}R//R-\}$$

$$\{MP\}:\ \phi\ (R_5,R_{10},R_{15})$$

$$\{FB\}:\ \phi\ (R_1,R_6,R_{11})$$

6.2　机构活动度

6.2.1　活动度公式

按照定义，并联机器人机构活动度公式为

$$F=\sum_{i=1}^{m} f_i-\xi \tag{6-2}$$

式中，F 为机构活动度；f_i 为第 i 个运动副的自由度；m 为运动副数；ξ 为机构位移方程组的独立位移方程数，即方程组的秩，确定 ξ 将涉及非线性代数方程组相关性判定这一难题。

式 (6-2) 可分两种情况进行讨论。

1) 不同基本回路的独立位移方程之间不存在相关性，活动度公式改记为

$$F=\sum_{i=1}^{m} f_i-\min\left\{\sum_{j=1}^{v}\xi_{\mathrm{L}j}\right\} \tag{6-3}$$

式中，$\xi_{\mathrm{L}j}$ 为第 j 条基本回路的独立位移方程数；min 表示取 $\sum\xi_{\mathrm{L}j}$ 为最小值的 v 条基本回路。

例如，图 6-4 所示的三回路机构，其运动副轴线方位配置为 $C_1//R_2//R_6//C_3//R_4/H_5$，$R_7//R_8$，$P_9$、$P_{10}$、$P_{11}$ 与 P_{12} 为任意配置。

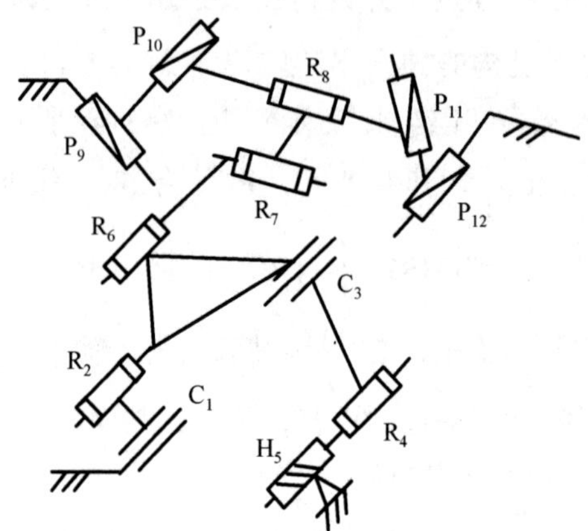

图 6-4　一种三回路空间机构

为确定该机构活动度，取满足 $\min\left\{\sum_{j=1}^{v}\xi_{\mathrm{L}j}\right\}$ 的三条基本回路：

$$\mathrm{SLC}_1\{\text{-}P_9\text{-}P_{10}\text{-}P_{11}\text{-}P_{12}\text{-}\},\ \xi_{\mathrm{L}1}=3$$

$$\mathrm{SLC}_2\{\text{-}C_1//R_2//C_3//R_4/H_5\text{-}\},\ \xi_{\mathrm{L}2}=4$$

$$\mathrm{SLC}_3\{\text{-}C_1//R_2//R_6\text{-}R_7//R_8\text{-}P_{11}\text{-}P_{12}\text{-}\},\ \xi_{\mathrm{L}3}=5$$

故有

$$F=\sum_{i=1}^{m} f_i-\min\left\{\sum_{j=1}^{v}\xi_{\mathrm{L}j}\right\}=14-(3+4+5)=2$$

2）不同基本回路的独立位移方程之间存在相关性，活动度公式改记为

$$F=\sum_{i=1}^{m} f_i-\min\left\{\sum_{j=1}^{v}\xi_{\mathrm{L}j}\right\}+\Omega \tag{6-4}$$

式中，Ω 为多回路机构的虚约束数，即机构不同基本回路的独立位移方程组之间有 Ω 个方程相关。

一般地，若已知运动副数目 m、各运动副自由度 f_i 以及各基本回路的秩 $\xi_{\mathrm{L}j}$，但由式(6-3)得到的活动度小于要求的活动度 F 时，应判定虚约束 Ω 的存在性。

6.2.2　虚约束类型及其判定

机构的虚约束可分为两类：一般虚约束和特殊虚约束。

1. 一般虚约束及其判定

由机构运动副轴线方位的特殊配置类型(轴线恒重合、恒平行、恒共点、恒共面与恒垂直及其组合)所产生的虚约束，称为一般虚约束。尺度型机构均属于此类。

例如，对于图 6-5(a)所示的三支路并联机器人机构，其结构组成为

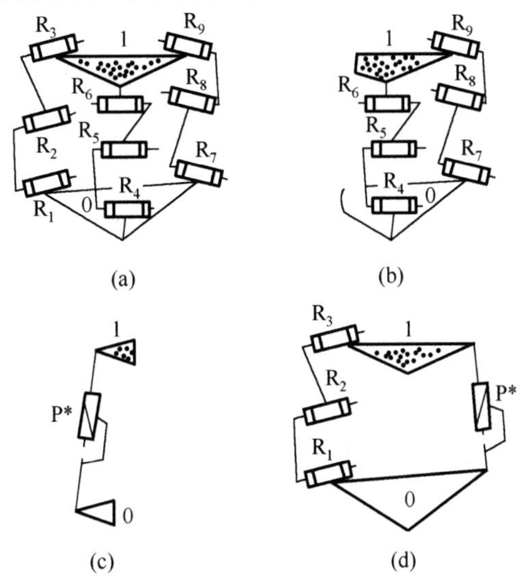

图 6-5　具有一般虚约束的三支路并联机器人机构

$$\mathrm{SOC}_1\{\text{-}R_1/\!/R_2/\!/R_3\text{-}\}、\mathrm{SOC}_2\{\text{-}R_4/\!/R_5/\!/R_6\text{-}\}、\mathrm{SOC}_3\{\text{-}R_7/\!/R_8/\!/R_9\text{-}\}$$

$$\{\mathrm{MP}\}: ▱(R_1,R_4,R_7)$$

$$\{\mathrm{FB}\}: ▱(R_3,R_6,R_9)$$

根据 5.2 节内容，容易得到基本回路 $\mathrm{SLC}\{\text{-}R_1/\!/R_2/\!/R_3\text{-}R_6/\!/R_5/\!/R_4\text{-}\}$ 的秩 $\xi_{L1}=5$，基本回路 $\mathrm{SLC}\{\text{-}R_4/\!/R_5/\!/R_6\text{-}R_9/\!/R_8/\!/R_7\text{-}\}$ 的秩 $\xi_{L2}=5$。

若两基本回路位移方程组之间不存在相关性，由式(6-3)可知

$$F=\sum_{i=1}^{m}f_i-\min\left\{\sum_{j=1}^{v}\xi_{\mathrm{L}j}\right\}=9-(5+5)=-1$$

然而，不能就此判定此机构没有活动度，还应该判定两基本回路位移方程组之间是否有相关性(虚约束)。

为判定两基本回路位移方程组之间的相关性，取图 6-5(a)所示的两支路子运动链[图 6-5(b)]，由 5.1 节可知，该两支路组成的子运动链为 Sarrus 机构，其连杆 1 只能有一个

沿平面$\varpi(R_6,R_9)$法线方向的移动，即机构的等效单开链为$SOC\{-P^*-\}$，且$P^*\perp\varpi(R_6,R_9)$，如图 6-5(c)所示。因此，原机构可视为由$SOC\{-R_1//R_2//R_3-\}$和$SOC\{-P^*-\}$组成的两支路并联机器人机构，如图 6-5(d)所示。由于$P^*\perp\varpi(R_6,R_9)$，且 R_3、R_6和 R_9平行于同一平面，故$P^*\perp R_3$。图 6-5(d)所示机构的结构组成为$SLC\{-R_1//R_2//R_3\perp P^*-\}$，该回路的秩$\xi_L=3$，活动度 $F=4-3=1$。即图 6-5(a)所示机构的实际活动度为 1。将上述结果代入式 (6-4)，得到

$$\Omega=F+(\xi_{L1}+\xi_{L2})-\sum f_i=1+(5+5)-9=2$$

这表明尽管第二基本回路的秩 ξ_{L2}为 5，但有两个位移方程与第一基本回路的位移方程组相关，即其独立位移方程数仅为 $\xi_{L2}-\Omega=5-2=3$。

图 6-5(a)所示的三支路并联机器人机构所存在的一般虚约束只取决于机构运动副轴线方位的配置类型，而与连杆的具体尺度无关。

该例表明：确定只含一般虚约束的机构真实活动度，并不一定需要先确定一般虚约束Ω，再由式(6-4)计算活动度，可用本例方法先确定活动度，再计算Ω值。

2. 特殊虚约束及其判定

由机构连杆尺度参数之间的特定函数关系所产生的虚约束，称为特殊虚约束。

例如，图 6-6(a)所示的二回路平面机构，其活动度为

$$F=\sum_{i=1}^{m}f_i-\min\left\{\sum_{j=1}^{v}\xi_{Lj}\right\}=6-2\times3=0$$

但当$l_{AB}=l_{CD}=l_{EF}$、$l_{BC}=l_{AD}$与$l_{CE}=l_{DF}$时，如图 6-6(b)所示，易知其活动度为 $F=1$。由式(6-4)可知，$\Omega=\min\left\{\sum_{j=1}^{v}\xi_{Lj}\right\}-\sum_{i=1}^{m}f_i+F=1$。这表明机构连杆尺度参数之间的特定函数关系产生了特殊虚约束 $\Omega=1$。

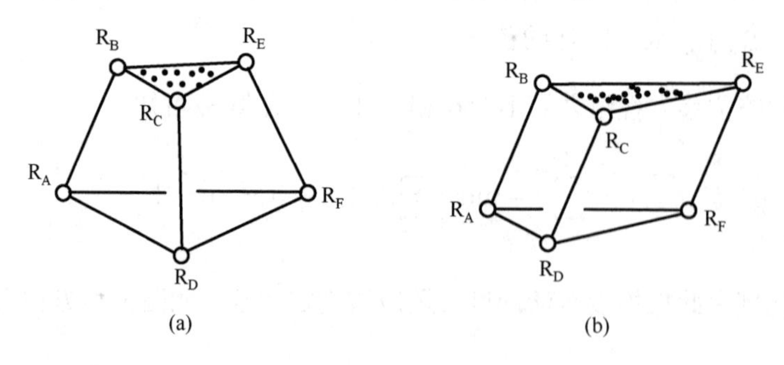

图 6-6 存在特殊虚约束的一种三支路平面并联机器人机构

由此可注意到，机构运动副轴线方位的配置类型，对单回路机器人机构可能产生一般

过约束(同一回路位移方程之间存在相关性)；对多回路机构可能产生一般虚约束(不同回路位移方程组之间存在相关性)。机构尺度参数的特定函数关系，对单回路机器人机构可能产生特殊过约束，对多回路机构可能产生特殊虚约束。

6.2.3 消极运动副及其判定

并联机器人机构消极运动副定义与单回路机器人机构的定义是一样的，即对活动度 $F>0$ 的并联机器人机构，若某运动副(或运动副某自由度)不存在相对运动，则称该运动副(或运动副某自由度)为消极运动副(或运动副消极自由度)。

类似地，参照单回路机器人机构，并联机器人机构消极运动副的判定准则为：对 $F>0$ 的并联机器人机构，若将某运动副(或运动副某自由度)刚化，得到原机构 PKM 的转化机构 $\widetilde{\mathrm{PKM}}$，若 PKM 与 $\widetilde{\mathrm{PKM}}$ 两者活动度相等($F=\tilde{F}$)，则该运动副为消极运动副(或运动副消极自由度)；否则，该运动副存在相对运动。

例如，图 6-7(a)所示的三支路球面机构，其结构组成为 $\mathrm{SOC}\left\{-\widehat{R_1R_2}-S_3-\right\}$、$\mathrm{SOC}\left\{-\widehat{R_4R_5}-S_6-\right\}$ 与 $\mathrm{SOC}\left\{-\widehat{R_7R_8}-S_9-\right\}$，且静平台上 R_1、R_4 和 R_7 轴线配置使 R_1、R_2、R_4、R_5、R_7 与 R_8 的轴线恒汇交于一点，而动平台上 S_3、S_6 和 S_9 为任意配置。为确定秩 ξ_{Lj}，应先将 S 副转化为等效转动副 R_1^S、R_2^S 与 R_3^S[如图 6-7(b)所示，由于动平台为输出连杆，绕球心连线的旋转自由度不能视为局部自由度]，求得秩 $\xi_{Lj}=6\,(j=1,2)$，进而可得该三支路并联机器人机构的活动度 $F=3$。

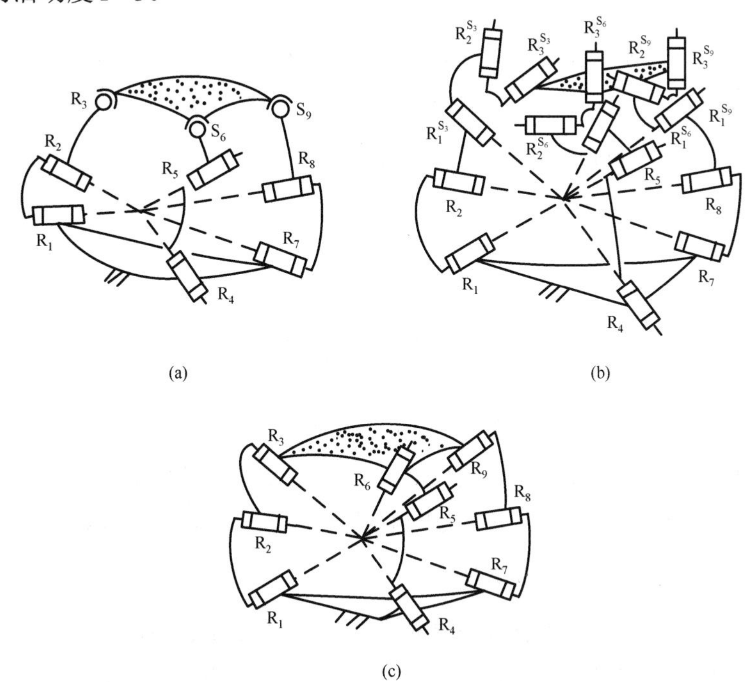

图 6-7 含运动副消极自由度的 3-SOC{$-\widehat{RR}$-S-}球面机构

为判定$R_2^{S_3}$、$R_3^{S_3}$、$R_2^{S_6}$、$R_3^{S_6}$、$R_2^{S_9}$、$R_3^{S_9}$是否为运动副的消极自由度，设想将其刚化，得到原PKM的转化球面机构$\widetilde{\text{PKM}}$[图6-7(c)]，显然，其基本回路的秩ξ_{Lj}=3，活动度F=3，即二者的活动度相等。根据消极运动副判定准则，上述6个等效转动副皆为运动副的消极自由度，这表明图6-7(a)和(c)所示的机构形式是等效的。但对于图6-7(a)所示的机构，只需6个R副恒汇交于一点，而完全由R副组成的球面机构要求9个R副恒汇交于一点。因此，机构存在消极运动副(或运动副消极自由度)并非完全无益，在本例中，其有助于补偿制造、安装误差，便于加工与装配。

6.3 并联机器人机构运动输出

6.3.1 并联机器人机构运动输出特征矩阵

1. 运动输出特征矩阵

并联机器人机构运动输出连杆(动平台)的位姿(位移输出特征矩阵 $\boldsymbol{M}_{\text{Pa}}$)是机构运动输入的函数，即

$$\boldsymbol{M}_{\text{Pa}}(\theta_1\sim\theta_F)=\begin{bmatrix} x(\theta_1\sim\theta_F) & y(\theta_1\sim\theta_F) & z(\theta_1\sim\theta_F) \\ \alpha(\theta_1\sim\theta_F) & \beta(\theta_1\sim\theta_F) & \gamma(\theta_1\sim\theta_F) \end{bmatrix} \tag{6-5}$$

相应地，并联机器人机构的速度输出特征矩阵$\dot{\boldsymbol{M}}_{\text{Pa}}$为

$$\dot{\boldsymbol{M}}_{\text{Pa}}(\dot{\theta}_1\sim\dot{\theta}_F)=\begin{bmatrix} \dot{x}(\dot{\theta}_1\sim\dot{\theta}_F) & \dot{y}(\dot{\theta}_1\sim\dot{\theta}_F) & \dot{z}(\dot{\theta}_1\sim\dot{\theta}_F) \\ \dot{\alpha}(\dot{\theta}_1\sim\dot{\theta}_F) & \dot{\beta}(\dot{\theta}_1\sim\dot{\theta}_F) & \dot{\gamma}(\dot{\theta}_1\sim\dot{\theta}_F) \end{bmatrix} \tag{6-6}$$

类似于单开链，并联机器人机构运动输出特征矩阵的矢量形式为

$$\boldsymbol{M}_{\text{Pa}}=\begin{bmatrix} t^{\xi_{\text{PaP}}} \\ r^{\xi_{\text{PaR}}} \end{bmatrix} \tag{6-7}$$

$$\dot{\boldsymbol{M}}_{\text{Pa}}=\begin{bmatrix} \dot{t}^{\xi_{\text{PaP}}} \\ \dot{r}^{\xi_{\text{PaR}}} \end{bmatrix} \tag{6-8}$$

并联机器人机构的独立运动输出数(并联机器人机构的秩)为$\xi_{\text{Pa}}=\xi_{\text{PaP}}+\xi_{\text{PaR}}$，$\xi_{\text{Pa}}\leqslant F$。$\xi_{\text{Pa}}<6$ 的并联机器人机构称为欠秩并联机器人机构。欠秩并联机器人机构运动输出特征矩阵$\boldsymbol{M}_{\text{Pa}}$的所有类型也如表4-2所示，与欠秩串联机器人机构运动输出特征矩阵相同。

2. 期望运动输出与非期望运动输出

若并联机器人机构运动输出特征矩阵$\boldsymbol{M}_{\text{Pa}}$元素的独立运动输出数为$\xi_{\text{Pa}}$，则只有$\xi_{\text{Pa}}$个独立运动输出可实现设计所期望的运动输出；而$(6-\xi_{\text{Pa}})$个非独立运动输出总伴随期望运动

输出出现。并联机器人机构拓扑结构的设计目标之一就是在实现期望运动输出的同时，非期望输出为常量。

3．运动输入–输出的控制解耦性

若式(6-5)的每个输出变量均为所有主动输入 $\theta_1 \sim \theta_F$ 的函数，称输入、输出变量之间为强耦合；若某输出变量只是部分输入变量的函数，则称输入、输出变量之间为部分控制解耦；当输入–输出变量之间存在一一对应关系时，称为完全控制解耦，如下式所示。

$$\boldsymbol{M}_{\mathrm{Pa}} = \begin{bmatrix} x(\theta_1) & y(\theta_2) & z(\theta_3) \\ \alpha(\theta_4) & \beta(\theta_5) & \gamma(\theta_6) \end{bmatrix} \tag{6-9}$$

输入、输出变量之间还可能呈现三角化或梯形化，三角化对应于完全控制解耦，梯形化对应于部分控制解耦，下式为三角化形式。

$$\boldsymbol{M}_{\mathrm{Pa}} = \begin{bmatrix} x(\theta_1) & y(\theta_1 \sim \theta_2) & z(\theta_1 \sim \theta_3) \\ \alpha(\theta_1 \sim \theta_4) & \beta(\theta_1 \sim \theta_5) & \gamma(\theta_1 \sim \theta_6) \end{bmatrix} \tag{6-10}$$

后面将讨论并联机器人机构控制解耦的存在条件。输入、输出控制解耦程度高，运动学和动力学分析简单，可显著简化机器人控制中的运动规划问题。因此，实现控制解耦也是机构拓扑结构设计的重要目标之一。

6.3.2　并联机器人机构运动输出特征方程

支路数为 N 的并联机器人机构，每一条支路的机架与输出连杆分别是并联机器人机构静、动平台的一部分。因此，动平台在 N 条支路的共同约束下运动。

若第 i 条支路的运动螺旋系为 T_{S_i} $(i=1,2,\cdots,N)$，并联机器人机构动平台相对于静平台的运动螺旋系为 T_{Pa}，由螺旋系并联定理可知

$$T_{\mathrm{Pa}} = \bigcap_{i=1}^{N} T_{\mathrm{S}_i} \tag{6-11}$$

按照定义，对应 T_{S_i} 的运动螺旋 $\boldsymbol{\$}_{\mathrm{S}_i}$ 即为第 i 条支路的速度输出特征矩阵 $\dot{\boldsymbol{M}}_{\mathrm{S}_i}$，对应 T_{Pa} 的运动螺旋 $\boldsymbol{\$}_{\mathrm{Pa}}$ 即为并联机器人机构的速度输出特征矩阵 $\dot{\boldsymbol{M}}_{\mathrm{Pa}}$，则有

$$\dot{\boldsymbol{M}}_{\mathrm{Pa}} = \bigcap_{i=1}^{N} \dot{\boldsymbol{M}}_{\mathrm{S}_i} = \bigcap_{i=1}^{N} \begin{bmatrix} \dot{x}_i & \dot{y}_i & \dot{z}_i \\ \dot{\alpha}_i & \dot{\beta}_i & \dot{\gamma}_i \end{bmatrix} \tag{6-12}$$

上式称为并联机器人机构的速度输出特征方程。

类似于前述 4.2.3 节，对于并联机器人机构运动的任一位置，$\dot{\boldsymbol{M}}_{\mathrm{Pa}}$ 的元素 $\dot{x}$（或 $\dot{\alpha}$）为零，并不表示 $\boldsymbol{M}_{\mathrm{Pa}}$ 的 x(或α)为常量。但若使 $\dot{x}$（或 $\dot{\alpha}$）为零的存在条件与机构的运动位置无关，而只与机构运动副轴线方位的特殊配置类型(恒重合、恒平行、恒共点、恒共面、恒垂直以

及它们的组合，即机构尺度型）有关，则在并联机器人机构运动过程中，$\dot{x}$（或$\dot{\alpha}$）恒为零对应于x（或α）为常量。也就是说，在运动副轴线方位特定配置条件下，并联机器人机构$\dot{\boldsymbol{M}}_{\text{Pa}}$与$\boldsymbol{M}_{\text{Pa}}$具有对应相关性。因此，相关性对应原理同样适合于并联机器人机构。相应地，并联机器人机构的位移输出特征方程记为

$$\boldsymbol{M}_{\text{Pa}}=\begin{bmatrix} x & y & z \\ \alpha & \beta & \gamma \end{bmatrix}=\bigcap_{i=1}^{N}\boldsymbol{M}_{\text{S}_i}=\bigcap_{i=1}^{N}\begin{bmatrix} x_i & y_i & z_i \\ \alpha_i & \beta_i & \gamma_i \end{bmatrix} \tag{6-13}$$

应该注意到，该式仅用于确定尺度型并联机器人机构的独立输出、非独立输出以及非独立输出是否为常量，其存在条件仅考虑运动副轴线方位的特殊配置类型。

并联机器人机构位移输出特征方程的矢量形式为

$$\begin{bmatrix} t^{\xi_{\text{PaP}}} \\ r^{\xi_{\text{PaR}}} \end{bmatrix}_{\text{Pa}}=\bigcap_{i=1}^{N}\begin{bmatrix} t^{\xi_{\text{SP}_i}} \\ r^{\xi_{\text{SR}_i}} \end{bmatrix} \quad \xi_{\text{PaP}},\xi_{\text{PaR}}=0,1,2\text{或}3 \tag{6-14}$$

式(6-14)交运算规则的基本类型如下。

1) $\left[r^1(//\text{R})\right]_{\text{S}_i}\cap\left[r^3\right]_{\text{S}_j}=\left[r^1(//\text{R})\right]_{\text{Pa}}$

$\left[t^1(//\text{P})\right]_{\text{S}_i}\cap\left[t^3\right]_{\text{S}_j}=\left[t^1(//\text{P})\right]_{\text{Pa}}$

2) $\left[r^2(//\diamond(\text{R}_1,\text{R}_2))\right]_{\text{S}_i}\cap\left[r^3\right]_{\text{S}_j}=\left[r^2(//\diamond(\text{R}_1,\text{R}_2))\right]_{\text{Pa}}$

$\left[t^2(//\diamond(\text{P}_1,\text{P}_2))\right]_{\text{S}_i}\cap\left[t^3\right]_{\text{S}_j}=\left[t^2(//\diamond(\text{P}_1,\text{P}_2))\right]_{\text{Pa}}$

3) $\left[r^3\right]_{\text{S}_i}\cap\left[r^3\right]_{\text{S}_j}=\left[r^3\right]_{\text{Pa}}$

$\left[t^3\right]_{\text{S}_i}\cap\left[t^3\right]_{\text{S}_j}=\left[t^3\right]_{\text{Pa}}$

4) $\left[r^1(//\text{R}_i)\right]_{\text{S}_i}\cap\left[r^1(//\text{R}_j)\right]_{\text{S}_j}=\begin{cases}\left[r^1(//\text{R}_i)\right]_{\text{Pa}}, & \text{R}_i//\text{R}_j \\ \left[r^0\right]_{\text{Pa}}, & \text{R}_i\nparallel\text{R}_j\end{cases}$

$\left[t^1(//\text{P}_i)\right]_{\text{S}_i}\cap\left[t^1(//\text{P}_j)\right]_{\text{S}_j}=\begin{cases}\left[t^1(//\text{P}_i)\right]_{\text{Pa}}, & \text{P}_i//\text{P}_j \\ \left[t^0\right]_{\text{Pa}}, & \text{P}_i\nparallel\text{P}_j\end{cases}$

5) $\left[r^1(//\text{R}_i)\right]_{\text{S}_i}\cap\left[r^2(//\diamond(\text{R}_1,\text{R}_2))\right]_{\text{S}_j}=\begin{cases}\left[r^1(//\text{R}_i)\right]_{\text{Pa}}, & \text{R}_i//\diamond(\text{R}_1,\text{R}_2) \\ \left[r^0\right]_{\text{Pa}}, & \text{R}_i\nparallel\diamond(\text{R}_1,\text{R}_2)\end{cases}$

$\left[t^1(//\text{P}_i)\right]_{\text{S}_i}\cap\left[t^2(//\diamond(\text{P}_1,\text{P}_2))\right]_{\text{S}_j}=\begin{cases}\left[t^1(//\text{P}_i)\right]_{\text{Pa}}, & \text{P}_i//\diamond(\text{P}_1,\text{P}_2) \\ \left[t^0\right]_{\text{Pa}}, & \text{P}_i\nparallel\diamond(\text{P}_1,\text{P}_2)\end{cases}$

6) $\left[r^2(//\diamond(\mathrm{R}_1,\mathrm{R}_2))\right]_{\mathrm{S}_i}\cap\left[r^2(//\diamond(\mathrm{R}_3,\mathrm{R}_4))\right]_{\mathrm{S}_j}=\begin{cases}\left[r^2(//\diamond(\mathrm{R}_1,\mathrm{R}_2))\right]_{\mathrm{Pa}}, & \diamond(\mathrm{R}_1,\mathrm{R}_2)//\diamond(\mathrm{R}_3,\mathrm{R}_4)\\ \left[r^1(//(\diamond(\mathrm{R}_1,\mathrm{R}_2)\cap\diamond(\mathrm{R}_3,\mathrm{R}_4)))\right]_{\mathrm{Pa}}, & \diamond(\mathrm{R}_1,\mathrm{R}_2)\nparallel\diamond(\mathrm{R}_3,\mathrm{R}_4)\end{cases}$

$$\left[t^2(//\diamond(\mathrm{P}_1,\mathrm{P}_2))\right]_{\mathrm{S}_i}\cap\left[t^2(//\diamond(\mathrm{P}_3,\mathrm{P}_4))\right]_{\mathrm{S}_j}=\begin{cases}\left[t^2(//\diamond(\mathrm{P}_1,\mathrm{P}_2))\right]_{\mathrm{Pa}}, & \diamond(\mathrm{P}_1,\mathrm{P}_2)//\diamond(\mathrm{P}_3,\mathrm{P}_4)\\ \left[t^1(//(\diamond(\mathrm{P}_1,\mathrm{P}_2)\cap\diamond(\mathrm{P}_3,\mathrm{P}_4)))\right]_{\mathrm{Pa}}, & \diamond(\mathrm{P}_1,\mathrm{P}_2)\nparallel\diamond(\mathrm{P}_3,\mathrm{P}_4)\end{cases}$$

交运算具有如下用途：

1) 已知支路结构类型及其在两平台之间的配置方位，确定并联机器人机构运动输出特征矩阵。

2) 已知并联机器人机构运动输出特征矩阵与支路结构类型，确定支路在两平台之间的配置方位。

根据式(6-13)，并联机器人机构运动输出特征矩阵具有如下特性：

1) 相应于运动输出特征矩阵 $\boldsymbol{M}_{\mathrm{Pa}}$ 的某一独立运动输出元素，式(6-13)的 N 条支路的 $\boldsymbol{M}_{\mathrm{S}_i}$ 相同位置的 N 个元素，皆为独立运动输出元素。

2) 并联机器人机构的运动输出特征矩阵 $\boldsymbol{M}_{\mathrm{Pa}}$ 的秩 ξ_{Pa} 与各支路的秩 ξ_{S_i} 满足如下关系。

$$\xi_{\mathrm{Pa}}\leqslant\min\left\{\xi_{\mathrm{S}_i}\right\}$$

式中，$\min\left\{\xi_{\mathrm{S}_i}\right\}$ 为支路秩 ξ_{S_i} $(i=1,2,\cdots,N)$ 的最小者。

并联机器人机构各支路的运动输出特征矩阵必包含并联机器人机构运动输出特征矩阵的各期望输出元素，即

$$\boldsymbol{M}_{\mathrm{S}_i}\supseteq\boldsymbol{M}_{\mathrm{Pa}},\qquad i=1,2,\cdots,N\tag{6-15}$$

6.3.3 运动输出特征矩阵的确定

已知并联机器人机构各支路结构组成、运动副轴线在动、静平台的配置方位，由运动输出特征方程(6-14)确定运动输出特征矩阵 $\boldsymbol{M}_{\mathrm{Pa}}$ 的主要步骤如下。

步骤 1 确定机构活动度 F。

步骤 2 判定并删除消极运动副或运动副消极自由度。

步骤 3 建立动、静平台的坐标系。

步骤 4 确定各支路运动输出特征矩阵 $\boldsymbol{M}_{\mathrm{S}_i}$。

步骤 5 确定并联机器人机构运动输出特征矩阵 $\boldsymbol{M}_{\mathrm{Pa}}$。

步骤 6 确定并联机器人机构运动输出特征矩阵的独立运动输出元素。

例 6-1 确定图 6-8 所示的并联机器人机构的运动输出特征矩阵 $\boldsymbol{M}_{\mathrm{Pa}}$。

解：该机构结构组成为

$SOC_1\{-R_1//R_2//C_3\}$，$SOC_2\{-R_4//R_5//C_6-\}$

$\{MP\}:R_1 \# R_4$

$\{FB\}:C_3 \# C_6$

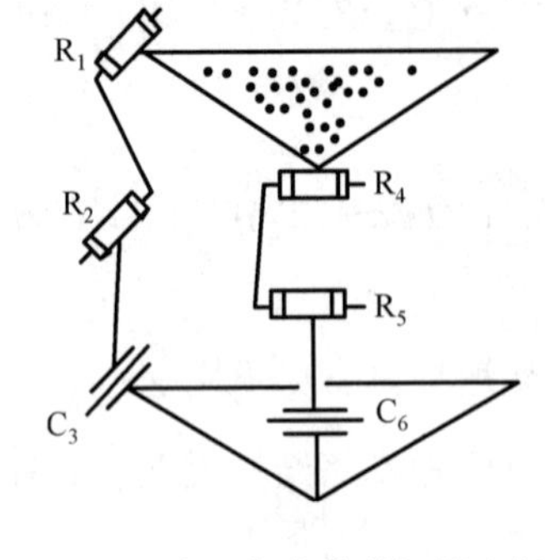

图 6-8　一种二支路并联机器人机构

步骤 1 活动度为

$$F=\sum_{i=1}^{m} f_i - \min\left\{\sum_{j=1}^{v} \xi_{Lj}\right\} = 8-5=3$$

步骤 2 由消极运动副判定准则可知，该机构不含消极运动副。

步骤 3 建立动、静平台的坐标系，略。

步骤 4 各支路运动输出特征矩阵为

$$\boldsymbol{M}_{S_1}=\begin{bmatrix} t^3 \\ r^1(//R_1) \end{bmatrix}, \qquad \boldsymbol{M}_{S_2}=\begin{bmatrix} t^3 \\ r^1(//R_4) \end{bmatrix}$$

步骤 5 并联机器人机构运动输出特征矩阵 $\boldsymbol{M}_{pa}$ 为

$$\boldsymbol{M}_{Pa}=\boldsymbol{M}_{S_1} \cap \boldsymbol{M}_{S_2}=\begin{bmatrix} t^3 \\ r^1(//R_1) \end{bmatrix} \cap \begin{bmatrix} t^3 \\ r^1(//R_4) \end{bmatrix}=\begin{bmatrix} t^3 \\ r^0 \end{bmatrix}$$

步骤 6 因机构活动度 F=3，故该机构有三个独立平移输出。

例 6-2　确定图 6-9 所示的并联机器人机构的运动输出特征矩阵 $\boldsymbol{M}_{Pa}$。

解：该机构结构组成为

$SOC_1\{-R_1(\perp P_2)//R_3-R_4//R_5-\}$

$SOC_1\{-R_6(\perp P_7)//R_8-R_9//R_{10}-\}$，

$SOC_1\{-R_{11}(\perp P_{12})//R_{13}-R_{14}//R_{15}-\}$

{MP}、{FB}考虑支路两端运动副轴线在动、静平台的多种配置方位。

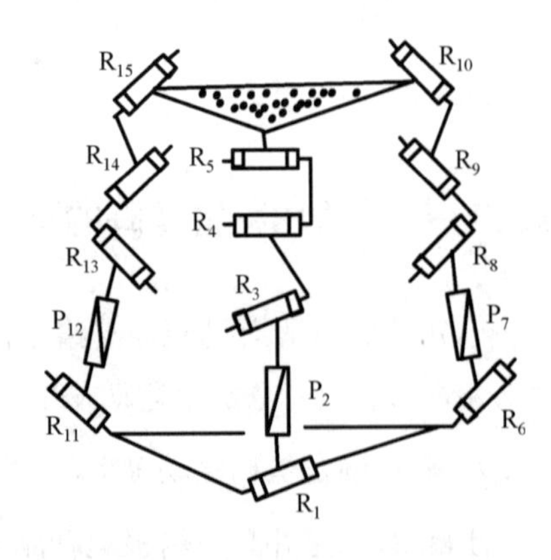

图 6-9　一种三支路并联机器人机构

步骤 1 机构活动度与动、静平台的配置方位有关。

1) 当 $R_1//R_6//R_{11}$，且 $R_5//R_{10}//R_{15}$ 时，F=5。

2) 当 $R_6//R_{11}$，$R_{10}//R_{15}$，且 $\lozenge(R_3,R_4) \# \lozenge(R_8,R_9)$ 时，F=4。

3) 当 $\lozenge(R_3,R_4)$、$\lozenge(R_8,R_9)$ 与 $\lozenge(R_{13},R_{14})$ 中任两个平面交线不平行于另一个平面时，F=3。

步骤 2 由消极运动副判定准则，易知该机构不含消极运动副。

步骤 3 建立动、静平台坐标系，略。

步骤 4 各支路运动输出特征矩阵为

$$\boldsymbol{M}_{\mathrm{S}_1}=\begin{bmatrix} t^3 \\ r^2(//\square(\mathrm{R}_3,\mathrm{R}_4)) \end{bmatrix} \quad \boldsymbol{M}_{\mathrm{S}_2}=\begin{bmatrix} t^3 \\ r^2(//\square(\mathrm{R}_8,\mathrm{R}_9)) \end{bmatrix} \quad \boldsymbol{M}_{\mathrm{S}_3}=\begin{bmatrix} t^3 \\ r^2(//\square(\mathrm{R}_{13},\mathrm{R}_{14})) \end{bmatrix}$$

步骤 5 并联机器人机构运动输出特征矩阵 $\boldsymbol{M}_{\mathrm{pa}}$ 为

$$\boldsymbol{M}_{\mathrm{Pa}}=\begin{bmatrix} t^3 \\ r^2(//\square(\mathrm{R}_3,\mathrm{R}_4)) \end{bmatrix} \cap \begin{bmatrix} t^3 \\ r^2(//\square(\mathrm{R}_8,\mathrm{R}_9)) \end{bmatrix} \cap \begin{bmatrix} t^3 \\ r^2(//\square(\mathrm{R}_{13},\mathrm{R}_{14})) \end{bmatrix}$$

$$=\begin{cases} \begin{bmatrix} t^3 \\ r^2(//\square(\mathrm{R}_3,\mathrm{R}_4)) \end{bmatrix}, \text{若}\mathrm{R}_1//\mathrm{R}_6//\mathrm{R}_{11}, \text{且}\mathrm{R}_5//\mathrm{R}_{10}//\mathrm{R}_{15} \\ \begin{bmatrix} t^3 \\ r^1\{(//\square(\mathrm{R}_3,\mathrm{R}_4)\cap\square(\mathrm{R}_8,\mathrm{R}_9))\} \end{bmatrix}, \text{若}\mathrm{R}_6//\mathrm{R}_{11}\text{、}\mathrm{R}_{10}//\mathrm{R}_{15}, \text{且}\square(\mathrm{R}_3,\mathrm{R}_4)\nparallel\square(\mathrm{R}_8,\mathrm{R}_9) \\ \begin{bmatrix} t^3 \\ r^0 \end{bmatrix}, \text{若}\square(\mathrm{R}_3,\mathrm{R}_4)\text{、}\square(\mathrm{R}_8,\mathrm{R}_9)\text{与}\square(\mathrm{R}_{13},\mathrm{R}_{14})\text{中任两个平面的交线不平行于另一个平面} \end{cases}$$

步骤 6 因动、静平台运动副轴线的三种配置方式的活动度分别为 F=5, 4, 3，相应运动输出特征矩阵的独立运动输出分别为 t^3 与 $r^2(//\square(\mathrm{R}_3,\mathrm{R}_4))$，$t^3$ 与 $r^1\{//(\square(\mathrm{R}_3,\mathrm{R}_4)\cap\square(\mathrm{R}_8,\mathrm{R}_9))\}$，$t^3$ 与 r^0。

例 6-3　确定图 6-10 所示的二支路 6R 球面机构的运动输出特征矩阵 $\boldsymbol{M}_{\mathrm{Pa}}$。

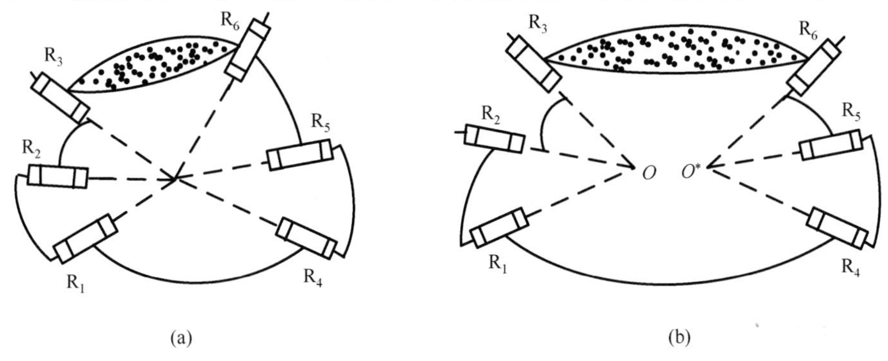

图 6-10　二支路 6R 球面机构

解： 该机构结构组成为

$\mathrm{SOC}_1\{\text{-}\widehat{\mathrm{R}_1\mathrm{R}_2\mathrm{R}_3}\text{-}\}$、$\mathrm{SOC}_2\{\text{-}\widehat{\mathrm{R}_4\mathrm{R}_5\mathrm{R}_6}\text{-}\}$

{MP}、{FB}考虑支路两端运动副轴线在动、静平台的两种配置方式。

1) 两支路的 6 个 R 副轴线交于同一点[图 6-10(a)]。

2) 每一支路的 3 个 R 副轴线分别交于 O 点和 O^*点[图 6-10(b)]。

步骤 1 对于图 6-10(a)所示的机构，活动度 F=3；对于图 6-10(b)所示的机构，活动度 F=1。

步骤 2 由消极运动副判定准则，该机构不含消极运动副。

步骤 3 建立动、静平台坐标系，略。

步骤 4 支路运动输出特征矩阵为

$$\boldsymbol{M}_{S_1}=\begin{bmatrix} t^0 \\ r^3 \end{bmatrix}$$

对于图 6-10(a)所示的机构，有

$$\boldsymbol{M}_{S_2}=\begin{bmatrix} t^0 \\ r^3 \end{bmatrix}$$

对于图 6-10(b)所示的机构，有

$$\boldsymbol{M}_{S_2}=\begin{bmatrix} \{t^2\} \\ r^3 \end{bmatrix}$$

步骤 5 并联机器人机构运动输出特征矩阵。

对于图 6-10(a)所示的机构，考虑到活动度 F=3，可有三个独立输出，即

$$\boldsymbol{M}_{pa}=\begin{bmatrix} t^0 \\ r^3 \end{bmatrix}\cap\begin{bmatrix} t^0 \\ r^3 \end{bmatrix}=\begin{bmatrix} t^0 \\ r^3 \end{bmatrix}$$

对于图 6-10(b)所示的机构，考虑到活动度 F=1，只能有一个独立输出，即

$$\boldsymbol{M}_{pa}=\begin{bmatrix} t^0 \\ r^3 \end{bmatrix}\cap\begin{bmatrix} \{t^2\} \\ r^3 \end{bmatrix}=\begin{bmatrix} t^0 \\ r^1+\{r^2\} \end{bmatrix}$$

步骤 6 对于图 6-10(a)所示的机构，因活动度 F=3，故三个转动输出皆为独立输出；对图 6-10(b)所示的机构，F=1，三个转动输出中只有一个独立输出。

6.3.4 支路运动副在静平台的配置

如果将主动副放在运动杆件上，驱动电机及传动系统会增加机械系统的惯量，削弱系统的动态性能。因此，在并联机器人拓扑结构设计中经常将主动副放在静平台，以改善系统的控制性能。对于前述图 6-8 所示的二支路并联机器人，它有三个自由度，但是静平台只有两个运动副，故三个主动副不可能均位于静平台。

若以 HSOC$\{\text{-P}^{(5\text{R-C})}\text{-P}^{(5\text{R-C})}\text{-R//R-}\}$(混合单开链支路)代替其中一条支路，如图 6-11 所示，这样虽然动静平台之间的支路数仍为 2，但静平台有三个运动副，这为三个主动副位于静平台创造了条件。

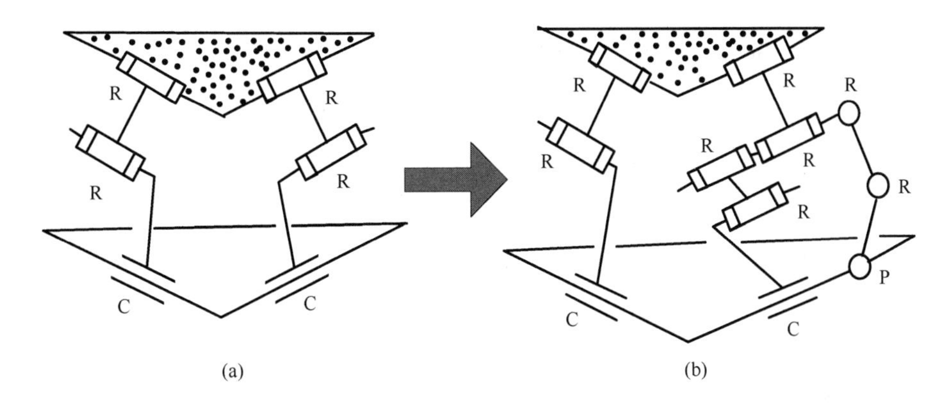

图 6-11　支路结构的转换

6.4　多回路机构耦合度

6.4.1　多回路机构结构组成

一般而言，并联机器人机构除了单回路外都属于多回路机构，为揭示多回路机构运动学及动力学与机构拓扑结构之间的内在联系，这里给出多回路机构结构组成的另一种表述。

任一基本回路数为 v 的多回路机构可视为由 v 个运动链依次连接而成：第一个运动链为单闭链，其两端封闭构成第一基本回路；其余 $v-1$ 个运动链为单开链，第一个单开链连接在第一基本回路上，与第一基本回路的支路构成第二基本回路；……；第 j 个单开链连接在已有 j 个基本回路的运动链上，构成第 $j+1$ 个基本回路；以此类推，直到构成第 v 个基本回路。记作

$$\mathrm{KC}[F,v,k]=\mathrm{SLC}_1(\Delta_1)+\sum_{j=2}^{v}\mathrm{SOC}_j(\Delta_j) \tag{6-16}$$

式中，$\mathrm{KC}[F,v,k]$ 为多回路机构，其活动度为 F，基本回路数为 v，多回路之间耦合度为 k；Δ_j 为第 j 个运动链对机构的约束度。

例如，对图 6-12(a)所示的三回路机构，运动链 $\mathrm{SLC}\{\text{-}R_1(\perp P_2)//R_3(\perp P_4)//R_5\text{-}\}$ 构成第一基本回路；运动链 $\mathrm{SOC}\{\text{-}R_6\perp R_7\text{-}S_8\text{-}P_9\text{-}S_{10}\text{-}\}$ 连接在第一基本回路上构成第二基本回路，运动链 $\mathrm{SOC}\{\text{-}S_{11}\text{-}P_{12}\text{-}S_{13}\text{-}\}$ 连接在前面两条基本回路的运动链上，构成第三基本回路。

6.4.2　运动链约束度与机构耦合度

1. 运动链约束度 Δ_j

由前述可知，基本回路数为 v 的多回路机构可视为由一个 SLC 与 $v-1$ 个 SOC 依次连

接而成，则第 j 个运动链对机构的约束度 Δ_j 定义为

$$\Delta_j=\sum_{i=1}^{m_j} f_i - I_j - \xi_{\mathrm{L}j}=\begin{cases}\Delta_j^- & \text{（负值）}\\ \Delta_j^0 & \text{（零）}\\ \Delta_j^+ & \text{（正值）}\end{cases} \tag{6-17}$$

式中，m_j 为第 j 个运动链的运动副数；f_i 为第 i 个运动副的自由度数；I_j 为第 j 个运动链的主动副数；$\xi_{\mathrm{L}j}$ 为第 j 个运动链构成的所有可能回路中独立位移方程数的最小值。

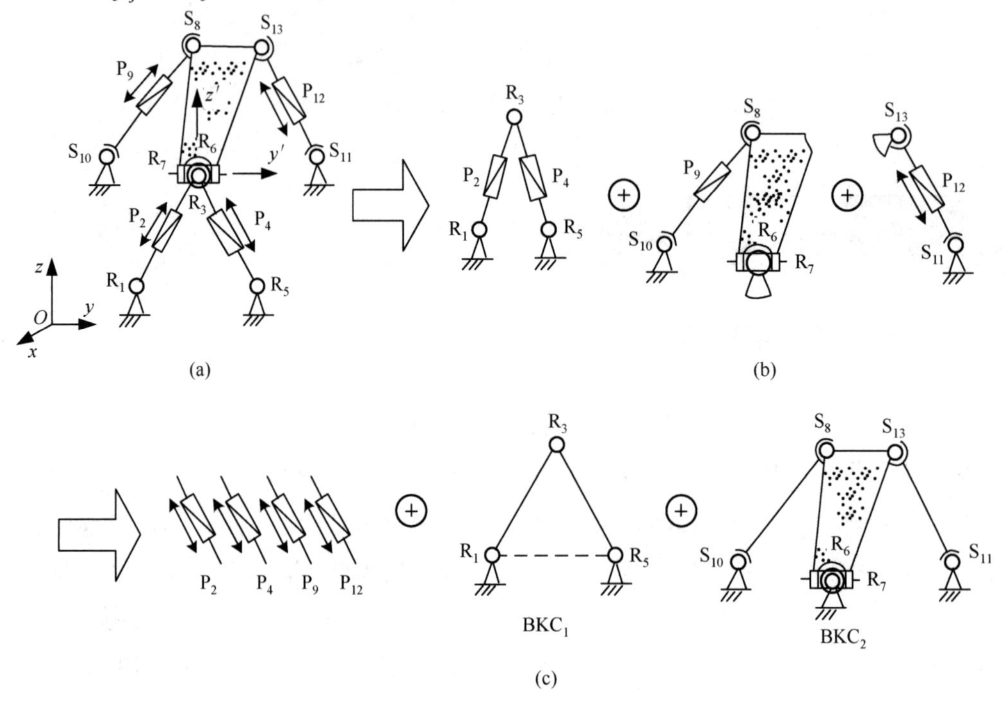

图 6-12　一种三回路机构的分解

由运动链约束度的定义，有

$$\sum_{j=1}^{v}\Delta_j=0 \tag{6-18}$$

对式(6-18)的证明如下。

由 Δ_j 定义以及机构活动度公式，并考虑到 $\xi_{\mathrm{L}j}$ 为第 j 个运动链构成的所有可能回路中的最小值，则有

$$\begin{aligned}\sum_{j=1}^{v}\Delta_j&=\sum_{j=1}^{v}\left\{\sum_{i=1}^{m_j} f_i - I_j - \xi_{\mathrm{L}j}\right\}=\sum_{i=1}^{m} f_i-\sum_{j=1}^{v} I_j-\sum_{j=1}^{v}\xi_{\mathrm{L}j}\\&=\sum_{i=1}^{m} f_i-\sum_{j=1}^{v}\xi_{\mathrm{L}j}-F\end{aligned}$$

$$=\sum_{i=1}^{m} f_i - \min\sum_{j=1}^{v}\xi_{\mathrm{L}j} - F$$
$$=0$$

运动链约束度的物理意义如下：

1) 约束度为负值 $\varDelta_j^-$，该运动链对机构施加 $|\varDelta_j^-|$ 个约束，使机构活动度减少 $|\varDelta_j^-|$。

2) 约束度为零 $\varDelta_j^0$，该运动链不影响机构活动度。

3) 约束度为正值 $\varDelta_j^+$，该运动链使机构活动度增加 $\varDelta_j^+$。

2. 机构耦合度

对于多回路机构，其耦合度定义为

$$k=\frac{1}{2}\min\left\{\sum_{j=1}^{v}\left|\varDelta_j\right|\right\} \tag{6-19}$$

式中，$\min\{\cdot\}$ 表示将多回路机构分解为 v 个运动链，可能有多种方案，取最小值。

机构耦合度算法如下：

对于已确定主动副的活动度为 F 的多回路机构 KC[F,v,k]，在其所有回路中，取相应第一个 SLC 约束度(非负)最小者为第一基本回路，得到第一个 SLC 及其 $\varDelta_1$；在所有可能构成第二基本回路的 SOC 中，取约束度绝对值最小者为第一个 SOC，并得到 $\varDelta_2$；……；在所有可能构成第 j 条基本回路的 SOC 中，取其约束度绝对值最小值为第 j–1 个 SOC，并得到 $\varDelta_j$；以此类推，直到第 v–1 个 SOC 及 $\varDelta_v$。则有

$$k=\frac{1}{2}\min\left\{\sum_{j=1}^{v}\left|\Delta_j\right|\right\} \tag{6-20}$$

例 6-4　按照耦合度 k 算法，求图 6-9(动静平台配置的第三种情况)所示机构的耦合度。

解：此机构 v=2，P_2、P_7、P_{12} 为主动副，其结构分解为

$$\mathrm{SLC}_1\left\{\text{-}\mathrm{R}_1(\perp \mathrm{P}_2)//\mathrm{R}_3\text{-}\mathrm{R}_4//\mathrm{R}_5\text{-}\mathrm{R}_{10}//\mathrm{R}_9\text{-}\mathrm{R}_8(\perp \mathrm{P}_7)//\mathrm{R}_6\text{-}\right\}$$

$$\varDelta_1=\sum_{i=1}^{m_1} f_i - I_1 - \xi_{\mathrm{L}1} = 10-2-6=2$$

$$\mathrm{SOC}_2\left\{\text{-}\mathrm{R}_{11}(\perp \mathrm{P}_{12})//\mathrm{R}_{13}\text{-}\mathrm{R}_{14}//\mathrm{R}_{15}\text{-}\right\}$$

$$\varDelta_2=\sum_{i=1}^{m_2} f_i - I_2 - \xi_{\mathrm{L}2} = 5-1-6=-2$$

该机构耦合度为 $k=\dfrac{1}{2}\left\{2+\left|-2\right|\right\}=2$。

例 6-5　按照耦合度 k 算法，求图 6-13(a)所示球面机构的耦合度。

解：此机构 v=2，R_1、R_6、R_7 为主动副，其结构分解为

$$\mathrm{SLC}_1\{\text{-}\widehat{R_1R_2R_3R_4R_5R_6}\text{-}\},\quad \Delta_1=\sum_{i=1}^{m_1}f_i-I_1-\xi_{L1}=6-2-3=1$$

$$\mathrm{SOC}_2\{\text{-}\widehat{R_7R_8R_9}\text{-}\},\quad \Delta_2=\sum_{i=1}^{m_2}f_i-I_2-\xi_{L2}=3-1-3=-1$$

该机构耦合度为 $k=\dfrac{1}{2}\{1+|-1|\}=1$ 。

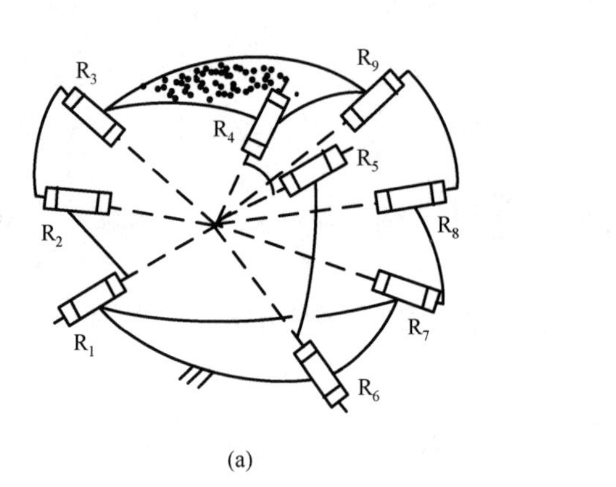

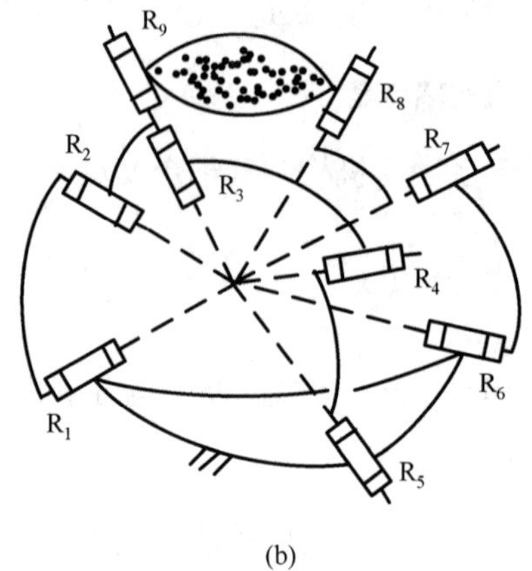

图 6-13　两种 v=2 的球面机构

例 6-6　按照耦合度 k 算法，求图 6-13(b)所示球面机构的耦合度。

解：此机构 v=2，R_1、R_5、R_6 为主动副，其结构分解为

$$\mathrm{SLC}_1\{\text{-}\widehat{R_1R_2R_3R_4R_5}\text{-}\},\quad \Delta_1=\sum_{i=1}^{m_1}f_i-I_1-\xi_{L1}=5-2-3=0$$

$$\mathrm{SOC}_2\{\text{-}\widehat{R_6R_7R_8R_9}\text{-}\},\quad \Delta_2=\sum_{i=1}^{m_2}f_i-I_2-\xi_{L2}=4-1-3=0$$

该机构的耦合度 k=0。

耦合度 k 的物理意义：当 k=0 时，各回路运动学与动力学分析可依次单独求解；当 k>0 时，运动学与动力学分析需多条回路联立求解，k 为联立方程组进行搜索求解的最低维数。故耦合度 k 表征了多回路机构运动学与动力学问题复杂性。对 k=1 的多回路机构，用一维搜索可得到位置问题全部实数解。

6.4.3　基本运动链及其判定

1. 多回路机构的基本运动链构成

任意一个多回路机构可视为由 F 个自由度为 1 的主动副($J_d[F]$)与若干个基本运动链

(BKC)组成，可记为

$$\mathrm{KC}\left[F,v,k\right]=J_d\left[F\right]+\sum_i \mathrm{BKC}_i[0,v_i,k_i] \tag{6-21}$$

基本运动链 $\mathrm{BKC}_i(0,v_i,k_i)$ 是活动度为 0 的最小闭链单元，其中 v_i 为 BCK_i 的回路数，k_i 为 BKC_i 的耦合度。

2. 基本运动链判定准则

按照机构耦合度算法，机构被依次分解为 1 个 SLC 和 v–1 个 SOC，计算其约束度 Δ_i，并且自 Δ_1 开始，将 $\Delta_1, \cdots, \Delta_v$ 划分成若干部分，即

$$\Delta_1,\cdots,\Delta_{S_1} \;\Big|\; \Delta_{S_1+1},\cdots,\Delta_{S_2} \;\Big|\; ,\cdots, \;\Big|\; \Delta_{S_r+1},\cdots,\Delta_v$$

并有

$$\sum_{j=1}^{S_1}\Delta_j=0 \;\Big|\; \sum_{j=S_1+1}^{S_2}\Delta_j=0 \;\Big|\; ,\cdots, \;\Big|\; \sum_{j=S_r+1}^{v}\Delta_j=0$$

这里，每一划分均为最小划分(不能进一步划分为更小部分，且每一小部分均满足 $\sum\Delta_j=0$)，则每一划分相应于一个 BKC。

按照上述基本运动链划分方法，图 6-12(a)所示 v=3 的多回路并联机器人机构可分解为

$\mathrm{SLC}_1\{\text{-}\mathrm{R}_1(\perp\mathrm{P}_2)//\mathrm{R}_3(\perp\mathrm{P}_4)//\mathrm{R}_5\text{-}\}$，$\Delta_1=\sum_{i=1}^{5}f_i-I_1-\xi_{\mathrm{L}1}=5-2-3=0$

$$\sum_{j=1}^{1}\Delta_j=0\Rightarrow \mathrm{BKC}_1[0,1,0]$$

$\mathrm{SOC}_2\{\text{-}\mathrm{R}_6\perp\mathrm{R}_7\text{-}\mathrm{S}_8\text{-}\mathrm{P}_9\text{-}\mathrm{S}_{10}\text{-}\}$，$\Delta_2=\sum_{i=1}^{5}f_i-I_2-\xi_{\mathrm{L}2}=8-1-6=1$(省略了局部自由度)

$\mathrm{SOC}_3\{\text{-}\mathrm{S}_{11}\text{-}\mathrm{P}_{12}\text{-}\mathrm{S}_{13}\text{-}\}$，$\Delta_3=\sum_{i=1}^{3}f_i-I_3-\xi_{\mathrm{L}3}=6-1-6=-1$(省略了局部自由度)

$$\sum_{j=2}^{3}\Delta_j=0\Rightarrow \mathrm{BKC}_2[0,2,1]$$

由 BKC 判定准则，去除主动副的多回路机构被分为两部分，各相应于一个 BKC，其中 BKC_1 的 k_1=0，BKC_2 的 $k_2=\frac{1}{2}\{1+|-1|\}=1$。由于主动副被去掉，$\mathrm{SLC}_1$ 变成了一个单回路平面基本运动链 $\mathrm{SLC}_1\{\text{-}\mathrm{R}_1//\mathrm{R}_3//\mathrm{R}_5\text{-}\}$，而 $\mathrm{SOC}_2\{\text{-}\mathrm{R}_6\text{-}\mathrm{R}_7\text{-}\mathrm{S}_8\text{-}\mathrm{S}_{10}\text{-}\}$ 与 $\mathrm{SOC}_3\{\text{-}\mathrm{S}_{11}\text{-}\mathrm{S}_{13}\text{-}\}$ 共同构成另一个基本运动链，如图 6-12(c)所示。

3. 基本运动链的重要性质

1)基本回路数为 v 且只由 R 副组成的 BKC 类型只存在有限种。例如，v=1～4，只由 R

副组成的平面 BKC 有 33 种。其中，v=1 有 1 种；v=2 有 1 种；v=3 有 3 种；v=4 有 28 种。但实用平面机构只有 v=1～3 的 5 种 BKC，如表 6-2 所示。

2）每一种 BKC 的运动学正解（包括复数解）数目 N_{BKC} 是一不变量，v=1～3 的平面 BKC 的 N_{BKC} 如表 6-2 所示。因此，任一多回路机构的运动学、动力学分析问题均可以转化为所包含 BKC 的运动学、动力学分析问题，且有

$$N_{\mathrm{KC}}=\prod_{i=1}^{n}N_{\mathrm{BKC}_i} \tag{6-22}$$

式中，N_{KC} 为多回路机构运动学正解数目；N_{BKC_i} 为所包含的第 i 个 BKC 的运动学正解数目。

表 6-2　v=1～3 的平面 BKC 类型及特性

v	1	2	3		
简图	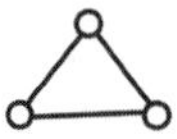	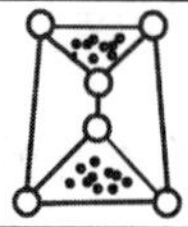	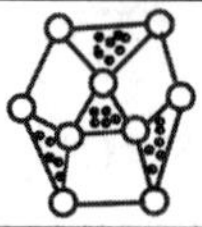	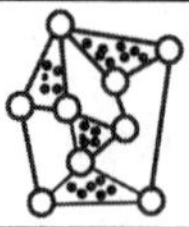	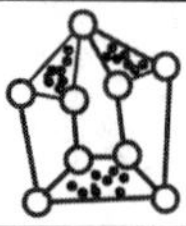
k	0	1	1	1	1
N_{BKC}	2	6	14	16	18

3）并联机器人机构的混合单开链（HSOC）支路中包含 BKC，有利于实现并联机器人机构控制解耦。

6.5 活动度类型与控制解耦原理

6.5.1 活动度类型及判定

1. 活动度类型

1）完全活动度：当机构任一从动连杆相对于机架的位姿是所有主动输入的函数时（从动件位姿依靠所有主动输入才能确定），该机构具有完全活动度。

2）部分活动度：当机构的部分从动连杆相对于机架的位姿只是部分主动输入的函数时，该机构具有部分活动度。

3）可分离活动度：当机构可以分割为两个或多个独立的运动子链，且每个子链的从动连杆相对于机架的位姿只是该子链内主动输入的函数时，该机构具有可分离活动度。

2. 活动度类型判定准则

机构活动度类型主要取决于机构的拓扑结构、主动副位置以及机架连杆的选择。对活

动度 $F \geqslant 2$ 且包含若干个基本运动链的机构，活动度类型判定准则如下：

1) 当 F 个主动副位于同一个 BKC 的诸支路中时，机构具有完全活动度。

2) 当 F 个主动副位于不同 BKC 的支路中时，机构具有部分活动度。

3) 当 F 个主动副位于不同 BKC 的支路中，且机架分割可使各子运动链独立时，机构具有可分离活动度。

例如，图 6-13 (a) 所示的机构只含一个 BKC，主动副 R_1、R_6 与 R_7 在同一个 BKC 支路中，故该机构具有完全活动度，即任一从动连杆位姿皆是 3 个主动输入的函数。

又如，图 6-12 (a) 所示的机构含有两个 BKC，主动副 P_2 与 P_4 在 BKC_1 的支路中，而主动副 P_9 与 P_{12} 在 BKC_2 的支路中，故该机构具有部分活动度。

6.5.2　运动输入-输出控制解耦原理

1. 控制解耦方式

并联机器人机构运动输入-输出控制解耦方式可分为两类。

1) 拓扑控制解耦：基于机构部分活动度或可分离活动度所实现的控制解耦性。

2) 尺度控制解耦：基于机构拓扑结构组成与连杆尺度参数的特定组合关系所实现的控制解耦性。

一般地，两类控制解耦相互配合，以实现并联机器人机构的控制解耦特性要求。

2. 拓扑控制解耦

对具有部分活动度的并联机器人机构，从动连杆分为两大类：位姿取决于部分主动输入的连杆和位姿取决于所有主动输入的连杆。当运动输出连杆 (动平台) 与位姿取决于部分主动输入的连杆相邻，且两者输出参数至少部分相重合时，动平台的运动输出具有部分控制解耦性，该种解耦方式为拓扑控制解耦。拓扑控制解耦主要取决于并联机器人机构的支路结构与支路在两平台之间的配置方位。

上述结论既可用于判定已知并联机器人机构的控制解耦性，又可实现并联机器人机构具有控制解耦特性的拓扑结构设计。下面给出两个具有拓扑控制解耦特性的例子。

例 6-7　图 6-14 为一个二回路平面并联机器人机构，R_1、R_5 与 R_9 为主动副，具有两个基本运动链，其中，$BKC_1[F=0, v_1=1, k_1=0]$ 由 R_2、R_3 和 R_4 组成，$BKC_2[F=0, v_2=1, k_2=0]$ 由 R_6、R_7 和 R_8 组成。可注意到，输出连杆 2 与连杆 1 相邻，其坐标系原点与连杆 1 重合，而连杆 1 任意点的位置 (y 和 z 坐标) 只与输入参数 θ_1、θ_5 有关，故该机构位置输出 (坐标系原点) 也只与输入 θ_1、θ_5 有关，所以该机构具有部分控制解耦特性。另外，该机构的姿态 ϕ_2 与三个主动输入 θ_1、θ_5 和 θ_9 有关，其运动输出特征矩阵为

$$\boldsymbol{M}_{\text{Pa}}=\begin{bmatrix} t^2(\theta_1,\theta_5)(\perp \mathrm{R}_1) \\ r^1(\theta_1,\theta_5,\theta_9)(//\mathrm{R}_1) \end{bmatrix}$$

式中，$t^2(\theta_1,\theta_5)$ 表示动平台位置是主动输入 θ_1 和 θ_5 的函数；$r^1(\theta_1,\theta_5,\theta_9)$ 表示动平台的姿态是主动输入 θ_1、θ_5 和 θ_9 的函数。

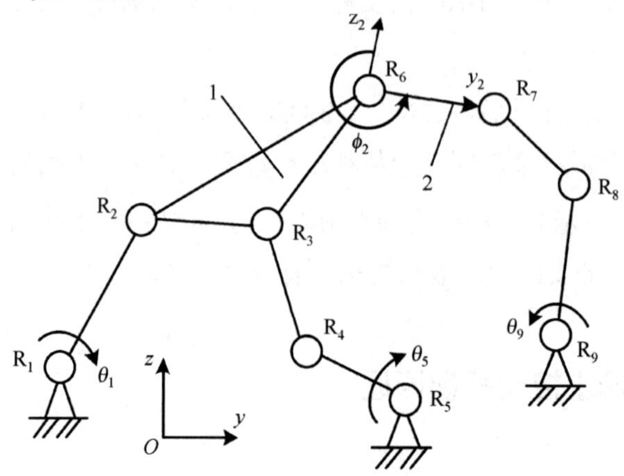

图 6-14　二回路平面并联机器人机构

例 6-8　对于图 6-12(a)所示的 F=4 的并联机器人机构，在该机构中，R_6 轴心与动平台输出坐标系的原点 O' 重合，而运动副 R_6 轴线位置只是主动输入 P_2 与 P_4 的函数，故动平台位置输出只与主动输入 P_2 与 P_4 有关，而与主动输入 P_9 和 P_{12} 无关，因此，该机构部分控制解耦。另外，动平台姿态是主动输入 P_2、P_4、P_9 和 P_{12} 的函数，则该机构的运动输出特征矩阵 $\boldsymbol{M}_{\text{pa}}$ 为

$$\boldsymbol{M}_{\text{Pa}}=\begin{bmatrix} t^2(\mathrm{P}_2,\mathrm{P}_4)(\perp \mathrm{R}_1) \\ r^2(\mathrm{P}_2,\mathrm{P}_4,\mathrm{P}_9,\mathrm{P}_{12})(//\diamond(\mathrm{R}_6,\mathrm{R}_7)) \end{bmatrix}$$

式中，$t^2(\mathrm{P}_2,\mathrm{P}_4)$ 表示动平台位置是主动输入 P_2 和 P_4 的函数；$r^2(\mathrm{P}_2,\mathrm{P}_4,\mathrm{P}_9,\mathrm{P}_{12})$ 表示动平台的姿态是主动输入 P_2、P_4、P_9 和 P_{12} 的函数。

机构具有部分活动度是实现并联机器人机构运动输入-输出控制解耦的一个重要途径。

6.6　主动副位置及其判定

6.6.1　主动副数目

为使机构具有确定的相对运动，机构的主动副数目 m_{D} 应等于其活动度 F，即

$$m_{\mathrm{D}}=F$$

当主动副全部位于静平台时，一般应有

$$m_{\mathrm{O}} \geqslant m_{\mathrm{D}} = F$$

式中，m_{O} 为静平台运动副数。

6.6.2　主动副判定准则

并联机器人设计一般要求 m_{D} 个主动副位于同一平台或尽可能靠近同一平台。但对已知机构，主动副不一定能够任意选择，必须满足主动副判定准则。与单回路机器人机构主动副判定准则相同，这里不妨再次给出并联机器人的主动副判定准则。

对活动度为 F 不含有消极运动副的并联机器人机构，选定 F 个运动副并刚化之。若刚化后机构的活动度 $F^{*}=0$，则选定的 F 个运动副可同时为主动副。若 $F^{*}>0$，则选定的 F 个运动副不能同时为主动副。

例如，对图 6-15(a)所示的三支路并联机器人机构，其结构组成为

$\mathrm{SOC}\{\text{-}\mathrm{R}_1/\!/\mathrm{R}_2/\!/\mathrm{C}_3\text{-}\}$，$\mathrm{SOC}\{\text{-}\mathrm{R}_4/\!/\mathrm{R}_5/\!/\mathrm{C}_6\text{-}\}$，$\mathrm{SOC}\{\text{-}\mathrm{R}_7/\!/\mathrm{R}_8/\!/\mathrm{C}_9\text{-}\}$

{MP}：$\mathrm{C}_6/\!/\mathrm{C}_9 \not\parallel \mathrm{C}_3$

{FB}：$\mathrm{R}_4/\!/\mathrm{R}_7 \not\parallel \mathrm{R}_1$

该机构活动度为

$$F=\sum_{i=1}^{9} f_i-\min\left\{\sum_{j=1}^{2} \xi_{\mathrm{L}j}\right\}=12-(5+4)=3 \neq 0$$

其中，$\mathrm{SLC}_1\{\text{-}\mathrm{R}_4/\!/\mathrm{R}_5/\!/\mathrm{C}_6/\!/\mathrm{C}_9/\!/\mathrm{R}_8/\!/\mathrm{R}_7\text{-}\}$ 的秩 $\xi_{\mathrm{L}1}$ 为 4，$\mathrm{SLC}_2\{\text{-}\mathrm{R}_1/\!/\mathrm{R}_2/\!/\mathrm{C}_3\text{-}\mathrm{C}_6/\!/\mathrm{R}_5/\!/\mathrm{R}_4\text{-}\}$ 的秩 $\xi_{\mathrm{L}2}$ 为 5。

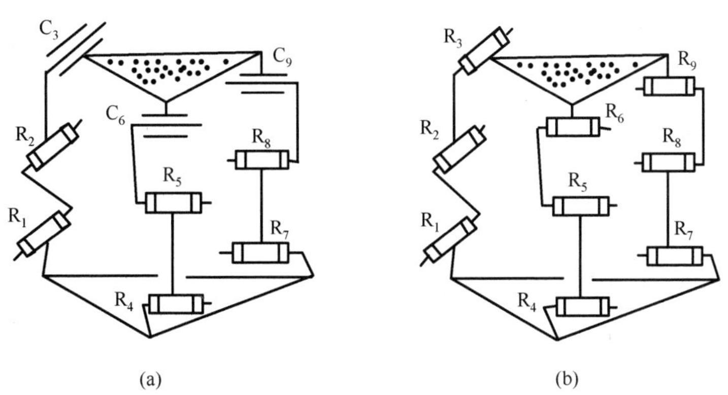

图 6-15　一种三支路（平移输出）的并联机器人机构

若取 3 个圆柱副（C_3、C_6 和 C_9）的 3 个移动自由度同时为主动输入并刚化之，刚化后的

机构如图 6-15(b)所示，其活动度 F^*为

$$F^*=\sum_{i=1}^{9}f_i-\min\left\{\sum_{j=1}^{2}\xi_{\mathrm{L}j}\right\}=9-(3+5)=1\neq 0$$

其中，$\mathrm{SLC}_1\{\text{-}\mathrm{R}_4/\!/\mathrm{R}_5/\!/\mathrm{R}_6/\!/\mathrm{R}_9/\!/\mathrm{R}_8/\!/\mathrm{R}_7\text{-}\}$的秩 ξ_{L1}为 3，$\mathrm{SLC}_2\{\text{-}\mathrm{R}_1/\!/\mathrm{R}_2/\!/\mathrm{R}_3\text{-}\mathrm{R}_6/\!/\mathrm{R}_5/\!/\mathrm{R}_4\text{-}\}$的秩 ξ_{L2}为 5。由于 $F^*>0$，按照主动副判定准则，3 个 C 副的移动自由度不能同时为主动输入。若选另一平台的 3 个主动副 R_1、R_4和 R_7为主动输入，刚化后机构活动度为

$$F^*=\sum_{i=1}^{6}f_i-\min\left\{\sum_{j=1}^{2}\xi_{\mathrm{L}j}\right\}=9-(4+5)=0$$

其中，$\mathrm{SLC}_1\{\text{-}\mathrm{R}_5/\!/\mathrm{C}_6/\!/\mathrm{C}_9/\!/\mathrm{R}_8\text{-}\}$的秩 ξ_{L1}为 4，$\mathrm{SLC}_2\{\text{-}\mathrm{R}_2/\!/\mathrm{C}_3\text{-}\mathrm{C}_6/\!/\mathrm{R}_5\text{-}\}$的秩 ξ_{L2}为 5。因 $F^*=0$，满足主动副存在准则，故 R_1、R_4和 R_7可同时为主动输入。

顺便说明，对图 6-15(a)所示的三平移输出并联机器人机构，当 C_3、C_6和 C_9的运动副轴线不平行于同一平面且互不平行时，它们的 3 个移动自由度可同时为主动输入。但当 C_3、C_6和 C_9的轴线平行于同一平面时，它们的 3 个移动自由度与上面所讲例子一样也不能同时为主动输入。

6.7 并联机器人机构拓扑结构综合方法

6.7.1 基本方法与功能要求

并联机器人机构拓扑结构综合的基本方法如图 6-16 所示，其主要包含两方面重要内容：

1) 基于设计要求的主要功能，导出数学形式的机构拓扑结构特征，以综合出满足功能的众多结构类型，并按其基本特性进行初步分类。

2) 按照评价准则，推荐优选类型。

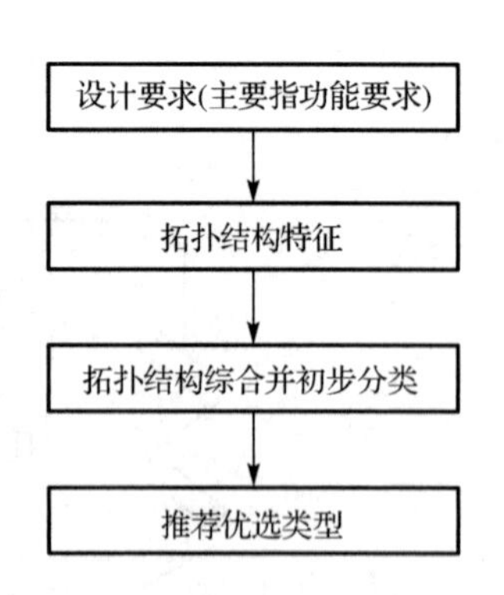

图 6-16 并联机器人机构拓扑结构综合的基本方法

并联机器人机构应满足的基本功能要求如下：

1) 机构活动度 F，为使其运动具有确定性，要配置 F 个主动输入。

2) 实现运动输出特征矩阵 $\boldsymbol{M}_{\mathrm{Pa}}$，即获得期望运动输出，且使非期望运动输出为常量。

3) 机构运动输入-输出具有解耦性，以利于实现机器人控制解耦。

4) 机构耦合度低，有利于机器人运动学和动力学运算，便于在线与离线运动规划。

5) 全部主动副位于同一平台，或尽可能靠近同一平台，以利于驱动器配置，并改善机构的动态性能。

6) 机构结构较为简单，具有一定对称性，让机构更加可靠，也有利于减少设计时间。

7) 尽可能减少连杆与运动副数目，机构一般可由 R、P、C、U 及 S 副组成，但 P 副数目最多等于活动度数，且应为主动副。

8) 在适当的情况下采用消极运动副，以降低机构制造与装配成本。

9) 利用虚约束改善机构运动学和动力学性能。

6.7.2　拓扑结构综合的一般过程

以若干主要功能为基本输入条件（如活动度 F、运动输出特征矩阵 $\boldsymbol{M}_{\mathrm{pa}}$ 等）的并联机器人机构拓扑结构综合的主要步骤如下：

步骤 1　由 $\boldsymbol{M}_{\mathrm{S}_i}$ 或 $\boldsymbol{M}_{\mathrm{HS}_i} \supseteq \boldsymbol{M}_{\mathrm{Pa}}$，构造支路（SOC，HSOC）的结构类型。

步骤 2　由活动度 F、运动输出特征矩阵 $\boldsymbol{M}_{\mathrm{Pa}}$ 以及支路数确定机构支路（SOC、HSOC）类型的组合方案。

步骤 3　由活动度公式[式（6-3）、式（6-4）]确定基本回路的秩分配方案。

步骤 4　由一般过约束结构类型，确定相应于 $\xi_{\mathrm{L}j}$ 的回路结构类型。若不存在相应于 $\xi_{\mathrm{L}j}$ 的回路结构，则改变 $\xi_{\mathrm{L}j}$ 分配方案或改变支路组合方案。

步骤 5　由运动输出特征方程确定支路在两平台间的配置方位。若不存在相应于 $\boldsymbol{M}_{\mathrm{Pa}}$ 的运动副轴线配置方位，则改变 $\xi_{\mathrm{L}j}$ 分配方案或支路组合方案。

步骤 6　判定并删除机构的同构结构类型。

因上述步骤已考虑到支路组合 $\xi_{\mathrm{L}j}$ 分配、相应 $\xi_{\mathrm{L}j}$ 的基本回路结构类型以及动、静平台运动副轴线方位配置等的不同方案，故较少产生同构类型。

步骤 7　由消极运动副判定准则，删除含消极运动副的结构类型，或确定保留消极运动副以改善机构性能。

步骤 8　由主动副存在准则，选定主动副（驱动器）位置。

步骤 9　由多回路机构耦合度算法，确定机构所包含的基本运动链（BKC）及其耦合度 k。

步骤 10　由活动度类型判定准则，确定活动度类型与机构运动输入-输出控制解耦性。

步骤 11　扩大机构拓扑结构类型空间（如运动副等效、支路等效、改变支路运动副次序和方向等）。

步骤 12 按照机构拓扑结构特征(如回路过约束性、多回路机构耦合度、基本运动链类型、运动输入-输出控制解耦性、主动副位置、消极自由度、虚约束和结构对称性等)进行分类。

步骤 13 按照设计要求与评价准则，推荐优选类型。

习　题

6-1 说明单回路机器人机构与并联机器人机构的区别与联系。并联机器人机构的分析方法能否应用于单回路机器人机构?

6-2 本章采用两种不同机构结构组成的方式(见 6.1 节和 6.4 节)研究并联机器人机构有何目的?

6-3 为什么本章没有按照定义直接确定虚约束数量，而是先确定活动度，再根据活动度公式计算虚约束?

6-4 题 6-4 图所示的三支路并联机器人机构，其结构组成为 $SOC_1\{-P_1\perp R_2\perp R_3-\}$，$SOC_2\{-P_4-S_5-S_6-\}$，$SOC_3\{-P_7-S_8-S_9-\}$，且$\{FB\}:P_1//P_4//P_7$，试分析该机构的活动度，判断 P_1、P_4 和 P_7 能否同时为主动副，并根据并联机器人机构运动输出特征方程，确定其运动输出特征矩阵 $\boldsymbol{M}_{Pa}$。

6-5 题 6-5 图所示的多回路机构(P_2、R_7、R_9 和 P_{13} 为主动副)，$R_1(\perp P_2)//R_3$，$R_4//R_5$，试计算该机构的耦合度，划分基本运动链，画出简图，并分析该机构是否控制解耦。

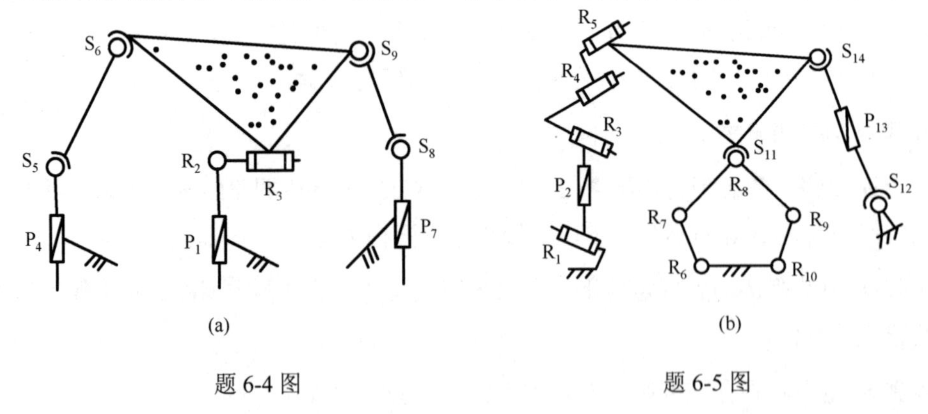

题 6-4 图　　　　题 6-5 图

6-6 机构活动度的三种类型与控制解耦有何联系?完全活动度是否意味着强耦合?

第 7 章

3T-0R 并联机器人机构拓扑结构综合与分类

本章讨论运动输出为 3 平移、0 转动(简记为 3T-0R)的并联机器人机构拓扑结构综合及其分类问题，内容包括支路结构类型与支路组合、3T-0R 并联机器人机构拓扑结构综合、3T-0R 并联机器人机构拓扑结构类型及其分类等。

7.1 支路结构类型与支路组合

3T-0R 并联机器人机构的运动输出特征矩阵 $\boldsymbol{M}_{\text{Pa}}=\begin{bmatrix} t^3 \\ r^0 \end{bmatrix}$，支路运动输出特征矩阵 $\boldsymbol{M}_{\text{S}}$ 或 $\boldsymbol{M}_{\text{HS}}$ 应满足式(6-15)，即

$$\boldsymbol{M}_{\text{S}}\text{或}\boldsymbol{M}_{\text{HS}} \supseteq \boldsymbol{M}_{\text{Pa}}=\begin{bmatrix} t^3 \\ r^0 \end{bmatrix}$$

按上式可构造两类支路：单开链支路和含回路的混合单开链支路。

7.1.1 单开链支路结构类型

表 4-3 列出了只含 R 副与 P 副、相应于不同运动输出特征矩阵 $\boldsymbol{M}_{\text{S}}$ 的 SOC 结构类型，可从中直接选取满足 $\boldsymbol{M}_{\text{S}} \supseteq \boldsymbol{M}_{\text{Pa}}$ 的结构类型，例如，表 7-1 中 SOC 栏第二列所给出的 7 种类型。此外，表 7-1 中 SOC 栏第一列还列出了含有 H 副的更一般形式的并联机器人机构支路类型，其运动输出特征矩阵不难用第 4 章方法确定，这里不再赘述。

表 7-1　包含 3 个独立平移输出的支路结构类型

支路运动输出特征矩阵 M_S 或 M_{HS}		SOC		HSOC		
		I	II	I	II	III
$\begin{bmatrix} t^3 \\ r^0 \end{bmatrix}$	A(1)			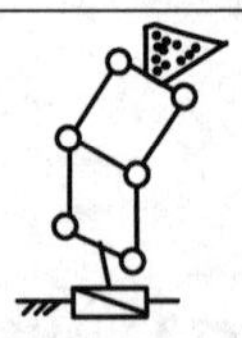		
	A(2)			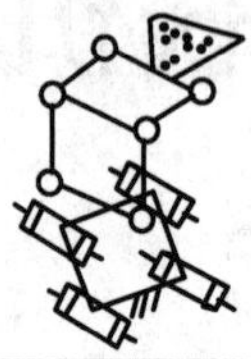		
$\begin{bmatrix} t^3 \\ r^1(//R) \end{bmatrix}$	B(1)		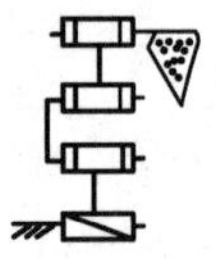	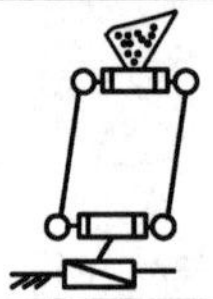		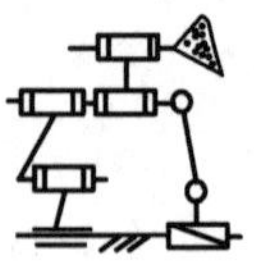
	B(2)			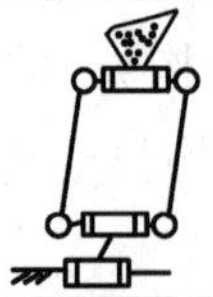		
$\begin{bmatrix} t^3 \\ r^2(//\square(R,R^*)) \end{bmatrix}$	C(1)	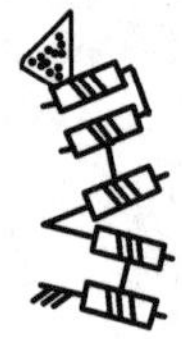			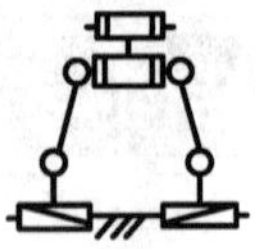	
	C(2)			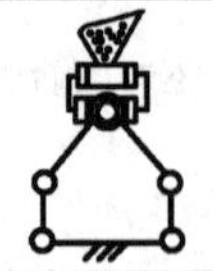		
$\begin{bmatrix} t^3 \\ r^3 \end{bmatrix}$	D(1)					
	D(2)					

7.1.2　混合单开链支路结构类型

构造 HSOC 支路的过程主要包含两步。首先，由表 6-1 选定或构造合适的子并联机器人机构，其运动输出特征矩阵的独立平移数 ξ_{PaP} 应小于 3；然后在子并联机器人机构的输出连杆或其他适当连杆上，串联若干运动副与连杆，构成 HSOC，且其运动输出特征矩阵 $\boldsymbol{M}_{HS}$ 满足 $\boldsymbol{M}_{HS} \supseteq \boldsymbol{M}_{Pa}$。

例如，根据表 6-1 选定 4 种两支路并联机器人机构，如图 7-1 所示。对于图 7-1(a)给出的 4R 平行四边形机构，其活动度 F=1，运动输出特征矩阵为

$$\boldsymbol{M}_{\text{Pa}}^{(4\text{R})}=\begin{bmatrix} t^1(\perp \text{R}) \\ r^0 \end{bmatrix}$$

即输出连杆 1 相对于连杆 0 只有一个独立平移输出，方向垂直于 R 副轴线，连杆 1 上任一点 A 的轨迹为圆，半径为 $l_{\text{R}_3\text{R}_4}$，圆心为 O，且 $OA//\text{R}_3\text{R}_4$。该机构的运动输出等效单开链为 SOC{-P$^{(4\text{R})}$-}。在平行四边形对边两连杆上，各串联一个 R 副，再串联一个 P 副，即为表 7-1 所示的 HSOC{I-B(1)}=HSOC{-R(-P$^{(4\text{R})}$)//R//P-}。若在平行四边形对边两连杆分别串联一个 R 副和相互平行的两个 R 副，即为表 7-1 所示的 HSOC{I-B(2)}=HSOC{-R//R(-P$^{(4\text{R})}$)//R-}。

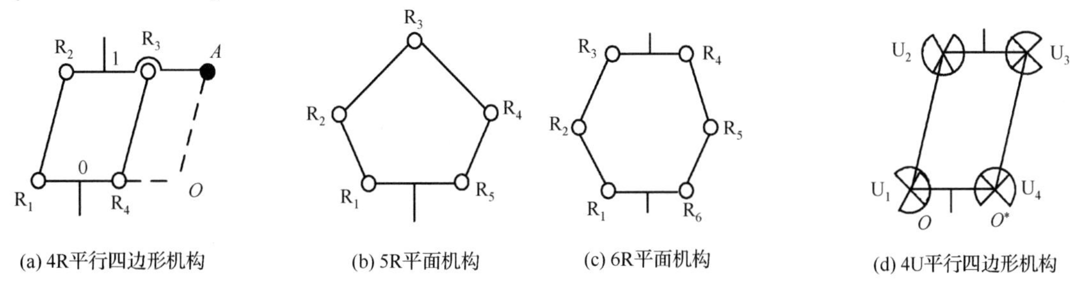

图 7-1　4 种常用的两支路并联机器人机构

对于图 7-1(b)所示的 5R 平面机构，其活动度 F=2，如取 R_3 运动副轴线用于运动输出，则运动输出特征矩阵为

$$\boldsymbol{M}_{\text{Pa}}^{(5\text{R})}=\begin{bmatrix} t^2(\perp \text{R}) \\ r^0 \end{bmatrix}$$

即只有 R_3 运动副中心点的两个独立平移输出，平移方向垂直于 R 副轴线，其运动等效单开链为 SOC{-P$^{(5\text{R})}$-P$^{(5\text{R})}$-}，在运动输出连杆再串联 3 个 R 副，其中两个相互平行，即表 7-1 所示的 $\text{HSOC}\{\text{I-C}(2)\}=\text{HSOC}\{\text{-R//R}\perp\text{R}\perp_{\square}(\text{-P}^{(5\text{R})}\text{-P}^{(5\text{R})})\text{-}\}$。

对图 7-1(c) 所示的 6R 平面机构，其活动度 F=3，运动输出特征矩阵为

$$\boldsymbol{M}_{\text{Pa}}^{(6\text{R})}=\begin{bmatrix} t^2(\perp \text{R}) \\ r^1(//\text{R}) \end{bmatrix}$$

即该 6R 平面机构有两个独立平移输出(方向垂直于 R 副)和一个独立转动输出(方向平行于 R 副)，运动等效单开链为 $\text{SOC}\{\text{-R}^{(6\text{R})}\perp_{\square}(\text{-P}^{(6\text{R})}\text{-P}^{(6\text{R})})\text{-}\}$，在运动输出连杆上再串联两个相互平行的 R 副，即表 7-1 所示的 $\text{HSOC}\{\text{II-C}(2)\}=\text{HSOC}\{\text{-R//R}\perp\text{R}^{(6\text{R})}\perp_{\square}(\text{-P}^{(6\text{R})}\text{-P}^{(6\text{R})})\text{-}\}$。

对图 7-1(d)所示的 4U 平行四边形机构(每一连杆上两个 R 副轴线平行)，其活动度 F=2，运动输出特征矩阵为

$$\boldsymbol{M}_{\text{Pa}}^{(4\text{U})}=\begin{bmatrix} t^1(//\square(4\text{U})) \\ r^1(//OO^*) \end{bmatrix}$$

即在平行四边形平面内有一个独立平移输出；还有一独立转动输出，方向平行于 U_1 与 U_4 两运动副中心连线 OO^*。其运动等效单开链为SOC{-R$^{(4\text{U})}$-P$^{(4\text{U})}$-}，在平行四边形对边两连杆分别串联 R 副（平行于该连杆两 U 副中心连线）和 P 副，即为表 7-1 所示的HSOC{II-B (1)} = HSOC{-R(-P$^{(4\text{U})}$)//R$^{(4\text{U})}$-P-}。如在对边两连杆上分别串联一个R副（都平行于该连杆两U副中心连线），即为表7-1 所示的HSOC{II-B (2)} = HSOC{-R(-P$^{(4\text{U})}$)//R$^{(4\text{U})}$//R-}。

此外，如图 7-2(a)所示的 C-4R-P 两支路并联机器人机构，两支路结构分别为SOC{-C//R//R-}与SOC{-R*//R*⊥P-}，且静平台上C副与P副为平行配置，活动度 F=2，由运动输出特征方程式(6-13)可知，运动输出特征矩阵为

$$\boldsymbol{M}_{\text{Pa}}^{(\text{C-4R-P})}=\begin{bmatrix} t^2(//\square(\text{P},\text{R}\times\text{R}^*)) \\ r^0 \end{bmatrix}$$

即有两个独立平移输出，方向平行于平面 $\square(\text{P},\text{R}\times\text{R}^*)$，其运动等效单开链为SOC{-P$^{(\text{C-4R-P})}$-P$^{(\text{C-4R-P})}$-}。若在输出连杆串联两平行R副，如图 7-2(b)所示，该混合单开链的运动输出特征矩阵为

$$\boldsymbol{M}_{\text{HS}}=\begin{bmatrix} t^3 \\ r^1 \end{bmatrix}$$

记作HSOC{-R//R-P$^{(\text{C-4R-P})}$-P$^{(\text{C-4R-P})}$-}，见表 7-1 所示的HSOC{III-B (1)}。

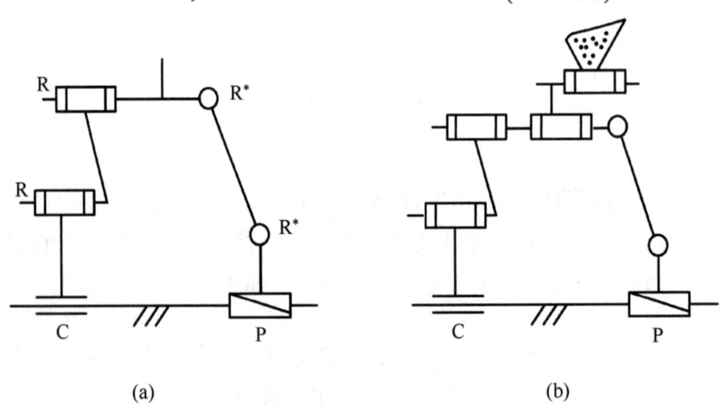

图 7-2　C-4R-P 并联机器人机构及其生成的混合单开链

表 7-1 包含 3T 的各支路结构的符号分别表示为

$$\boldsymbol{M}_{\text{S}}\text{或}\boldsymbol{M}_{\text{HS}}=\begin{bmatrix} t^3 \\ r^0 \end{bmatrix}$$

1) SOC{II-A (1)} = SOC{-P-P-P-}。

2) HSOC{I-A (1)} = HSOC{-P$^{(4\text{R})}$-P$^{(4\text{R})}$-P-}。

3）$\text{HSOC}\{\text{I-A}(2)\} = \text{HSOC}\{\text{-P}^{(4R)}\text{-P}^{(4R)}\text{-P}^{(4R)}\text{-}\}$。

$$\boldsymbol{M}_{\text{S}}\text{或}\boldsymbol{M}_{\text{HS}} = \begin{bmatrix} t^3 \\ r^1 \end{bmatrix}$$

4）$\text{SOC}\{\text{I-B}(1)\} = \text{SOC}\{\text{-H//H//H//H-}\}$。

5）$\text{SOC}\{\text{II-B}(1)\} = \text{SOC}\{\text{-R//R//R-P-}\}$。

6）$\text{SOC}\{\text{II-B}(2)\} = \text{HSOC}\{\text{-R//R//R//H-}\}$。

7）$\text{HSOC}\{\text{I-B}(1)\} = \text{SOC}\{\text{-R(-P}^{(4R)}\text{)//R//P-}\}$。

8）$\text{HSOC}\{\text{I-B}(2)\} = \text{HSOC}\{\text{-R(-P}^{(4R)}\text{)//R//R-}\}$。

9）$\text{HSOC}\{\text{II-B}(1)\} = \text{HSOC}\{\text{-R(-P}^{(4U)}\text{)//R}^{(4U)}\text{-P-}\}$。

10）$\text{HSOC}\{\text{II-B}(2)\} = \text{HSOC}\{\text{-R(-P}^{(4U)}\text{)//R}^{(4U)}\text{//R-}\}$。

11）$\text{HSOC}\{\text{III-B}(1)\} = \text{HSOC}\{\text{-R//R-P}^{(C\text{-}4R\text{-}P)}\text{-P}^{(C\text{-}4R\text{-}P)}\text{-}\}$。

$$\boldsymbol{M}_{\text{S}}\text{或}\boldsymbol{M}_{\text{HS}} = \begin{bmatrix} t^3 \\ r^2 \end{bmatrix}$$

12）$\text{SOC}\{\text{I-C}(1)\} = \text{SOC}\{\text{-H//H//H-H//H-}\}$。

13）$\text{SOC}\{\text{II-C}(1)\} = \text{SOC}\{\text{-R//R-R//R-P-}\}$。

14）$\text{SOC}\{\text{II-C}(2)\} = \text{SOC}\{\text{-R//R-R//R//R-}\}$。

15）$\text{HSOC}\{\text{I-C}(1)\} = \text{HSOC}\{\text{-R//R} \perp \text{R} \perp\!\!\square\text{(-P}^{(3R\text{-}2P)}\text{-P}^{(3R\text{-}2P)}\text{)-}\}$。

16）$\text{HSOC}\{\text{I-C}(2)\} = \text{HSOC}\{\text{-R//R} \perp \text{R} \perp\!\!\square\text{(-P}^{(5R)}\text{-P}^{(5R)}\text{)-}\}$。

17）$\text{HSOC}\{\text{II-C}(1)\} = \text{HSOC}\{\text{-R//R} \perp \text{R}^{(4R\text{-}2P)} \perp\!\!\square\text{(-P}^{(4R\text{-}2P)}\text{-P}^{(4R\text{-}2P)}\text{)-}\}$。

18）$\text{HSOC}\{\text{II-C}(2)\} = \text{HSOC}\{\text{-R//R} \perp \text{R}^{(6R)} \perp\!\!\square\text{(-P}^{(6R)}\text{-P}^{(6R)}\text{)-}\}$。

$$\boldsymbol{M}_{\text{S}} = \begin{bmatrix} t^3 \\ r^3 \end{bmatrix}$$

19）$\text{SOC}\{\text{I-D}(1)\} = \text{SOC}\{\text{-H-H-H-H-H-H-}\}$。

20）$\text{SOC}\{\text{II-D}(1)\} = \text{SOC}\{\text{-P-S-S-}\}$。

21）$\text{SOC}\{\text{II-D}(2)\} = \text{SOC}\{\text{-R-S-S-}\}$。

应注意到，表 7-1 只给出了满足 $\boldsymbol{M}_{\text{S}}$或$\boldsymbol{M}_{\text{HS}} \supseteq \boldsymbol{M}_{\text{Pa}}$ 的部分支路类型。

7.1.3 支路组合方案

基于并联机器人机构支路数目、主动副位置，同时考虑到并联机器人机构对称性、SOC

支路与 HSOC 支路结构特点和运动输出特征，由表 7-1 所示的支路类型可设计很多组合方案，均可获得 3T-0R 并联机器人机构，这里仅列出部分组合方案。

1）3-SOC{II-B(1)} = 3-SOC{-R//R//R//P-}，简化为 3-SOC{-R//R//C-}。

2）3-SOC{II-C(1)} = 3-SOC{-R//R-R//R-P-}。

3）2-SOC{II-B(1)} = 2-SOC{-R//R//R//P-}，简化为 2-SOC{-R//R//C-}。

4）2-SOC{II-B(1)} ⊕ SOC{II-D(1)} = 2-SOC{-R//R//C-} ⊕ SOC{-P-S-S-}。

5）HSOC{II-B(1)} ⊕ SOC{II-B(1)} = HSOC{-R(-$P^{(4U)}$)//$R^{(4U)}$-P-} ⊕ SOC{-R//R//C-}。

6）HSOC{I-C(1)} ⊕ SOC{II-B(1)} = HSOC{-R//R ⊥ R ⊥▱(-$P^{(3R-2P)}$-$P^{(3R-2P)}$)-} ⊕ SOC{-R//R//C-}。

7）HSOC{II-C(1)} ⊕ SOC{II-B(1)} = HSOC{-R//R ⊥ $R^{(4R-2P)}$ ⊥▱(-$P^{(4R-2P)}$-$P^{(4R-2P)}$)-} ⊕ SOC{-R//R//C-}。

8）HSOC{III-B(1)} ⊕ SOC{II-B(1)} = HSOC{-R//R-$P^{(C-4R-P)}$-$P^{(C-4R-P)}$-} ⊕ SOC{-R//R//C-}。

9）2-HSOC{I-B(1)} = 2-SOC{-R(-$P^{(4R)}$)//R//P-}。

10）3-HSOC{I-B(1)} = 3-SOC{-R(-$P^{(4R)}$)//R//P-}。

11）2-HSOC{I-A(2)} = 2-HSOC{-$P^{(4R)}$-$P^{(4R)}$-$P^{(4R)}$-}。

12）HSOC{I-A(1)} ⊕ SOC{II-D(1)} = HSOC{-$P^{(4R)}$-$P^{(4R)}$-P-} ⊕ SOC{-P-S-S-}。

13）HSOC{I-A(1)} ⊕ 2-SOC{II-D(1)} = HSOC{-$P^{(4R)}$-$P^{(4R)}$-P-} ⊕ 2-SOC{-P-S-S-}。

7.2 3T-0R 并联机器人机构拓扑结构综合

7.2.1 支路为单开链的拓扑结构综合

步骤 1 确定并联机器人机构运动输出特征矩阵 $\boldsymbol{M}_{\mathrm{Pa}}$。

$$\boldsymbol{M}_{\mathrm{Pa}}=\begin{bmatrix} t^3 \\ r^0 \end{bmatrix}$$

步骤 2 构造 SOC 支路结构类型如表 7-1 所示。

步骤 3 确定支路组合方案。

组合方案 1：并联机器人机构支路组合为 3-SOC{II-B(1)}=3-SOC{-R//R//C-}。

组合方案 2：并联机器人机构支路组合为 3-SOC{II-C(1)}=3-SOC{-R//R-R//R-P-}。

步骤 4 确定各基本回路的秩 $\xi_{\mathrm{L}j}$。

对支路组合的每一方案，已知运动副自由度 f_i 与机构活动度 F=3，根据机构活动度公式(6-4)，可得 $\sum_{j=1}^{v}\xi_{Lj}=\sum_{i=1}^{m}f_i-F+\Omega$。接下来，将 $\sum_{j=1}^{v}\xi_{Lj}$ 分配给各基本回路。

1) 对于支路组合为 3-SOC{-R//R//C-}的并联机器人机构，当虚约束 Ω=0 时，$\sum_{j=1}^{2}\xi_{Lj}=\sum_{i=1}^{m}f_i-F+\Omega=3\times4-3+0=9$。$\xi_{Lj}$ 分配方案有两种。

① ξ_{L1}=3，ξ_{L2}=6。

② ξ_{L1}=4，ξ_{L2}=5。

当虚约束 Ω=1 时，$\sum_{j=1}^{2}\xi_{Lj}=\sum_{i=1}^{2}f_i-F+\Omega=3\times4-3+1=10$。$\xi_{Lj}$ 分配方案有两种。

① ξ_{L1}=4，ξ_{L2}=6。

② ξ_{L1}=ξ_{L2}=5。

这里，假定 Ω=1，在获得该机构后，应证明 Ω=1，否则，假设不成立。

2) 对于支路组合为 3-SOC{-R//R-R//R-P-}的并联机器人机构，当虚约束 Ω=0 时，$\sum_{j=1}^{2}\xi_{Lj}=\sum_{i=1}^{m}f_i-F+\Omega=3\times5-3+0=12$。$\xi_{Lj}$ 分配方案只有一种：ξ_{L1}=ξ_{L2}=6。

当虚约束 Ω=1 时，$\sum_{j=1}^{2}\xi_{Lj}=\sum_{i=1}^{m}f_i-F+\Omega=3\times5-3+1=13$。由于两回路机构不可能存在 ξ_{Lj}>6 的回路，故 Ω=1 的机构不存在。

步骤 5 确定各基本回路结构类型。

因两条支路组成一基本回路，且其秩 ξ_{Lj} 已知，故可按照一般过约束回路分析方法确定各基本回路的结构组成。

1) 支路组合为 SOC{-R//R//C-}的并联机器人机构。

① 当 ξ_{L1}=3，ξ_{L2}=6 时，不存在相应基本回路结构类型。

② 当 ξ_{L1}=4，ξ_{L2}=5 时，两基本回路的结构组成为

$$SLC_1\{\text{-R//R//C//C//R//R-}\},\ \xi_{L1}=4$$
$$SLC_2\{\text{-R//R//C-C//R//R-}\},\ \xi_{L2}=5$$

③ 当 ξ_{L1}=4，ξ_{L2}=6 时，不存在由两条支路 SOC{-R//R//C-} 组成的 ξ_{L2}=6 的基本回路。

④ 当 ξ_{L1}=ξ_{L2}=5 时，两基本回路的结构组成相同，即

$$SLC_1\{\text{-R//R//C-C//R//R-}\}$$
$$SLC_2\{\text{-R//R//C-C//R//R-}\}$$

2) 对于支路组合为 3-SOC{-R//R-R//R-P-}的并联机器人机构：

当$\xi_{L1}=\xi_{L2}=6$时，两基本回路的结构组成相同，即

$$\mathrm{SLC_1\{-P\text{-}R//R\text{-}R//R\text{-}R//R\text{-}R//R\text{-}P-\}}$$
$$\mathrm{SLC_2\{-P\text{-}R//R\text{-}R//R\text{-}R//R\text{-}R//R\text{-}P-\}}$$

步骤 6 确定支路在两平台之间的配置方位。

已知支路结构类型、支路组合方案、秩的分配方案与相应基本回路结构类型以及各支路运动输出特征矩阵，可由并联机器人机构运动输出特征方程确定 SOC 支路在两平台之间的配置方位。

1）对于支路组合为 3-SOC{-R//R//C-}的并联机器人机构。

当$\Omega=0$，$\xi_{L1}=4$，$\xi_{L2}=5$时，支路在平台的配置方位为$C_3 \not\parallel C_6 // C_9$，如图 6-15（a）所示，并联机器人机构的运动输出特征方程为

$$\boldsymbol{M}_{\text{Pa}}=\begin{bmatrix} t^3 \\ r^1(//\mathrm{C}_3) \end{bmatrix} \cap \begin{bmatrix} t^3 \\ r^1(//\mathrm{C}_6) \end{bmatrix} \cap \begin{bmatrix} t^3 \\ r^1(//\mathrm{C}_6//\mathrm{C}_9) \end{bmatrix}=\begin{bmatrix} t^3 \\ r^0 \end{bmatrix}$$

当$\Omega=1$，$\xi_{L1}=\xi_{L2}=5$时，支路在平台配置方位为$C_3 \not\parallel \diamond(C_6,C_9)$，如图 7-3（a）所示，并联机器人机构的运动输出特征方程为

$$\boldsymbol{M}_{\text{Pa}}=\begin{bmatrix} t^3 \\ r^1(//\mathrm{C}_3) \end{bmatrix} \cap \begin{bmatrix} t^3 \\ r^1(//\mathrm{C}_6) \end{bmatrix} \cap \begin{bmatrix} t^3 \\ r^1(//\mathrm{C}_9) \end{bmatrix}=\begin{bmatrix} t^3 \\ r^0 \end{bmatrix}$$

为使图 7-3（a）所示的机构活动度 F=3，应判定两基本回路位移方程组之间是否存在相关性，即确定虚约束数Ω是否等于 1。

取图 7-3（a）中机构的两支路组成子并联机器人机构，如图 7-3（b）所示。如 6.3.3 节所述，该子并联机器人机构动平台有 3 个平移输出，故其等效单开链为$\mathrm{SOC}\{\text{-}P_1^*\text{-}P_2^*\text{-}P_3^*\text{-}\}$，如图 7-3（d）所示。因此，原机构[图 7-3（a）]可视为由$\mathrm{SOC}\{\text{-}R_1//R_2//C_3\text{-}\}$与$\mathrm{SOC}\{\text{-}P_1^*\text{-}P_2^*\text{-}P_3^*\text{-}\}$组成的二支路并联机器人机构，如图 7-3（c）所示。由一般过约束回路秩的判定可知，该回路秩ξ_L为 4，故图 7-3（c）所示的机构活动度为

$$F=\sum_{i=1}^{m} f_i - \xi_{\mathrm{L}} = 7-4=3$$

将 F=3 代入活动度公式（6-4），得

$$\Omega = F = \min\left\{\sum_{j=1}^{v}\xi_{\mathrm{L}j}\right\} - \sum_{i=1}^{m}\xi_{\mathrm{L}j} = 3+2\times5-12=1$$

即图 7-3（a）所示的并联机器人机构的虚约束Ω=1，证明了假设成立，该机构确实存在。

顺便说明，如果 3-SOC{-R//R//C-} 并联机器人机构支路在平台的配置方位为$C_3 // \diamond(C_6,C_9)$，如图 7-4 所示，也存在虚约束Ω=1，其是图 7-3（a）所示并联机器人机构的特例。

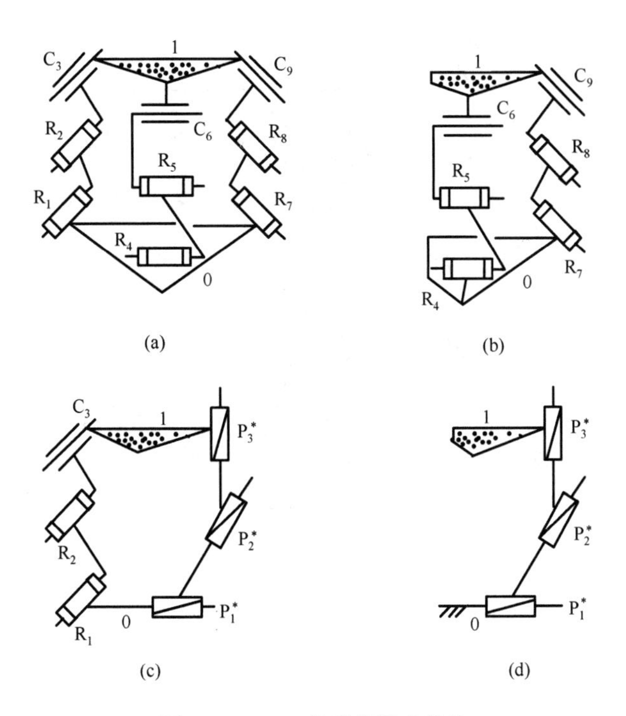

图 7-3 3T-0R 并联机器人机构

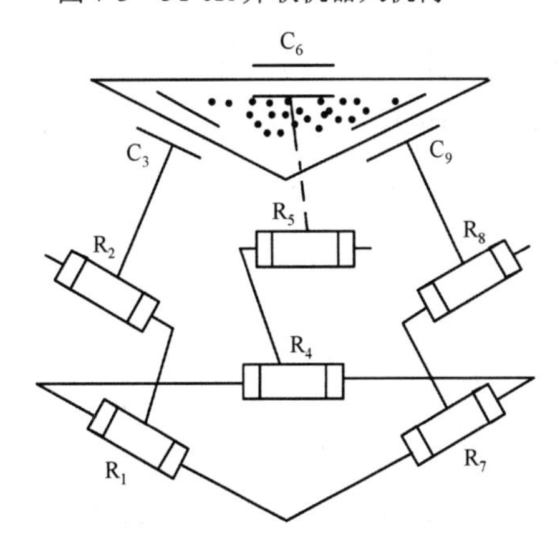

图 7-4 运动副在动静平台做共面配置的 3T-0R 并联机器人机构

2) 对于支路组合为 3-SOC{-R//R-R//R-P-}的并联机器人机构，当$\xi_{L1}=\xi_{L2}=6$时，支路在两平台间配置方位为$\text{▱}(R_3,R_4)$、$\text{▱}(R_8,R_9)$与$\text{▱}(R_{13},R_{14})$的任意两平面交线不平行于另一平面，如图 7-5 所示，其运动输出特征方程为

$$\boldsymbol{M}_{\text{Pa}}=\begin{bmatrix} t^3 \\ r^2(//\text{▱}(R_3R_4)) \end{bmatrix} \cap \begin{bmatrix} t^3 \\ r^2(//\text{▱}(R_8R_9)) \end{bmatrix} \cap \begin{bmatrix} t^3 \\ r^2(//\text{▱}(R_{13}R_{14})) \end{bmatrix} = \begin{Bmatrix} t^3 \\ r^0 \end{Bmatrix}$$

步骤 7 判定消极运动副。

由消极运动副判定准则，不难判定图 6-15(a)、图 7-3(a) 以及图 7-5 中不存在消极运动副。

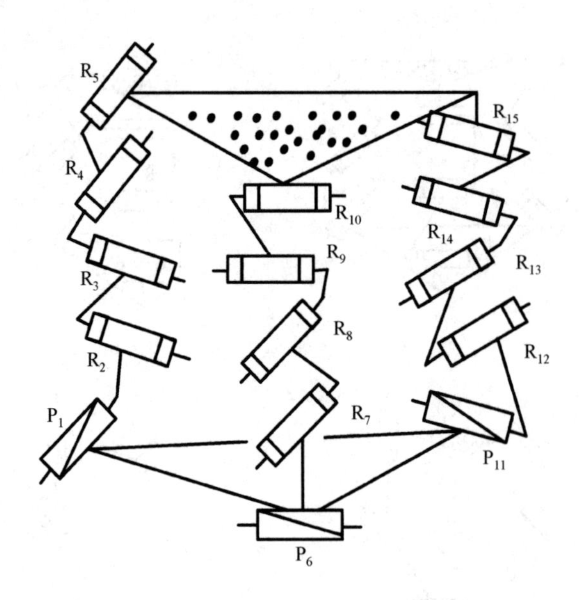

图 7-5　一种 3T-0R 并联机器人机构

步骤 8 确定主动副位置。

由主动副判定准则判定同一平台的 3 个运动副可否同时为主动副。

1）对于支路组合为 3-SOC{-R//R//C-}的三种并联机器人机构：

① 对于如图 6-15（a）所示的机构，根据 6.6.2 节所述，C_3、C_6 与 C_9 这 3 个移动自由度不能同时主动输入，而 R_1、R_4 与 R_7 可同时为主动副。

② 对于如图 7-3（a）所示的机构，若取同一平台上 C_3、C_6 与 C_9 的这 3 个移动自由度同时为主动输入并刚化，得到新机构的活动度为

$$F^* = \sum f_i - \min\left\{\sum_{j=1}^{2} \xi_{\mathrm{L}j}\right\} = 3\times 3 - (5+4) = 0$$

注意，所得的新机构有一个虚约束，故第二条回路的秩为 4。按照主动副判定准则，C_3、C_6 与 C_9 的 3 个移动自由度 P_3、P_6 与 P_9 可同时为主动副。

③ 对于如图 7-4 所示的机构，若取同一平台上 C_3、C_6 与 C_9 这 3 个移动自由度同时为主动输入并刚化，可得到图 6-5（a）所示的新机构，该新机构的活动度为 1。按照主动副判定准则，C_3、C_6 与 C_9 这 3 个移动自由度 P_3、P_6 与 P_9 不能同时为主动副。

2）对于如图 7-5 所示的支路组合为 3-SOC{-R//R-R//R-P-}的并联机器人机构，不难证明同一平台上 3 个运动副可同时为主动副。

步骤 9 确定机构耦合度。

确定上述多回路并联机器人机构所包含的基本运动链（BKC）类型数目及其耦合度。

1）对于图 6-15（a）所示的支路组合为 3-SOC{-R//R//C-}的并联机器人机构，R_1、R_4 与

R_7为主动副，两基本回路的秩分别为 5 和 4，由此可知

$$\left.\begin{array}{ll}\text{SLC}_1\{\text{-R}_1//\text{R}_2//\text{C}_3\text{-C}_6//\text{R}_5//\text{R}_4\}, & \Delta_1=\sum_{i=1}^{m_1}f_i-I_1-\xi_{\text{L}1}=8-2-5=+1\\ \text{SOC}_2\{\text{-R}_7//\text{R}_8//\text{C}_9\text{-}\}, & \Delta_2=\sum_{i=1}^{m_2}f_i-I_2-\xi_{\text{L}2}=4-1-4=-1\end{array}\right\}\sum_{j=1}^{2}\Delta_j=0$$

机构耦合度$k=\frac{1}{2}\sum_{j=1}^{2}|\Delta_j|=1$。该机构只含有一个 BKC[$F$=0, v=2, k=1]。

对图 7-3 (a) 所示的并联机器人机构，R_1、R_4与R_7为主动副，由步骤 6 可知，该机构的两基本回路的秩皆为 5，但由于虚约束Ω=1，使第二回路的秩为 4，由耦合度算法可求得

$$\left.\begin{array}{ll}\text{SLC}_1\{\text{-R}_1//\text{R}_2//\text{C}_3\text{-C}_6//\text{R}_5//\text{R}_4\}, & \Delta_1=\sum_{i=1}^{m_1}f_i-I_1-\xi_{\text{L}1}=8-2-5=+1\\ \text{SOC}_2\{\text{-R}_7//\text{R}_8//\text{C}_9\text{-}\}, & \Delta_2=\sum_{i=1}^{m_2}f_i-I_2-\xi_{\text{L}2}=4-1-4=-1\end{array}\right\}\sum_{j=1}^{2}\Delta_j=0$$

机构耦合度 $k=\frac{1}{2}\sum_{j=1}^{2}|\Delta_j|=1$，该机构只有一个 BKC[$F$=0, v=2, k=1]。

2) 对支路组合为 3-SOC{-R//R-R//R-P-}的并联机器人机构，如图 7-5 所示，P_1、P_6与P_{11}为主动副，两基本回路的秩皆为 6，由耦合度算法可求得

$$\left.\begin{array}{ll}\text{SLC}_1\{\text{-P}_1\text{-R}_2//\text{R}_3\text{-R}_4//\text{R}_5\text{-R}_{10}//\text{R}_9\text{-R}_8//\text{R}_7\text{-P}_6\text{-}\}, & \Delta_1=\sum_{i=1}^{m_1}f_i-I_1-\xi_{\text{L}1}=10-2-6=+2\\ \text{SOC}_2\{\text{-P}_{11}\text{-R}_{12}//\text{R}_{13}\text{-R}_{14}//\text{R}_{15}\text{-}\}, & \Delta_2=\sum_{i=1}^{m_2}f_i-I_2-\xi_{\text{L}2}=5-1-6=-2\end{array}\right\}\sum_{j=1}^{2}\Delta_j=0$$

机构耦合度$k=\frac{1}{2}\sum_{j=1}^{2}|\Delta_j|=2$。该机构只含有一个 BKC[$F$=0, v=2, k=2]。

步骤 10 判定活动度类型与控制解耦性。

对于支路组合为 3-SOC{-R//R//C-}的并联机器人机构[(图 6-15 (a)，图 7-3 (a)]和支路组合为 3-SOC{-R//R-R//R-P-}的并联机器人机构 (图 7-5)，由步骤 9 知道它们分别只含有一个基本运动链，因此，经拓扑结构综合得到的上述并联机器人机构为完全活动度，不存在拓扑控制解耦。但对于图 6-15 (a) 所示的机构，易知在垂直于C_6和C_9轴线所在的平面内，动平台的位置只与主动输入R_4与R_7有关，故该机构具有部分控制解耦性，属于尺度控制解耦类型。

7.2.2 支路为混合单开链的拓扑结构综合

为了说明并联机器人机构拓扑结构综合过程，举一个用支路为 HSOC$\{$I-B (1)$\}$ 的混合单开链生成 3T-0R 并联机器人机构的例子。

步骤 1 确定并联机器人机构运动输出特征矩阵 $\boldsymbol{M}_{\mathrm{Pa}}$。

$$\boldsymbol{M}_{\mathrm{Pa}}=\begin{bmatrix} t^3 \\ r^0 \end{bmatrix}$$

步骤 2 构造 HSOC 支路的结构类型如表 7-1 所示。

步骤 3 确定支路组合方案。

支路组合方案考虑如下两种：

组合方案 1：2-HSOC$\{$I-B (1)$\}$。

组合方案 2：3-HSOC$\{$I-B (1)$\}$。

步骤 4 确定各基本回路的秩$\xi_{\mathrm{L}j}$。

1) 对于组合方案 2-HSOC$\{$I-B (1)$\}$，有

$$\sum_{j=1}^{3}\xi_{\mathrm{L}j}=\sum_{i=1}^{m}f_i-F+\varOmega=14-3+0=11$$

2-HSOC$\{$I-B (1)$\}$的两条支路分别包含一个ξ_{L}=3 的平面 4 杆回路，$\xi_{\mathrm{L}j}$的分配方案只有一种：

$$\xi_{\mathrm{L}1}=\xi_{\mathrm{L}2}=3,\quad \xi_{\mathrm{L}3}=5$$

2) 对于组合方案 3-HSOC$\{$I-B (1)$\}$，分两种情况。

当虚约束$\varOmega$=0 时，$\sum_{j=1}^{5}\xi_{\mathrm{L}j}=\sum_{i=1}^{m}f_i-F+\varOmega=21-3+0=18$。3-HSOC$\{$I-B (1)$\}$各包含一个$\xi_{\mathrm{L}}$=3 平面 4 杆回路，分配方案有两种：

① $\xi_{\mathrm{L}1}=\xi_{\mathrm{L}2}=\xi_{\mathrm{L}3}=3$，$\xi_{\mathrm{L}4}=4$，$\xi_{\mathrm{L}5}=5$；

② $\xi_{\mathrm{L}1}=\xi_{\mathrm{L}2}=\xi_{\mathrm{L}3}=3$，$\xi_{\mathrm{L}4}=3$，$\xi_{\mathrm{L}5}=6$。

当$\varOmega$=1 时，$\sum_{j=1}^{5}\xi_{\mathrm{L}j}=\sum_{i=1}^{m}f_i-F+\varOmega=21-3+1=19$。3-HSOC$\{$I-B (1)$\}$的分配方案也有两种：

① $\xi_{\mathrm{L}1}=\xi_{\mathrm{L}2}=\xi_{\mathrm{L}3}=3$，$\xi_{\mathrm{L}4}=\xi_{\mathrm{L}5}=5$；

② $\xi_{\mathrm{L}1}=\xi_{\mathrm{L}2}=\xi_{\mathrm{L}3}=3$，$\xi_{\mathrm{L}4}=4$，$\xi_{\mathrm{L}5}=6$。

这里，假定$\varOmega$=1，在获得该机构后，应证明$\varOmega$=1，否则，假设不成立。此外，需要指出的是，上述的秩分配方案考虑了混合单开链支路的回路。如果直接将混合单开链的回路

部分用等效支路代替，从而去除支路部分的回路，分析结果是一样的，只是本例的分析更具普遍意义。

步骤 5 确定基本回路结构类型。

1) 对支路组合方案为 2-HSOC$\{$I-B (1)$\}$ 的秩分配方案（$\xi_{L1}=\xi_{L2}=3$，$\xi_{L3}=5$），因两条支路已含有$\xi_{L1}=\xi_{L2}=3$ 的两平面回路，则两条 HSOC$\{$I-B (1)$\}$ 支路结构类型的混合单开链应构成$\xi_{L3}=5$ 的回路。由一般过约束回路分析可知，$\xi_{L3}=5$ 的基本回路结构类型存在，结构组成为

$$\mathrm{SLC}\left\{\text{-P//R(-P}^{(4R)}\text{)//R-R(-P}^{(4R)}\text{)//R//P-}\right\}$$

2) 对支路组合方案为 3-HSOC{I-B (1)}的秩的 4 种分配方案，因 3 条支路已含有$\xi_{L1}=\xi_{L2}=\xi_{L3}=3$ 的 3 个平面回路，则由 3-HSOC{-P//R (-P^{4R}) //R}构成另两个秩分别为ξ_{L4}和ξ_{L5}的基本回路。

① 当$\xi_{L4}=4$，$\xi_{L5}=5$ 时，其对应基本回路结构类型分别为

$$\mathrm{SLC}_4\{\text{-R//R//(-P}^{(4R)}\text{)//R//R//(-P}^{(4R)}\text{)//R//P-}\},\quad \xi_{L4}=4$$
$$\mathrm{SLC}_5\{\text{-R//R//(-P}^{(4R)}\text{)//R-R//(-P}^{(4R)}\text{)//R//P-}\},\quad \xi_{L5}=5$$

② 当$\xi_{L4}=5$，$\xi_{L5}=5$ 时，其对应基本回路结构类型分别为

$$\mathrm{SLC}_4\{\text{-R//R//(-P}^{(4R)}\text{)//R-R//(-P}^{(4R)}\text{)//R//P-}\},\quad \xi_{L4}=5$$
$$\mathrm{SLC}_5\{\text{-R//R//(-P}^{(4R)}\text{)//R-R//(-P}^{(4R)}\text{)//R//P-}\},\quad \xi_{L5}=5$$

③ 当$\xi_{L4}=3$，$\xi_{L5}=6$ 时，2-HSOC{-P//R (-$P^{(4R)}$) //R-}不可能构成$\xi_{L5}=6$ 的回路，故该方案应删除。

④ 当$\xi_{L4}=4$，$\xi_{L5}=6$ 时，2-HSOC{-P//R (-$P^{(4R)}$) //R-}不可能构成$\xi_{L5}=6$ 的回路，故该方案应删除。

步骤 6 确定支路两平台之间的配置方位。

1) 对支路组合为 2-HSOC{I-B (1)}的并联机器人机构，两支路在两平台之间的配置为$R_4 \# R_8$，如图 7-6 (a) 所示。其运动输出特征方程为

$$\boldsymbol{M}_{Pa}=\begin{bmatrix} t^3 \\ r^1(//R_4) \end{bmatrix}\cap\begin{bmatrix} t^3 \\ r^1(//R_8) \end{bmatrix}=\begin{bmatrix} t^3 \\ r^0 \end{bmatrix}$$

2) 对支路组合为 3-HSOC{I-B (1)}的并联机器人机构（$\xi_{L4}=4$，$\xi_{L5}=5$，$\Omega=0$），三支路在两平台之间的配置方位为$R_4 \# R_8 //R_{12}$，如图 7-6 (b) 所示。运动输出特征方程为

$$\boldsymbol{M}_{Pa}=\begin{bmatrix} t^3 \\ r^1(//R_4) \end{bmatrix}\cap\begin{bmatrix} t^3 \\ r^1(//R_8) \end{bmatrix}\cap\begin{bmatrix} t^3 \\ r^1(//R_{12}//R_8) \end{bmatrix}=\begin{bmatrix} t^3 \\ r^0 \end{bmatrix}$$

3) 对支路组合为 3-HSOC{I-B (1)}的并联机器人机构（$\xi_{L4}=\xi_{L5}=5$，$\Omega=1$），三支路在两平台之间的配置方位为$R_4 \# \square(R_8, R_{12})$，如图 7-6 (c) 所示。运动输出特征方程为

$$\boldsymbol{M}_{\mathrm{Pa}}=\begin{bmatrix} t^3 \\ r^1(//\mathrm{R}_4) \end{bmatrix} \cap \begin{bmatrix} t^3 \\ r^1(//\mathrm{R}_8) \end{bmatrix} \cap \begin{bmatrix} t^3 \\ r^1(//\mathrm{R}_{12}) \end{bmatrix} = \begin{bmatrix} t^3 \\ r^0 \end{bmatrix}$$

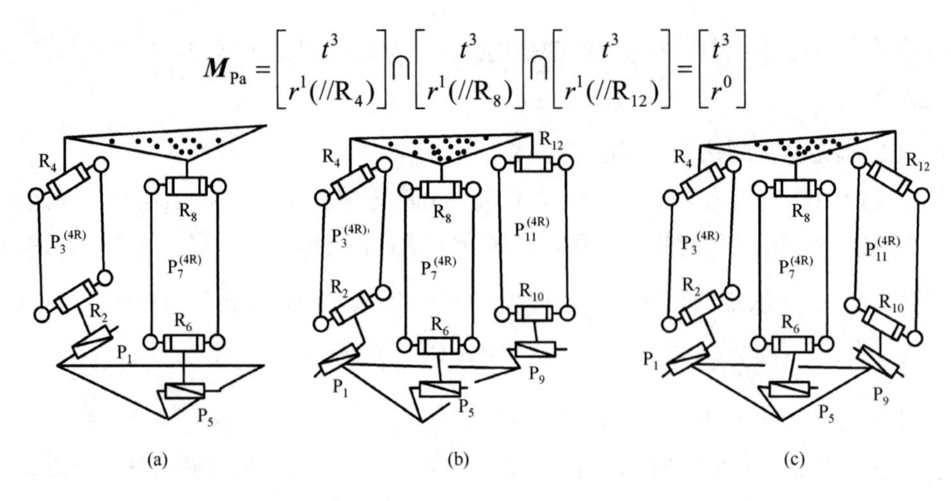

图 7-6　一种支路为混合单开链的 3T-0R 并联机器人机构

参照图 7-3 对应的方法，在此也可以证明图 7-6(c)所示的并联机构虚约束 $\varOmega=1$，这意味着步骤 4 所做的假定成立，该种机构的结构形式存在。

步骤 7 判定机构消极运动副。

由消极运动副判定准则，不难判定图 7-6 所示的 3 种并联机器人机构皆不含消极运动副。

步骤 8 确定主动副位置。

1) 对图 7-6(a)所示的并联机器人机构，由主动副判定准则易知主动副可任选，但 3 个主动副不可能位于同一平台。

2) 对图 7-6(b)所示的并联机器人机构，根据主动副判定准则可以判定静平台上的 3 个 P 副能够同时为主动副，同一平台的 R_4、R_8 与 R_{12} 也可同时为主动副。

3) 对图 7-6(c)所示的并联机器人机构，根据主动副判定准则可以判定静平台上的 3 个 P 副能够同时为主动副，同一平台的 R_4、R_8 与 R_{12} 也可同时为主动副。

步骤 9 确定机构耦合度及 BKC。

1) 图 7-6(a)本质上为两支路并联机器人机构，因此无须确定机构耦合度及 BKC。

2) 对图 7-6(b)所示的并联机器人机构，$\xi_{\mathrm{L4}}=4$，$\xi_{\mathrm{L5}}=5$，R_4、R_8 与 R_{12} 同时为主动副，由耦合度算法可知

$$\left.\begin{array}{l}\mathrm{SLC}_1\left\{\text{-}\mathrm{P}_1//\mathrm{R}_2//(\text{-}\mathrm{P}_3^{(4\mathrm{R})})//\mathrm{R}_4\text{-}\mathrm{R}_8(\text{-}\mathrm{P}_7^{(4\mathrm{R})})//\mathrm{R}_6//\mathrm{P}_7\text{-}\right\},\quad \varDelta_1=\sum_{i=1}^{m_1} f_i-I_1-\xi_{\mathrm{L5}}=8-2-5=+1 \\ \mathrm{SOC}_2\left\{\text{-}\mathrm{P}_9//\mathrm{R}_{10}//(\text{-}\mathrm{P}_{11}^{(4\mathrm{R})})//\mathrm{R}_{12}-\right\},\quad \varDelta_2=\sum_{i=1}^{m_2} f_i-I_2-\xi_{\mathrm{L4}}=4-1-4=-1\end{array}\right\}\sum_{j=1}^{2}\varDelta_j=0$$

机构耦合度 $k=\dfrac{1}{2}\sum_{j=1}^{2}\left|\varDelta_j\right|=1$。该机构只含有一个 BKC[$F$=0, v=2, k=1]。应注意到，计算耦合度时，用 $\mathrm{P}^{(4\mathrm{R})}$ 替代了平行四边形机构，即用 HSOC 的等效单开链支路进行分析。

3) 对图 7-6(c) 所示的并联机器人机构，$\xi_{L4}=5$，$\xi_{L5}=5-\Omega=5-1=4$，P_1、P_5 与 P_9 为主动副，由耦合度算法可知

$$\left.\begin{array}{ll} \text{SLC}_1\left\{\text{-P}_1//\text{R}_2//(\text{-P}_3^{(4\text{R})})//\text{R}_4\text{-R}_8(\text{-P}_7^{(4\text{R})})//\text{R}_6//\text{P}_5\text{-}\right\}, & \Delta_1=\sum_{j=1}^{m_1} f_i - I_1 - \xi_{L4} = 8-2-5=+1 \\ \text{SOC}_2\left\{\text{-P}_9//\text{R}_{10}//(\text{-P}_{11}^{(4\text{R})})//\text{R}_{12}\text{-}\right\}, & \Delta_2=\sum_{j=1}^{m_2} f_i - I_2 - \xi_{L5} = 4-1-4=-1 \end{array}\right\} \sum_{j=1}^{2}\Delta_j = 0$$

机构耦合度 $k=\dfrac{1}{2}\sum_{j=1}^{2}\left|\Delta_j\right|=1$。该机构只含一个 BKC[$F$=0, v=2, k=1]。

步骤 10 判定活动度类型与控制解耦性。

图 7-6(b)、(c) 所示的并联机器人机构皆只含有一个 BKC，为完全活动度，不存在拓扑控制解耦。由于动平台位姿取决于 3 个主动输入，故不存在控制解耦。

应该说明的是，对于上述混合单开链拓扑结构综合示例，在秩分配和确定基本回路结构类型的过程中，将混合单开链中的 4R 平行四边形机构作为独立回路进行分析，而没有用其等效单开链来取代，这增加了复杂度。

7.3　3T-0R 并联机器人机构拓扑结构类型及其分类

7.3.1　拓扑结构基本类型及其扩展

1. 3T-0R 并联机器人机构的基本类型

对 7.1.3 节给出了 13 种支路组合方案，按照上述并联机器人机构拓扑结构综合过程，共得到 15 种 3T-0R 并联机器人机构的结构类型，分别为表 7-2 的 No.1～No.9，No.13～No.15 以及 No.19～No.21 所示的并联机器人机构。其中，由支路组合方案 1) 得到 No.2 与 No.3 两种并联机器人机构；由支路组合方案 10) 得到 No.14 与 No.15 两种并联机器人机构。

表 7-2　3T-0R 并联机器人机构拓扑结构类型及其拓扑结构特征

No.	1	2	3
机构简图			
虚约束	0	0	1
基本回路的秩	5	5, 4	5, 5
机构耦合度	0	1	1

续表

控制解耦性	无	部分控制解耦	无
主动副位置	任取3个运动副	3个P副不能同时为主动副	3个主动副可位于同一平台
对称性	2条支路结构相同	3条支路结构相同	3条支路结构相同
消极运动副	无	无	无
No.	4	5	6
机构简图	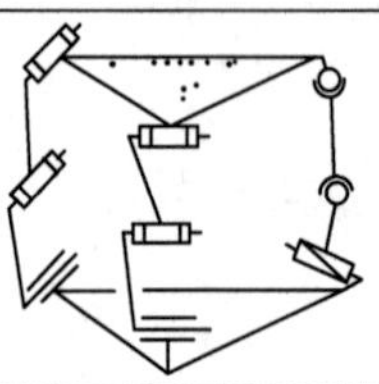	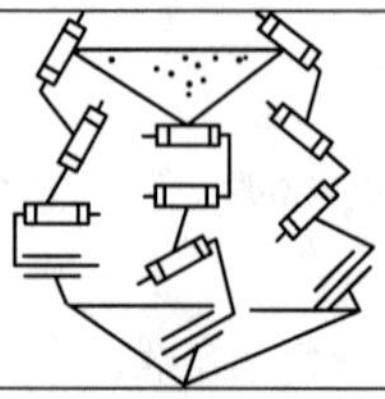	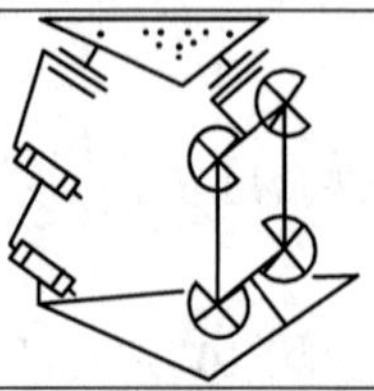
虚约束	0	0	0
基本回路的秩	5, 6	6, 6	5, 6
机构耦合度k	1	2	0，0
控制解耦性	无	无	无
主动副位置	3个主动副可位于同一平台	3个主动副可位于同一平台	3个主动副可位于同一平台
对称性	2条支路结构相同	3条支路结构相同	支路结构不同
消极运动副	无	无	无
No.	7	8	9
机构简图	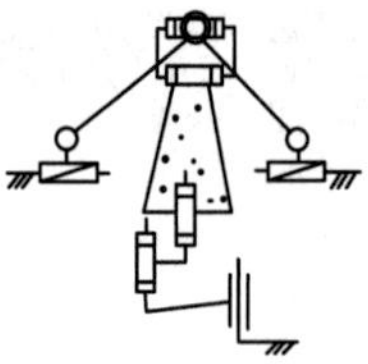	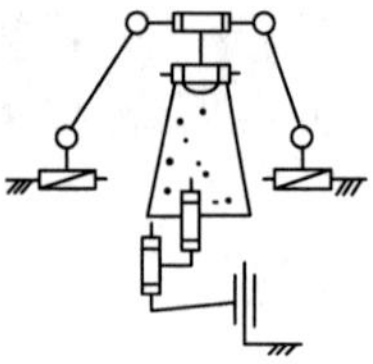	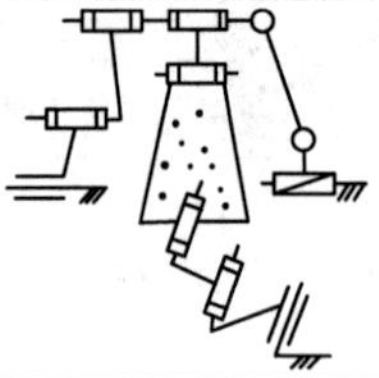
虚约束	0	0	0
基本回路的秩	3, 6	3, 6	5, 6
机构耦合度	0	0，0	0，0
控制解耦性	无	无	无
主动副位置	3个主动副可位于同一平台	3个主动副可位于同一平台	3个主动副可位于同一平台
对称性	支路结构不同	支路结构不同	支路结构不同
消极运动副	无	无	无
No.	10	11	12
机构简图	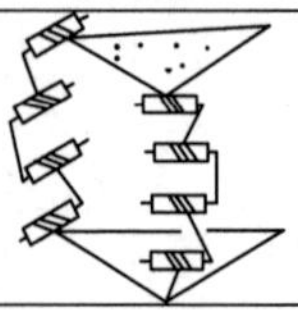	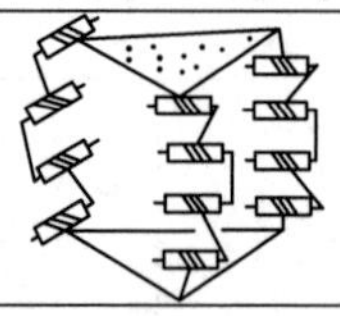	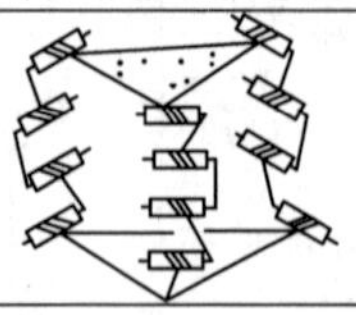
虚约束	0	0	1
基本回路的秩	5	5, 4	5, 5
机构耦合度	0	1	1
控制解耦性	无	无	无
主动副位置	任取3个主动副	3个主动副可位于同一平台	3个主动副可位于同一平台

续表

对称性	2条支路结构相同	3条支路结构相同	3条支路结构相同
消极运动副	无	无	无
No.	13	14	15
机构 简图	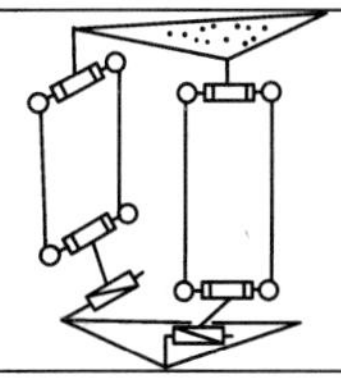	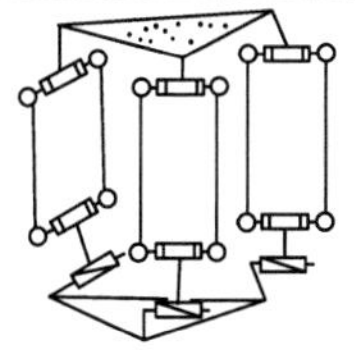	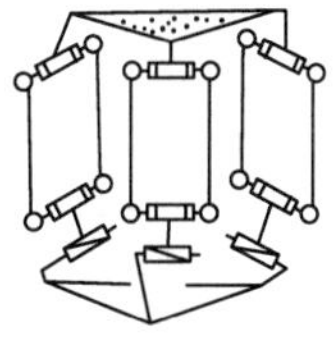
虚约束	0	0	1
基本回路的秩	3, 3, 5	3, 3, 3, 5, 4	3, 3, 3, 5, 5
机构耦合度	0	1	1
控制解耦性	无	无	无
主动副位置	3个主动副不能在同一平台	3个主动副可位于同一平台	3个主动副可位于同一平台
对称性	2条支路结构相同	3条支路结构相同	3条支路结构相同
消极运动副	无	无	无
No.	16	17	18
机构 简图	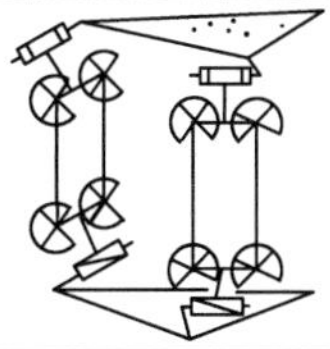	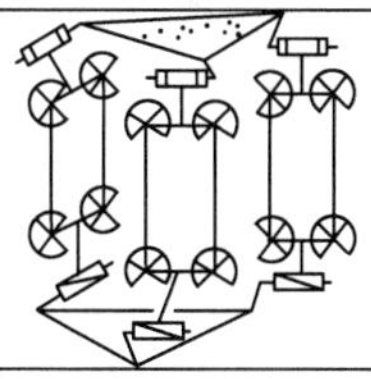	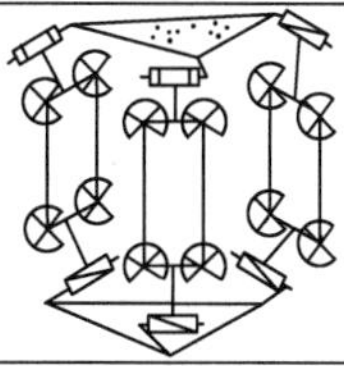
虚约束	0	0	1
基本回路的秩	6, 6, 5	6, 6, 6, 5, 4	6, 6, 6, 5, 5
机构耦合度	0	1	1
控制解耦性	无	无	无
主动副位置	3个主动副不能在同一平台	3个主动副可位于同一平台	3个主动副可位于同一平台
对称性	2条支路结构相同	3条支路结构相同	3条支路结构相同
消极运动副	无	无	无
No.	19	20	21
机构简图	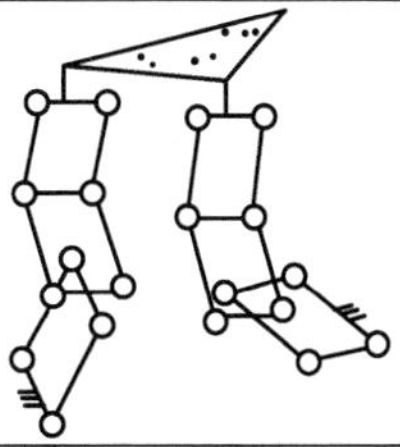	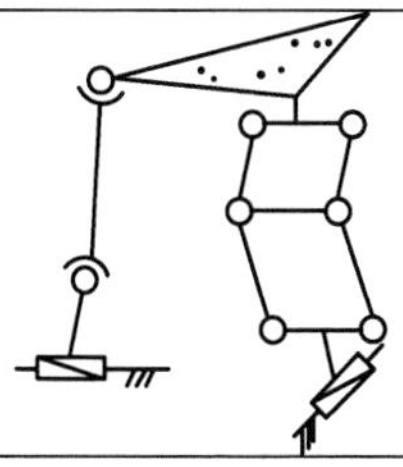	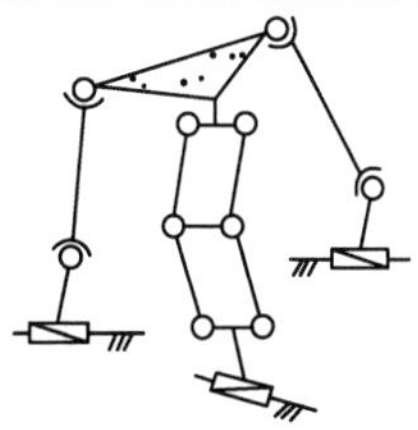
虚约束	0	0	0
基本回路的秩	3, 3, 3, 3, 3, 3, 3	3, 3, 6	3, 3, 6, 6
机构耦合度	0	0	1
控制解耦性	无	无	无
主动副位置	3个主动副不能在同一平台	3个主动副不能在同一平台	3个主动副可位于同一平台
对称性	2条支路结构相同	支路结构不同	2条支路结构相同

续表

消极运动副	无	无	无
No.	22	23	24
机构简图			
虚约束	0	0	0
基本回路的秩	6, 6	6, 6, 6, 6, 6	6, 6, 6, 6, 6
机构耦合度	2	1	1
控制解耦性	无	无	无
主动副位置	3个主动副可位于同一平台	3个主动副可位于同一平台	3个主动副可位于同一平台
对称性	3条支路结构相同	3条支路结构相同	3条支路结构相同
消极运动副	无	无	无

2. 基于等效支路的完全取代扩展

1）基于含P副或H副的输出特征等效支路扩展。例如，由表7-1可知，与SOC{II-B（1）}=SOC{-R//R//R//P-}运动输出特征等效且含有P副或H副的支路有

① SOC{I-B（1）}，即SOC{-H//H//H//H-}。

② HSOC{I-B（1）}，即HSOC{-R(-P$^{(4R)}$)//R//P-}。

③ HSOC{II-B（1）}，即HSOC{-R(-P$^{(4U)}$)//R$^{(4U)}$-P-}。

用三种等效支路分别替代表7-2的No.1～No.3并联机器人机构各支路，可得到9种新类型，如表7-2中的No.10～No.12，No.13～No.15，No.16～No.18所示。

若将三种等效支路分别替代表7-2中的No.4并联机器人机构的两条SOC{-R//R//C-}支路，可得到三种新类型，简图从略。

若将与SOC{II-C（1）}={-R//R-R//R-P-}运动输出等效的含H副的SOC{I-C（1）}={-H//H//H- H//H -}支路替代表7-2中的No.5并联机器人机构各支路，可得到一种新类型。

2）基于不含P副或H副的输出特征特效支路类型扩展。例如，由表7-1可知，与SOC{II-B（1）}=SOC{-R//R//R//P-}运动输出特征等效且不含P副或H副的支路有

① HSOC{I-B（2）}，即HSOC{-R(-P$^{(4R)}$)//R//R-}。

② HSOC{II-B（2）}，即HSOC{-R(-P$^{(4U)}$)//R$^{(4U)}$//R-}。

用两种等效支路分别替代表7-2中的No.1～No.3并联机器人机构各支路，可得到6种新类型；若替代No.4机构的SOC{-R//R//C-}支路，可得到两种新类型。

3) 基于运动副替代的类型扩展。

用 C 副、U 副，尤其是 S 副替代支路的局部结构，有时可显著简化机构，并改善机构性能。例如，用图 7-7(a)、(b)所示的支路可以分别替代表 7-1 中的 HSOC{I-B(1)}支路与 HSOC{II-C(1)}支路，以生成新的拓扑结构类型。

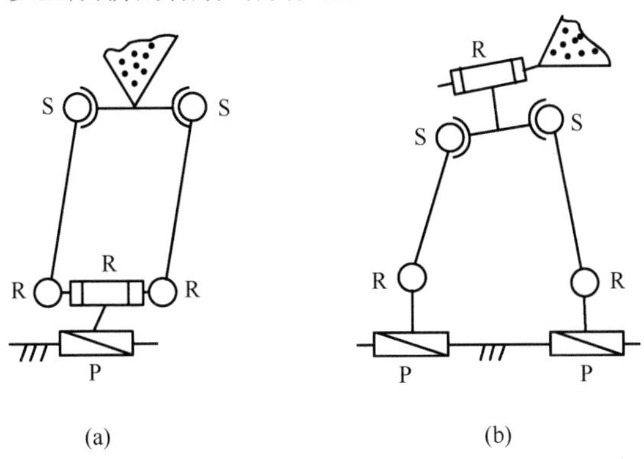

图 7-7　用 S 副替代支路局部结构的扩展

3. 基于等效支路的部分取代扩展

为了满足机构设计的某些功能要求，有时需要基于运动输出特征等效支路的部分取代扩展。例如，图 6-15(a)所示的并联机器人机构结构对称、简单，但同一平台 3 个 P 副不能同时为主动副。若以表 7-1 的 HSOC{I-B(1)}=HSOC{-R(-P$^{(4R)}$)//R//P-}替代图 6-15(a)所示机构的两相互平行支路之一，可得到图 7-8 (a)所示的并联机器人机构，这时，若选取同一平台上 3 个移动副 P_3(对应 C_3)、P_6 与 P_9(对应 C_9)为主动副并刚化，可得到如图 7-8(b)所示的机构。新机构的两基本回路的结构组成分别为 $SLC_1\{-R_1//R_2//R_3-R_5(-P^{(4R)})//R_4-\}$ 与 $SLC_2\{-R_7//R_8//R_9//R_5(-P^{(4R)})//R_4-\}$，回路的秩分别为 $\xi_{L1}=5$，$\xi_{L2}=4$，故新机构的活动度 $F^*=0$。由主动副存在准则可知，图 7-8(a)所示的并联机器人机构同一平台的 3 个移动副可同时为主动副。该例表明等效支路的部分取代可改善原机构的某些特性。

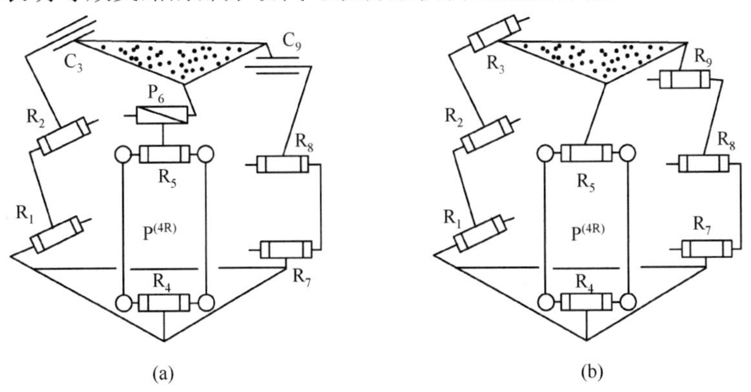

图 7-8　一种 3T-0R 并联机器人机构

又如，图 7-4 所示的并联机器人机构结构对称，其为图 7-3(a)的特例，但同一平台

3 个 P 副不能同时为主动副。若以表 7-1 的 HSOC{I-B(1)}=HSOC{-R(-P$^{(4R)}$)//R//P-}替代其中一条支路，可得到图 7-9 所示的 3T-0R 并联机器人机构。根据主动副判定准则，该并联机器人机构同一平台上的 3 个 P 副可同时为主动副。

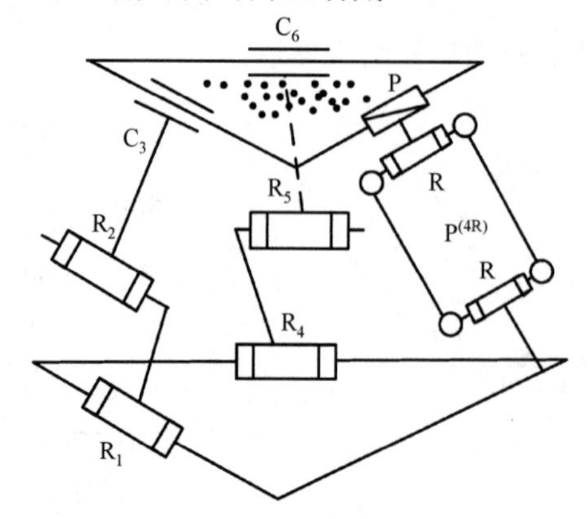

图 7-9　等效支路部分替代的 3T-0R 并联机器人机构

4. 基于改变支路运动副次序或方向的类型扩展

1) 在保持运动输出特征矩阵不变的前提下，改变支路的运动副次序，可以增加新类型。例如，支路 SOC{-R//R//C-} 等效于 SOC{-R//C//R-}。又如，图 7-10 所示的两种混合单开链支路运动输出特征等效，其区别仅在于 4R 平行四边形回路在支路中位置不同。

2) 在保持运动输出特征矩阵不变的前提下，改变支路的运动副轴线方向，可以增加新类型。例如，图 7-11 所示的两支路运动输出特征矩阵相同，区别仅在于 P 副轴线由平行于 R 副改变为垂直于 R 副。

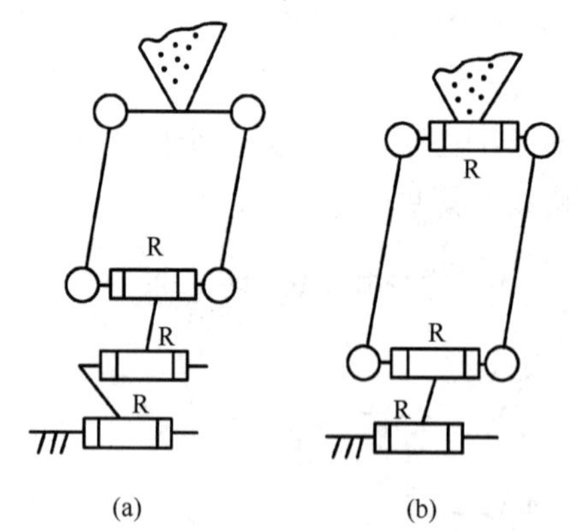

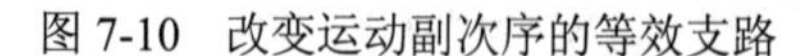

图 7-10　改变运动副次序的等效支路

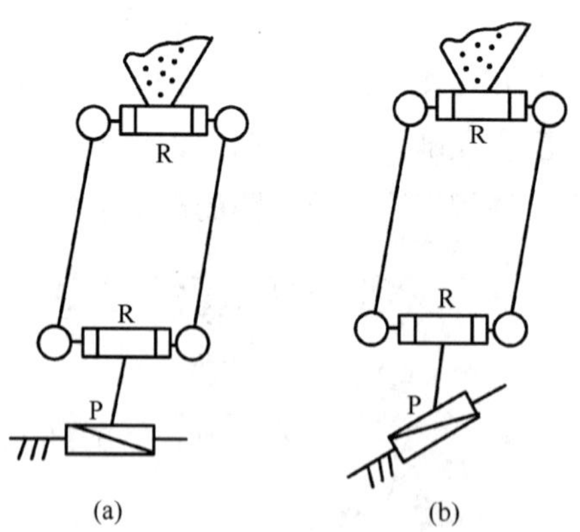

图 7-11　改变运动副轴线方向的等效支路

7.3.2 基于瞬时运动输出特性的拓扑结构类型

表 7-1 中所有支路类型都包含三维平移输出，这一特点适用于支路运动到任一位置，

故可直接用于纯三维平移输出的并联机器人机构的拓扑结构综合。不仅如此，也可利用瞬时运动输出特性获得所需要的拓扑结构类型。下面给出两个例子。

例 7-1　图 7-12(a)所示支路的结构组成为 SOC$\{-P_1-\widehat{R_2\perp R_3}//\widehat{R_4\perp R_5}-\}$（U 副视为两个垂直相交的转动副），在机构运动过程中，一般情况下 $R_2\nparallel R_5$。因此，该支路有 5 个独立运动输出且总伴随一个非独立运动输出。然而，在机构运动过程中总是存在某一瞬时位置使 $R_2//R_5$，该瞬时位置的支路速度输出特征矩阵 $\dot{\boldsymbol{M}}_S$ 为

$$\dot{\boldsymbol{M}}_S=\begin{bmatrix}\dot{t}^3\\ \dot{r}^2(//\diamond(R_4,R_5))\end{bmatrix}$$

上式表明该支路具有 3 个瞬时独立平移输出与两个瞬时独立转动输出，两个瞬时转动方向平行于平面 $\diamond(R_4,R_5)$。而 R_4 与 R_5 的公垂线方向的瞬时转动速度输出为零。

若在两平台之间并联 3 条 SOC$\{-P_1-\widehat{R_2\perp R_3}//\widehat{R_4\perp R_5}-\}$ 支路，其配置方位为：

1) 对每一条支路，有 $R_{2i}//R_{5i}$ $(i=1,2,3)$。

2) 3 条支路的 3 个平面 $\diamond(R_{4i},R_{5i})$ 之中，任意两平面的交线不平行于另一平面。

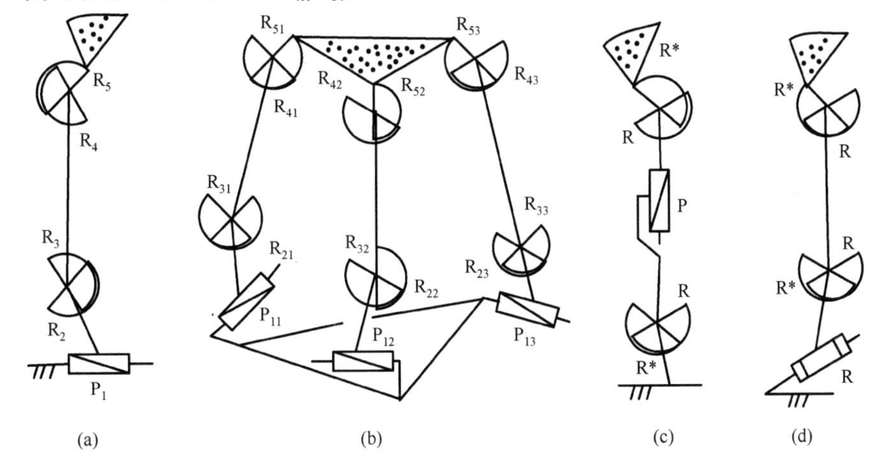

图 7-12　3-SOC{-P-R*⊥R//R⊥R*-}的并联机器人机构

满足以上条件的并联机器人机构如图 7-12(b)所示。该机构活动度为

$$F=\sum_{i=1}^{m}f_i-\min\left\{\sum_{j=1}^{2}\xi_{Lj}\right\}=15-2\times6=3$$

由并联机器人机构的速度输出特征方程可知，其速度输出特征矩阵为

$$\dot{\boldsymbol{M}}_{Pa}=\bigcap_{i=1}^{3}\begin{bmatrix}\dot{t}^3\\ \dot{r}_i^2(//\diamond(R_{4i},R_{5i}))\end{bmatrix}=\begin{bmatrix}\dot{t}^3\\ \dot{r}^0\end{bmatrix}$$

上式表明该并联机器人机构的瞬时转动输出为零，即动平台仅有瞬时三维平移输出。

对由瞬时运动特性导出的 3T-0R 并联机器人机构，还应考虑：

1) 检验机构运动到任一位置是否都具有瞬时纯三维平移输出特性。如果答案是肯定的，才能认为该机构为 3T-0R 并联机器人机构。对于本例，答案是肯定的，见表 7-2 中的 No.22。

2) 由于制造、安装以及受力变形等因素影响，会使特定位置的转动副轴线关系 $R_2//R_5$ 产生偏差，继而动平台可能出现微小转动，而且该转动有可能进一步扩大各支路中 R_2 与 R_5 的不平行度。

对于图 7-12(b) 所示的并联机器人机构，也可用其他等效支路[如图 7-12(c)、(d)]进行替代，以扩展类型，这里不再赘述。

例 7-2 图 7-13(a) 为对边相等的 4S 机构，即 3T-0R Delta 并联机器人，3T-0R Delta 并联机器人机构其活动度 F=4 [不计连杆 $(S_1\text{-}S_2)$ 与 $(S_3\text{-}S_4)$ 绕自身轴线的局部转动自由度]。为确定连杆 1 相对于机架 0 的方位，需给定绕 $(S_1\text{-}S_4)$ 轴线的转角、连杆 $(S_1\text{-}S_2)$ 与连杆 $(S_1\text{-}S_4)$ 之间的夹角、连杆 1 绕 $(S_2\text{-}S_3)$ 轴线的转角以及三角形 $(S_2\text{-}S_3\text{-}S_4)$ 绕 $(S_2\text{-}S_4)$ 轴线的转角。一般而言，在机构运动过程中，4 个 S 副构成对边相等但不平行的空间四边形。然而，对于三角形 $(S_2\text{-}S_3\text{-}S_4)$ 绕 $(S_2\text{-}S_4)$ 轴线的转动总存在某一瞬时位置，使 4S 副成为平行四边形，再串联一个与 $(S_1\text{-}S_4)$ 轴线平行的 P 副[图 7-13(c)]，则该混合单开链的瞬时结构组成为

$$\text{HSOC}\left\{\text{-P//R}^{(S_1\text{-}S_4)}(\text{-P}^{(4S)}\text{-R}^{(S_2\text{-}S_4)})\text{//R}^{(S_2\text{-}S_3)}\text{-}\right\}$$

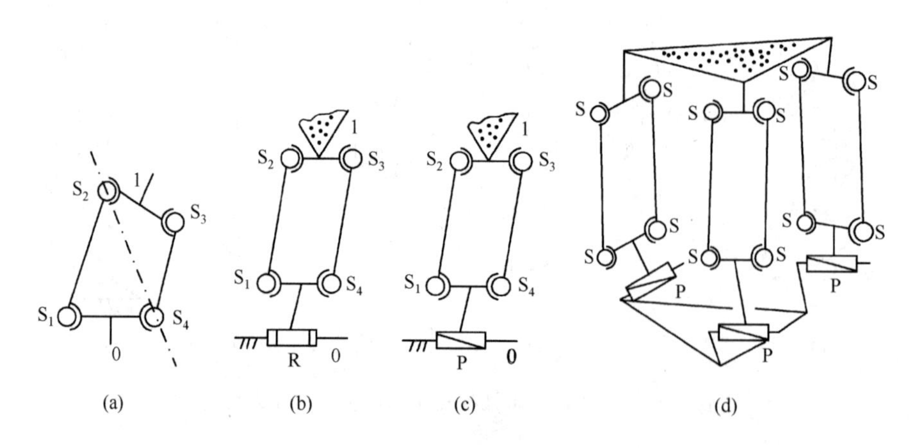

图 7-13 3T-0R Delta 并联机器人机构

其速度输出特征矩阵为

$$\dot{\boldsymbol{M}}_{\text{HS}}=\begin{bmatrix} \dot{t}^3 \\ \dot{r}_i^2(//\square(\text{R}^{(S_2-S_3)},\text{R}^{(S_2-S_4)})) \end{bmatrix}$$

上式表明图 7-13(c) 所示的支路有 3 个瞬时独立平移输出与两个瞬时独立转动输出，两个瞬时转动方向平行于 $\square(\text{R}^{(S_2-S_3)},\text{R}^{(S_2-S_4)})$，该平面法线方向的转动速度为零。

若在两平台之间连接 3 条上述混合单开链支路，且其配置方位为：

1) 对每一条支路，有 $\text{R}_i^{(S_1-S_4)}//\text{R}_i^{(S_2-S_3)}$（$i=1,2,3$）。

2) 3 条支路对应的 3 个 4S 机构所构成的平面中，任意两平面交线不平行于另一平面。

满足以上两条件的并联机器人机构如图 7-13(d)所示，该并联机器人机构活动度为

$$F=\sum_{i=1}^{15} f_i-\min\left\{\sum_{j=1}^{5}\xi_{\mathrm{L}j}\right\}=39-5\times 6=9$$

去掉 3 个(S_1-S_2)连杆与 3 个(S_3-S_4)连杆绕自身轴线的局部瞬时转动自由度，该机构活动度为 F=3。

由并联机器人机构速度输出特征方程可知，其速度输出特征矩阵为

$$\dot{\boldsymbol{M}}_{\mathrm{Pa}}=\bigcap_{i=1}^{3}\begin{bmatrix}\dot{t}^3\\ \dot{r}_i^2(//\square(\mathrm{R}_i^{(S_2-S_3)},\mathrm{R}_i^{(S_2-S_4)})\end{bmatrix}_{\mathrm{Pa}}=\begin{bmatrix}\dot{t}^3\\ \dot{r}^0\end{bmatrix}$$

上式表明该并联机器人机构的瞬时转动输出皆为零，动平台仅有瞬时纯三维平移输出，这就是著名的 Delta 机构。对图 7-13(d)所示的 Delta 机构还应做如下考虑：

1) 检验机构运动到任一位置是否都具有瞬时纯三维平移输出特性。只有答案是肯定的，才能认为该机构为 3T-0R 并联机器人机构。

2) 类似于图 7-12(b)所示的并联机器人机构，应对 Delta 机构运动输出误差的敏感性进行研究。

当对图 7-13(d)所示的并联机器人进行装配时，若使每一支路的 4S 机构保持为平行四边形回路，即 $\mathrm{R}^{(S_1-S_4)}//\mathrm{R}^{(S_2-S_3)}$，则其绕($S_2$-$S_4$)轴线的转动必须为消极自由度。证明如下：

若将 3 条支路的绕 (S_2-S_4)轴线的转动 $\mathrm{R}^{(S_2-S_4)}$ 皆刚化，得到新机构的每一支路结构组成为 HSOC$\{$-P//$\mathrm{R}^{(S_1-S_4)}$(-P^{4S})//$\mathrm{R}^{(S_2-S_3)}$-$\}$，其运动输出特征等效单开链为表 7-1 中的 HSOC$\{$I-B(1)$\}$，对照图 7-6(c)所示的机构，可知新机构的活动度为 3。由于刚化前、后两机构活动度相等，根据消极运动副判定准则，这 3 个转动 $\mathrm{R}^{(S_2-S_4)}$ 皆为消极自由度，即 3 个 4S 机构皆保持装配时的平行四边形不变。这样，在整个并联机器人机构运动过程中，其运动输出皆为纯三维平移。因此，前述的考虑 1)是肯定的，该机构为 3T-0R 并联机器人机构。

若机械装配使 4S 机构成为空间 4 杆回路，即 $\mathrm{R}^{(S_1-S_4)}\nparallel\mathrm{R}^{(S_2-S_3)}$，则 Delta 并联机器人机构丧失纯三维平移输出特性。因此，在 Delta 机构装配时，必须使各支路的 4S 机构皆保持平行四边形。否则，影响其纯三维平移输出特性。

当机构装配使支路 4S 机构为平行四边形时，图 7-13(c)所示的混合单开链可替代表 7-2 中 No.2 与 No.3 并联机器人机构的各支路，并得到两种新类型，如表 7-2 中 No.23 与 No.24 所示。当然，也可用图 7-13(b)替代图 7-13(d)中并联机器人机构的各支路，以扩展类型，这里不再赘述。

7.3.3 拓扑结构特征及其分类

基于基本回路之间的虚约束、基本回路的秩、机构耦合度、控制解耦性、主动副位置、消极运动副以及结构对称性等，对经拓扑结构综合得到的 3T-0R 并联机器人机构进行分类，如表 7-2 所示。

按照机构设计的不同要求，推荐优选类型如下。

1) 支路结构对称性较强的类型：表 7-2 中 No.2、No.3、No.5、No.11、No.12、No.14、No.15、No.17、No.18、No.21～No.24 等并联机器人机构。其中 No.5 与 No.22 机构的耦合度为 $k=2$，其余类型皆为 $k=1$。显然，耦合度 $k=2$ 机构的运动学分析相对较为复杂。

2) 具有部分拓扑控制解耦的类型：表 7-2 中 No.2 并联机器人机构，其运动学分析也较简单，可得到解析解。

3) 一般过约束回路较多的类型：表 7-2 中 No.2、No.3、No.11、No.12、No.14、No.15、No.19 等并联机器人机构。该类机构刚度较大，但对制造误差较为敏感。

4) 含 S 副较多的类型：表 7-2 中 No.21、No.23、No.24 等并联机器人机构，其结构较为简单，运动较为灵活，但高精度的 S 副制造并不容易。

5) 基于瞬时运动输出特性得到的类型：表 7-2 中 No.22～No.24 等并联机器人机构。该类机构在装配时，应满足保持瞬时运动特性不变的条件。然而，制造与装配误差总会存在，故其运动敏感性较强。

习 题

7-1 试构造除表 7-1 外包含 3T 的其他支路结构类型。

7-2 根据主动副判定准则，试证明图 7-6(b)、(c)所示机构的 3 个 P 副均能够同时为主动副，同一平台的 R_4、R_8 与 R_{12} 也可同时为主动副。

7-3 试对采用如下支路组合方案的 3T-0R 并联机器人机构进行拓扑结构综合。

1) 2-SOC{II-B(1)}⊕SOC{II-D(2)}=2-SOC{-R//R//C-}⊕SOC{-R-S-S-}。

2) SOC{II-A(1)}⊕2-SOC{II-D(1)}=SOC{-P-P-P-}⊕2-SOC{-P-S-S-}。

3) 2-SOC{II-B(1)}⊕SOC{II-C(1)}=2-SOC{-R//R//C-}⊕SOC{-R//R-R//E-P-}。

4) SOC{II-B(1)}⊕2-SOC{II-C(1)}=SOC{-R//R//C-}⊕2-SOC{-R//R-R//R-P-}。

7-4 应用拓扑结构类型扩展方法，对 3T-0R 并联机器人机构进行扩展。

第 8 章 0T-3R 并联机器人机构拓扑结构综合与分类

本章讨论运动输出为 0 平移、3 转动（简记为 0T-3R）的并联机器人机构拓扑结构综合及其分类问题，内容包括支路结构类型与支路组合、0T-3R 并联机器人机构拓扑结构综合、0T-3R 并联机器人机构拓扑结构类型及其分类等。

8.1 支路结构类型与支路组合

0T-3R 并联机器人机构运动输出特征矩阵为 $\boldsymbol{M}_{\mathrm{Pa}}=\begin{bmatrix} t^0 \\ r^3 \end{bmatrix}$，其支路运动输出矩阵 $\boldsymbol{M}_{\mathrm{S}}$ 或 $\boldsymbol{M}_{\mathrm{HS}}$ 应满足式(6-15)，即

$$\boldsymbol{M}_{\mathrm{S}}\text{或}\boldsymbol{M}_{\mathrm{HS}} \supseteq \boldsymbol{M}_{\mathrm{Pa}}=\begin{bmatrix} t^0 \\ r^3 \end{bmatrix}$$

按上式构造两类支路：单开链(SOC)支路和含回路的混合单开链(HSOC)支路。

8.1.1 单开链支路结构类型

表 4-3 已列出部分只含 R 副与 P 副、相应于不同运动输出特征矩阵 $\boldsymbol{M}_{\mathrm{S}}$ 的 SOC 结构类型，可从中直接选取满足 $\boldsymbol{M}_{\mathrm{S}} \supseteq \boldsymbol{M}_{\mathrm{Pa}}$ 的结构类型。此外，也可构造满足 $\boldsymbol{M}_{\mathrm{S}} \supseteq \boldsymbol{M}_{\mathrm{Pa}}$ 的新支路类型，如表 8-1 中的 SOC{II-A(1)}、SOC{I-B(1)}、SOC{I-B(2)}和 SOC{II-C(3)}等支路类型。

表 8-1　包含 3 个独立转动输出的支路结构类型

支路运动输出特征矩阵 M_S 或 M_{HS}		SOC		HSOC		
		I	II	I	II	III
$\begin{bmatrix} t^0 \\ r^3 \end{bmatrix}$	A(1)	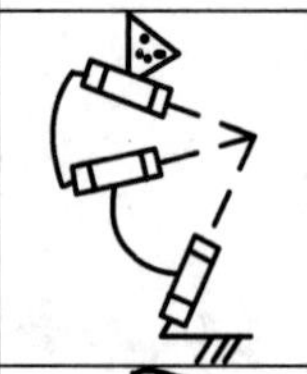				
	A(2)					
$\begin{bmatrix} t^1 \\ r^3 \end{bmatrix}$	B(1)			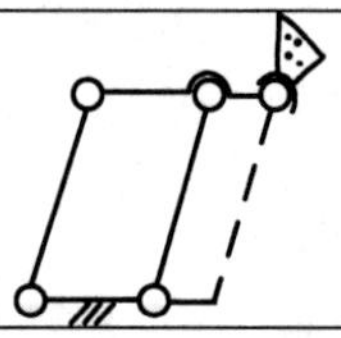		
	B(2)					
$\begin{bmatrix} t^2(\perp R) \\ r^3 \end{bmatrix}$	C(1)			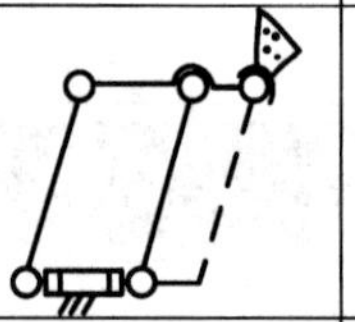		
	C(2)	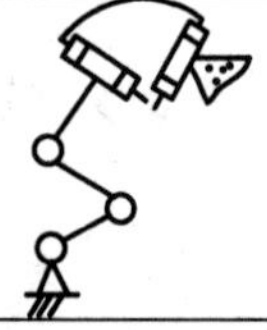			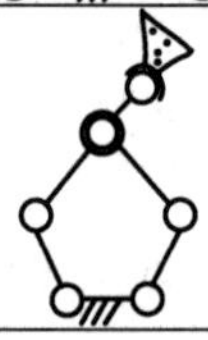	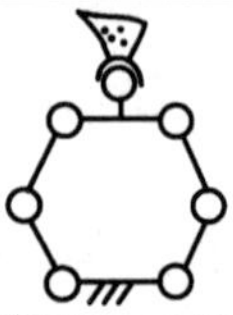
$\begin{bmatrix} t^2(\perp OO') \\ r^3 \end{bmatrix}$	C(3)					
$\begin{bmatrix} t^3 \\ r^3 \end{bmatrix}$	D(1)					
	D(2)	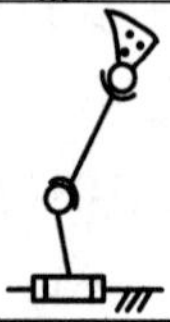			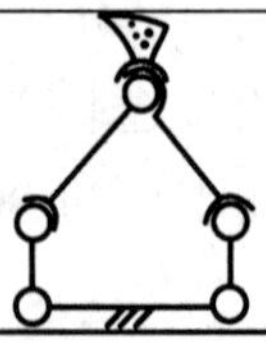	

8.1.2　混合单开链支路结构类型

用基于混合单开链(HSOC)支路的构成方法，构造满足 $\boldsymbol{M}_{\mathrm{HS}} \supseteq \boldsymbol{M}_{\mathrm{Pa}}$ 的 HSOC 支路结构类型，如表 8-1 所示。其中，HSOC{II-D(1)}是由表 6-1 所示的(3S-2P)混合单开链生成的，其符号表示为 HSOC{-P$^{(3S-2P)}$-P$^{(3S-2P)}$-R$^{(3S-2P)}$-S-}。该支路的更一般形式如图 8-1(a)所示，在回路 SLC{-S_1-P_2-S_3-P_4-S_5-}平面中，当主动输入的 P_2 与 P_4 给定时，S_3 到(S_1-S_2)轴线的垂直距离 h 为确定值，故该平面可绕(S_1-S_5)轴线转动，等效于图 8-1(b)所示的转动副 $R^{(S_1\text{-}S_5)}$。这时 $R^{(S_1\text{-}S_5)}$、S_3 与 S_6 位于同一连杆上，S_6 中心到(S_1-S_5)轴线的垂直距离已确定，只有平面绕(S_1-S_5)轴线的转角为未知变量。显然，图 8-1(a)支路结构避免了二重 S 副的制造困难。

又如，HSOC{I-C(1)}支路，其符号表示为 HSOC{-R-P$^{(4R)}$-S-}，如图 8-2 所示。因 $l_{R_1R_4}=l_{R_2R_3}$、$l_{R_1R_2}=l_{R_3R_4}=l_{S_6O_6}$，故 S_6 副中心的运动轨迹是以 O_6 为中心，以 $l_{R_3R_4}$ 为半径的球面。

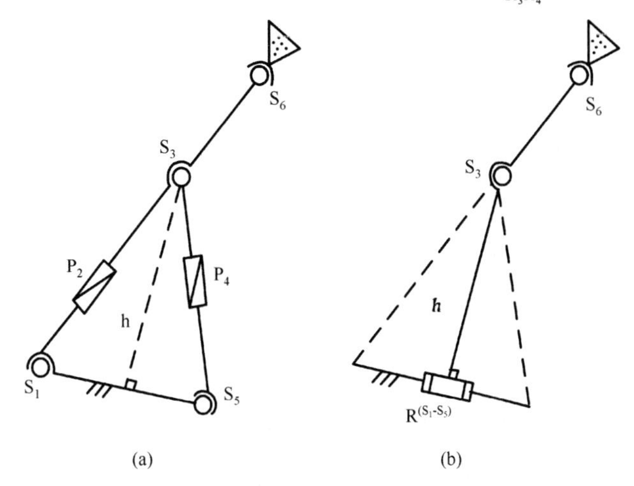

图 8-1　HSOC{-P$^{(3S-2P)}$-P$^{(3S-2P)}$-R$^{(3S-2P)}$-S-}的一般形式

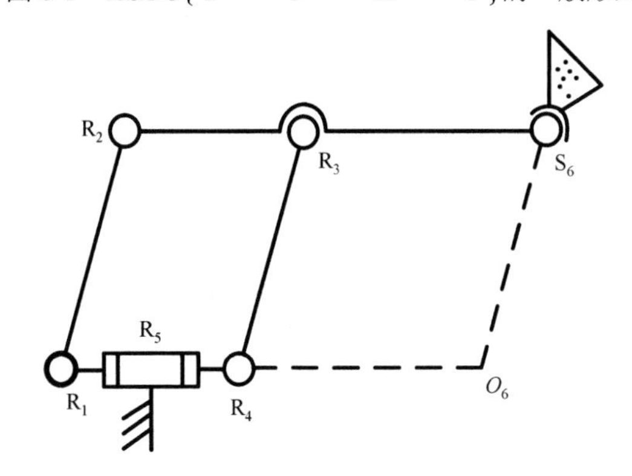

图 8-2　HSOC{-R-P$^{(4R)}$-S-}的运动特性

表 8-1 中包含 3 个独立转动输出的各支路结构的符号分别表示为

$$\boldsymbol{M}_{\mathrm{S}}\text{或}\boldsymbol{M}_{\mathrm{HS}}=\begin{bmatrix} t^0 \\ r^3 \end{bmatrix}$$

1）$\mathrm{SOC}\{\text{I-A}(1)\} = \mathrm{SOC}\{\text{-}\widehat{\mathrm{RRR}}\text{-}\}$。

2）$\mathrm{SOC}\{\text{II-A}(1)\} = \mathrm{SOC}\{\text{-S-}\}$。

3）$\mathrm{HSOC}\{\text{II-A}(1)\} = \mathrm{HSOC}\{\text{-}\widehat{\mathrm{R}^{(5\mathrm{R})}\mathrm{R}^{(5\mathrm{R})}\mathrm{R}}\text{-}\}$。

4）$\mathrm{SOC}\{\text{I-A}(2)\} = \mathrm{SOC}\{\text{-}\widehat{\mathrm{UR}}\text{-}\}$。

$$\boldsymbol{M}_{\mathrm{S}}\text{或}\boldsymbol{M}_{\mathrm{HS}} = \begin{bmatrix} t^1 \\ r^3 \end{bmatrix}$$

5）$\mathrm{SOC}\{\text{I-B}(1)\} = \mathrm{SOC}\{\text{-P-S-}\}$。

6）$\mathrm{SOC}\{\text{I-B}(2)\} = \mathrm{SOC}\{\text{-R-S-}\}$。

7）$\mathrm{HSOC}\{\text{I-B}(1)\} = \mathrm{SOC}\{\text{-P}^{(4\mathrm{R})}\text{-S-}\}$。

$$\boldsymbol{M}_{\mathrm{S}}\text{或}\boldsymbol{M}_{\mathrm{HS}} = \begin{bmatrix} t^{2(\perp \mathrm{R})} \\ r^3 \end{bmatrix}$$

8）$\mathrm{SOC}\{\text{I-C}(1)\} = \mathrm{SOC}\{\text{-P} \perp \text{R//R-}\widehat{\mathrm{RR}}\text{-}\}$。

9）$\mathrm{HSOC}\{\text{I-C}(1)\} = \mathrm{HSOC}\{\text{-R-P}^{(4\mathrm{R})}\text{-S-}\}$。

10）$\mathrm{HSOC}\{\text{II-C}(1)\} = \mathrm{HSOC}\{\text{-}\diamond(\mathrm{P}^{(3\mathrm{R}\text{-}2\mathrm{P})}\text{-}\mathrm{P}^{(3\mathrm{R}\text{-}2\mathrm{P})}) \perp \text{R-S-}\}$。

11）$\mathrm{HSOC}\{\text{III-C}(1)\} = \mathrm{HSOC}\{\text{-}\diamond(\mathrm{P}^{(4\mathrm{R}\text{-}2\mathrm{P})}\text{-}\mathrm{P}^{(4\mathrm{R}\text{-}2\mathrm{P})}) \perp \mathrm{R}^{(4\mathrm{R}\text{-}2\mathrm{P})}\text{-S-}\}$。

12）$\mathrm{SOC}\{\text{I-C}(2)\} = \mathrm{SOC}\{\text{-R//R//R-}\widehat{\mathrm{RR}}\text{-}\}$。

13）$\mathrm{HSOC}\{\text{II-C}(2)\} = \mathrm{HSOC}\{\text{-}\diamond(\mathrm{P}^{(5\mathrm{R})}\text{-}\mathrm{P}^{(5\mathrm{R})}) \perp \text{R-S-}\}$。

14）$\mathrm{HSOC}\{\text{III-C}(2)\} = \mathrm{HSOC}\{\text{-}\diamond(\mathrm{P}^{(6\mathrm{R})}\text{-}\mathrm{P}^{(6\mathrm{R})}) \perp \mathrm{R}^{(6\mathrm{R})}\text{-S-}\}$。

$$\boldsymbol{M}_{\mathrm{S}}\text{或}\boldsymbol{M}_{\mathrm{HS}} = \begin{bmatrix} t^2(\perp OO') \\ r^3 \end{bmatrix}$$

15）$\mathrm{SOC}\{\text{I-C}(3)\} = \mathrm{SOC}\{\text{-}\widehat{\mathrm{RR}}\text{-}\widehat{\mathrm{RRR}}\text{-}\}$。

16）$\mathrm{SOC}\{\text{II-C}(3)\} = \mathrm{SOC}\{\text{-}\widehat{\mathrm{RR}}\text{-S-}\}$。

$$\boldsymbol{M}_{\mathrm{S}}\text{或}\boldsymbol{M}_{\mathrm{HS}} = \begin{bmatrix} t^3 \\ r^3 \end{bmatrix}$$

17）$\mathrm{SOC}\{\text{I-D}(1)\}=\mathrm{SOC}\{\text{-S-P-S-}\}$。

18）$\mathrm{HSOC}\{\text{II-D}(1)\}=\mathrm{HSOC}\{\text{-P}^{(3\mathrm{S}\text{-}2\mathrm{P})}\text{-P}^{(3\mathrm{S}\text{-}2\mathrm{P})}\text{-R}^{(3\mathrm{S}\text{-}2\mathrm{P})}\text{-S-}\}$。

19）$\mathrm{SOC}\{\text{I-D}(2)\}=\mathrm{SOC}\{\text{-R-S-S-}\}$。

20）$\mathrm{HSOC}\{\text{II-D}(2)\}=\mathrm{HSOC}\{\text{-P}^{(3\mathrm{S}\text{-}2\mathrm{R})}\text{-P}^{(3\mathrm{S}\text{-}2\mathrm{R})}\text{-R}^{(3\mathrm{S}\text{-}2\mathrm{R})}\text{-S-}\}$。

值得注意的是，表 8-1 只给出了满足 $\boldsymbol{M}_{\mathrm{S}}$或$\boldsymbol{M}_{\mathrm{HS}} \supseteq \boldsymbol{M}_{\mathrm{Pa}}$ 要求的部分支路结构类型。

8.1.3 支路组合方案

考虑并联机器人机构支路数目、主动副位置、结构对称性、SOC 支路与 HSOC 支路的结构特点与运动输出特征，由表 8-1 选定可能构成 0T-3R 并联机器人机构的部分支路组合方案如下：

1) $3\text{-SOC}\{\text{I-A}(1)\}$。

2) $\text{SOC}\{\text{I-A}(1)\}\oplus 2\text{-SOC}\{\text{I-D}(2)\}$。

3) $\text{SOC}\{\text{I-A}(1)\}\oplus \text{HSOC}\{\text{II-C}(2)\}$。

4) $\text{SOC}\{\text{I-A}(1)\}\oplus \text{HSOC}\{\text{III-C}(2)\}$。

5) $\text{HSOC}\{\text{II-A}(1)\}\oplus \text{SOC}\{\text{I-A}(1)\}$。

6) $\text{HSOC}\{\text{II-A}(1)\}\oplus \text{SOC}\{\text{I-D}(2)\}$。

7) $\text{SOC}\{\text{I-B}(1)\}\oplus \text{SOC}\{\text{I-C}(1)\}\oplus \text{SOC}\{\text{I-D}(1)\}$。

8) $\text{SOC}\{\text{I-B}(2)\}\oplus \text{SOC}\{\text{I-C}(2)\}\oplus \text{HSOC}\{\text{II-D}(2)\}$。

9) $3\text{-SOC}\{\text{II-C}(3)\}$。

10) $2\text{-SOC}\{\text{I-A}(1)\}\oplus \text{SOC}\{\text{II-A}(1)\}$。

11) $\text{SOC}\{\text{II-A}(1)\}\oplus 2\text{-SOC}\{\text{I-D}(1)\}$。

12) $\text{SOC}\{\text{II-A}(1)\}\oplus \text{SOC}\{\text{I-D}(1)\}\oplus \text{HSOC}\{\text{II-C}(1)\}$。

13) $\text{SOC}\{\text{II-A}(1)\}\oplus \text{SOC}\{\text{I-D}(1)\}\oplus \text{HSOC}\{\text{III-C}(1)\}$。

14) $\text{SOC}\{\text{II-A}(1)\}\oplus \text{SOC}\{\text{I-D}(1)\}\oplus \text{HSOC}\{\text{II-D}(1)\}$。

15) $2\text{-SOC}\{\text{I-A}(1)\}\oplus \text{SOC}\{\text{I-A}(2)\}$。

16) $2\text{-SOC}\{\text{II-C}(3)\}\oplus \text{SOC}\{\text{I-A}(2)\}$。

17) $2\text{-SOC}\{\text{I-A}(1)\}\oplus \text{SOC}\{\text{I-A}(2)\}$。

18) $3\text{-SOC}\{\text{I-C}(1)\}$。

19) $3\text{-HSOC}\{\text{I-C}(1)\}$。

8.2 0T-3R 并联机器人机构拓扑结构综合

8.2.1 支路仅为单开链的拓扑结构综合

为了说明 0T-3R 并联机器人机构的拓扑结构综合过程，接下来给出具体的示例。首先对支路仅为单开链的并联机器人机构进行综合。

步骤 1 确定并联机器人机构运动输出特征矩阵 $\boldsymbol{M}_{\text{Pa}}$。

$$\boldsymbol{M}_{\text{Pa}}=\begin{bmatrix} t^0 \\ r^3 \end{bmatrix}$$

步骤 2 构造 SOC 支路结构类型，见表 8-1。

步骤 3 确定支路组合方案。

针对上节给出的支路组合方案，本节讨论 4 例，分别是 No.1、No.18、No.9 和 No.7。

1) No.1 并联机器人机构支路组合为

$$3\text{-SOC}\{\text{I-A}(1)\}=3\text{-SOC}\{\text{-}\widehat{\text{RRR}}\text{-}\}$$

2) No.18 并联机器人机构支路组合为

$$3\text{-SOC}\{\text{I-C}(1)\}=3\text{-SOC}\{\text{-P}\perp\text{R//R-}\widehat{\text{RR}}\text{-}\}$$

3) No.9 并联机器人机构支路组合为

$$3\text{-SOC}\{\text{II-C}(3)\}=3\text{-SOC}\{\text{-}\widehat{\text{RR}}\text{-S-}\}$$

4) No.7 并联机器人机构支路组合为

$$\text{SOC}\{\text{I-B}(1)\}\oplus\text{SOC}\{\text{I-C}(1)\}\oplus\text{SOC}\{\text{I-D}(1)\}=$$

$$\text{SOC}\{\text{-P-S-}\}\oplus\text{SOC}\{\text{-P}\perp\text{R//R-}\widehat{\text{RR}}\text{-}\}\oplus\text{SOC}\{\text{-S-P-S-}\}$$

步骤 4 确定各基本回路的秩 $\xi_{\text{L}j}$。

对支路组合的每一方案，已知运动副自由度 f_i 及机构活动度 F=3，由并联机器人机构活动度公式(6-3)可知，$\sum_{j=1}^{v}\xi_{\text{L}j}=\sum_{i=1}^{m}f_i-F$，并将 $\sum_{j=1}^{v}\xi_{\text{L}j}$ 分配给各基本回路。

1) 对支路组合为 3-SOC{I-A(1)}的并联机器人机构，有

$$\sum_{j=1}^{2}\xi_{\text{L}j}=\sum_{i=1}^{m}f_i-F=9-3=6$$

$\xi_{\text{L}j}$ 分配方案只有一种：$\xi_{\text{L}1}=\xi_{\text{L}2}=3$。

2) 对支路组合为 3-SOC$\{\text{I-C}(1)\}$ 的并联机器人机构，有

$$\sum_{j=1}^{2}\xi_{\text{L}j}=\sum_{i=1}^{m}f_i-F=15-3=12$$

$\xi_{\text{L}j}$ 分配方案只有一种：$\xi_{\text{L}1}=\xi_{\text{L}2}=6$。

3) 对支路组合为 3-SOC$\{\text{II-C}(3)\}$ 的并联机器人机构，有

$$\sum_{j=1}^{2}\xi_{\text{L}j}=\sum_{i=1}^{m}f_i-F=15-3=12$$

ξ_{Lj} 分配方案只有一种：$\xi_{L1}=\xi_{L2}=6$。

4) 对支路组合为 $\mathrm{SOC}\{\text{I-B}(1)\}\oplus\mathrm{SOC}\{\text{I-C}(1)\}\oplus\mathrm{SOC}\{\text{I-D}(1)\}$ 的并联机器人机构，有

$$\sum_{j=1}^{2}\xi_{Lj}=\sum_{i=1}^{m}f_i-F=15-3=12$$

ξ_{Lj} 分配方案只有一种：$\xi_{L1}=\xi_{L2}=6$。

注意：$\mathrm{SOC}\{\text{I-D}(1)\}$ 支链存在一个局部自由度。

步骤 5 确定基本回路结构类型。

因两条支路组成一基本回路，且其秩 ξ_{Lj} 已知，故可按照一般过约束回路分析方法确定各基本回路的结构组成。

1) 对支路组合为 $3\text{-SOC}\{\text{I-A(1)}\}$ 的并联机器人机构，当 $\xi_{L1}=\xi_{L2}=3$ 时，易知两基本回路结构组成应分别为

$$\mathrm{SLC}_1\left\{\text{-}\widehat{\text{RRRRRR}}\text{-}\right\},\ \xi_{L1}=3$$

$$\mathrm{SLC}_2\left\{\text{-}\widehat{\text{RRRRRR}}\text{-}\right\},\ \xi_{L2}=3$$

2) 对支路组合为 $3\text{-SOC}\{\text{I-C}(1)\}$ 的并联机器人机构，当 $\xi_{L1}=\xi_{L2}=6$ 时，易知两基本回路的结构组成分别为

$$\mathrm{SLC}_1\{\text{-P}\perp\text{R//R-}\widehat{\text{RR}}\text{-}\widehat{\text{RR}}\text{-R//R}\perp\text{P-}\},\ \xi_{L1}=6$$

$$\mathrm{SLC}_2\{\text{-P}\perp\text{R//R-}\widehat{\text{RR}}\text{-}\widehat{\text{RR}}\text{-R//R}\perp\text{P-}\},\ \xi_{L2}=6$$

3) 对支路组合 $3\text{-SOC}\{\text{II-C(3)}\}$ 的并联机器人机构，当 $\xi_{L1}=\xi_{L2}=6$ 时，易知两基本回路的结构组成分别为

$$\mathrm{SLC}_1\left\{\text{-S-}\widehat{\text{RR}}\text{-}\widehat{\text{RR}}\text{-S-}\right\},\ \xi_{L1}=6$$

$$\mathrm{SLC}_2\left\{\text{-S-}\widehat{\text{RR}}\text{-}\widehat{\text{RR}}\text{-S-}\right\},\ \xi_{L2}=6$$

4) 对支路组合为 $\mathrm{SOC}\{\text{I-B}(1)\}\oplus\mathrm{SOC}\{\text{I-C}(1)\}\oplus\mathrm{SOC}\{\text{I-D}(1)\}$ 的并联机器人机构，当 $\xi_{L1}=\xi_{L2}=6$ 时，易知两基本回路的结构组成分别为

$$\mathrm{SLC}_1\{\text{-P-S-}\widehat{\text{RR}}\text{-R//R}\perp\text{P}\},\ \xi_{L1}=6$$

$$\mathrm{SLC}_2\{\text{-P-S-S-P-S}\},\ \xi_{L2}=6$$

步骤 6 确定支路在两平台间的配置方位。

已知支路结构类型、支路组合方案、ξ_{Lj} 分配方案与相应基本回路结构组成，以及各支路运动输出特征矩阵 $\boldsymbol{M}_{\mathrm{S}_i}$（表 8-1），可由并联机器人机构运动输出特征方程确定 SOC(HSOC) 支路在两平台间的配置方位。

1）对支路组合为 3-SOC{I-A(1)}的并联机器人机构，当$\xi_{L1}=\xi_{L2}=3$ 时，支路在两平台之间的配置方位为$\widehat{R_1R_2R_3R_4R_5R_6R_7R_8R_9}$，如图 8-3 所示。其运动输出特征方程为

$$\boldsymbol{M}_{\mathrm{Pa}}=\begin{bmatrix}t^0\\r^3\end{bmatrix}\cap\begin{bmatrix}t^0\\r^3\end{bmatrix}\cap\begin{bmatrix}t^0\\r^3\end{bmatrix}=\begin{bmatrix}t^0\\r^3\end{bmatrix}$$

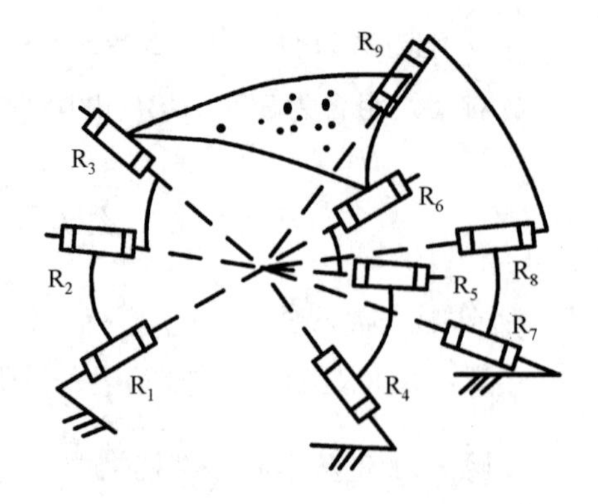

图 8-3　9R 共点的 0T-3R 并联机器人机构

2）对支路组合为 3-SOC$\{$I-C(1)$\}$ 的并联机器人机构，当$\xi_{L1}=\xi_{L2}=6$ 时，支路在两平台之间的配置方位为 R_2、R_7 与 R_{12}，三者不平行于同一平面，且$\widehat{R_4R_5R_9R_{10}R_{14}R_{15}}$，如图 8-4 所示。其运动输出特征方程为

$$\boldsymbol{M}_{\mathrm{Pa}}=\begin{bmatrix}t^2(\perp \mathrm{R}_2)\\r^3\end{bmatrix}\cap\begin{bmatrix}t^2(\perp \mathrm{R}_7)\\r^3\end{bmatrix}\cap\begin{bmatrix}t^2(\perp \mathrm{R}_{12})\\r^3\end{bmatrix}=\begin{bmatrix}t^0\\r^3\end{bmatrix}$$

3）对支路组合为 3-SOC$\{$II-C(3)$\}$ 的并联机器人机构，当$\xi_{L1}=\xi_{L2}=6$ 时，支路在两平台之间的配置方位为$\widehat{R_1R_2R_4R_5R_7R_8}$，且 R_1、R_4 与 R_7 三者不共面，如图 8-5 所示。其运动输出特征方程为

$$\boldsymbol{M}_{\mathrm{Pa}}=\begin{bmatrix}t^2(\perp OO_{S_3})\\r^3\end{bmatrix}\cap\begin{bmatrix}t^2(\perp OO_{S_6})\\r^3\end{bmatrix}\cap\begin{bmatrix}t^2(\perp OO_{S_9})\\r^3\end{bmatrix}=\begin{bmatrix}0\\r^3\end{bmatrix}$$

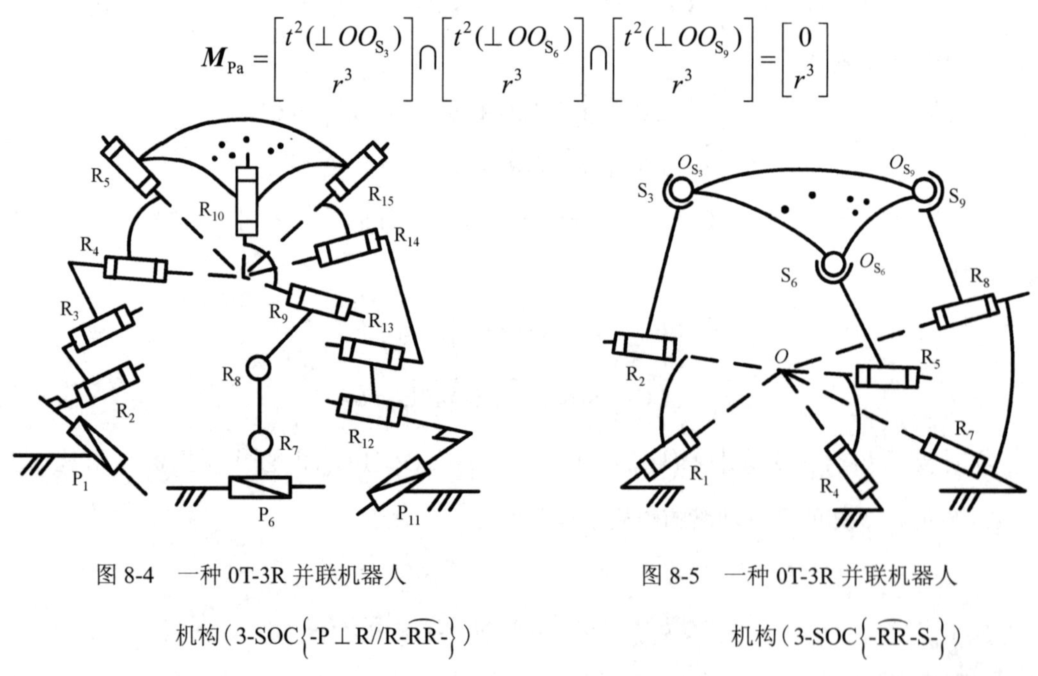

图 8-4　一种 0T-3R 并联机器人机构（3-SOC$\{$-P⊥R//R-$\widehat{RR}$-$\}$）

图 8-5　一种 0T-3R 并联机器人机构（3-SOC$\{$-$\widehat{RR}$-S-$\}$）

4）对支路组合为 SOC$\{$I-B(1)$\}\oplus$SOC$\{$I-C(1)$\}\oplus$SOC$\{$I-D(1)$\}$ 的并联机器人机构，当$\xi_{L1}=\xi_{L2}=6$ 时，支路在两平台之间的配置方位为 $P_1\perp R_4$，如图 8-6 所示。其运动输出特征方程为

$$\boldsymbol{M}_{\mathrm{Pa}}=\begin{bmatrix} t^1(//\mathrm{P}_1) \\ r^3 \end{bmatrix} \cap \begin{bmatrix} t^2(\perp \mathrm{R}_4) \\ r^3 \end{bmatrix} \cap \begin{bmatrix} t^3 \\ r^3 \end{bmatrix} = \begin{bmatrix} t^0 \\ r^3 \end{bmatrix}$$

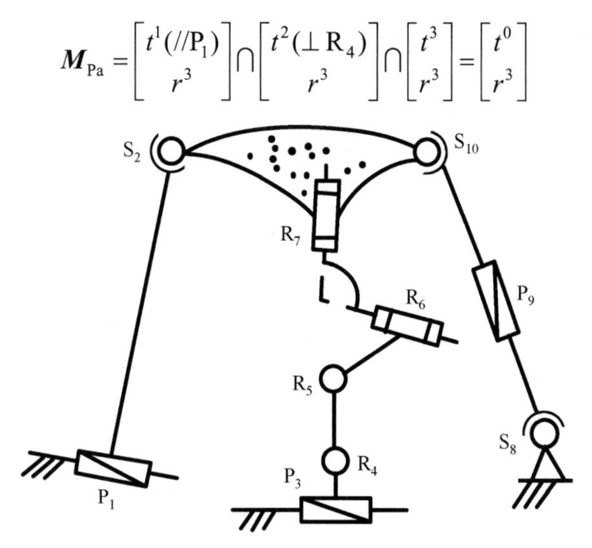

图 8-6　一种 0T-3R 并联机器人机构（SOC{I-B(1)}⊕SOC{I-C(1)}⊕SOC{I-D(1)}）

步骤 7 判定消极运动副。

由并联机器人机构消极运动副判定准则，不难判定图 8-3～图 8-6 所示的并联机器人机构皆不存在消极运动副。但图 8-5 所示的并联机器人机构的每个 S 副都有两个消极转动自由度，即 S 副用 3 个共点 R 副替代后，只有沿 OO_S 轴线的那个 R 副为运动副积极自由度，而另两个 R 副为运动副消极自由度，详见 6.2.3 节。

步骤 8 确定主动副位置。

由并联机器人机构主动副存在准则，易判定图 8-3～图 8-5 所示的并联机器人机构同一平台上的 3 个运动副可同时为主动副，图 8-6 中的 3 个 P 副可以同时为主动副。

步骤 9 确定机构耦合度。

根据耦合度算法，可确定多回路机构包含的基本运动链(BKC)类型、数目以及耦合度。

1)对图 8-3 所示的并联机器人机构，两基本回路的秩为$\xi_{L1}=\xi_{L2}=3$，R_1、R_4 与 R_7 为主动副。由耦合度算法可知

$$\left.\begin{array}{r} \mathrm{SLC}_1\left\{\text{-}\widehat{\mathrm{R}_1\mathrm{R}_2\mathrm{R}_3\mathrm{R}_6\mathrm{R}_5\mathrm{R}_4}\text{-}\right\},\ \Delta_1=m_1-I_1-\xi_{\mathrm{L1}}=6-2-3=1 \\ \mathrm{SOC}_2\left\{\text{-}\widehat{\mathrm{R}_7\mathrm{R}_8\mathrm{R}_9}\text{-}\right\},\Delta_2=m_2-I_2-\xi_{\mathrm{L2}}=3-1-3=-1 \end{array}\right\}\sum_{j=1}^{2}\Delta_j=0$$

机构耦合度 $k=\dfrac{1}{2}\sum_{j=1}^{2}\left|\Delta_j\right|=1$。该机构只含一个 BKC[$F$=0, v=2, k=1]。

2)对图 8-4 所示的并联机器人机构，两基本回路的秩为$\xi_{L1}=\xi_{L2}=6$，P_1，P_6 与 P_{11} 为主动副，由机构耦合度算法可知

$$\left.\begin{array}{l}\mathrm{SLC}_1\left\{\text{-}\mathrm{P}_1\perp\mathrm{R}_2//\mathrm{R}_3\text{-}\widehat{\mathrm{R}_4\mathrm{R}_5\mathrm{R}_{10}\mathrm{R}_9}\text{-}\mathrm{R}_8//\mathrm{R}_7\perp\mathrm{P}_6\text{-}\right\},\varDelta_1=m_1-I_1-\xi_{\mathrm{L}1}=10-2-6=2\\ \mathrm{SOC}_2\left\{\text{-}\mathrm{P}_{11}\perp\mathrm{R}_{12}//\mathrm{R}_{13}\text{-}\widehat{\mathrm{R}_{14}\mathrm{R}_{15}}\text{-}\right\},\varDelta_2=m_2-I_2-\xi_{\mathrm{L}2}=5-1-6=-2\end{array}\right\}\sum_{j=1}^{2}\varDelta_j=0$$

机构耦合度 $k=\dfrac{1}{2}\sum_{j=1}^{2}\left|\varDelta_j\right|=2$ 。该机构只含一个 BKC[F=0, v=2, k=2]。

3）对图 8-5 所示的并联机器人机构，如前所述，每个 S 副有两个消极自由度，即只有一个与其他 R 副恒共一点的转动自由度，故两基本回路的秩为$\xi_{\mathrm{L1}}=\xi_{\mathrm{L2}}=3$，$\mathrm{R}_1$、$\mathrm{R}_4$ 与 R_7 为主动副，由机构耦合度算法可知

$$\left.\begin{array}{l}\mathrm{SLC}_1\left\{\widehat{\text{-}\mathrm{R}_1\mathrm{R}_2\mathrm{R}_3^{\mathrm{S}}\mathrm{R}_6^{\mathrm{S}}\mathrm{R}_5\mathrm{R}_4\text{-}}\right\},\varDelta_1=m_1-I_1-\xi_{\mathrm{L}1}=6-2-3=+1\\ \mathrm{SOC}_2\left\{\widehat{\text{-}\mathrm{R}_7\mathrm{R}_8\mathrm{R}_9^{\mathrm{S}}\text{-}}\right\},\varDelta_2=m_2-I_2-\xi_{\mathrm{L}2}=3-1-3=-1\end{array}\right\}\sum_{j=1}^{2}\varDelta_j=0$$

机构耦合度 $k=\dfrac{1}{2}\sum_{j=1}^{2}\left|\varDelta_j\right|=1$ 。该机构只含一个 BKC[F=0, v=2, k=1]。

4）对图 8-6 所示的并联机器人机构，两基本回路的秩为$\xi_{\mathrm{L1}}=\xi_{\mathrm{L2}}=6$，$\mathrm{P}_1$，$\mathrm{P}_3$ 与 P_9 为主动副，由机构耦合度算法可知

$$\left.\begin{array}{l}\mathrm{SLC}_1\{\text{-P-S-}\widehat{\mathrm{RR}}\text{-R//R}\perp\mathrm{P}\},\ \varDelta_1=m_1-I_1-\xi_{\mathrm{L}1}=9-2-6=1\\ \mathrm{SOC}_2\left\{\text{-S-P-S-}\right\},\varDelta_2=m_2-I_2-\xi_{\mathrm{L}2}=6-1-6=-1\end{array}\right\}\sum_{j=1}^{2}\varDelta_j=0$$

机构耦合度 $k=\dfrac{1}{2}\sum_{j=1}^{2}\left|\varDelta_j\right|=1$ 。该机构只含一个 BKC[F=0, v=2, k=1]。

步骤 10 判定活动度类型与控制解耦性。

图 8-3～图 8-6 所示的并联机器人机构皆只含有一个 BKC，由活动度类型判定准则可知其为完全活动度，故不存在拓扑控制解耦。由于动平台位姿取决于 3 个主动输入，所以不存在控制解耦。

8.2.2 支路有混合单开链的拓扑结构综合

下面对支路有混合单开链的并联机器人机构进行综合。

步骤 1 确定并联机器人机构运动输出特征矩阵 $\boldsymbol{M}_{\mathrm{pa}}$。

$$\boldsymbol{M}_{\mathrm{Pa}}=\begin{bmatrix}t^0\\ r^3\end{bmatrix}$$

步骤 2 构造 HSOC 支路结构类型，见表 8-1。

步骤 3 确定支路组合方案。

针对 8.1.3 节所述的支路组合方案，本节讨论 3 例，分别为 No.6、No.14 和 No.19。

1) No.6 并联机器人机构支路组合为

$$\text{HSOC}\{\text{II-A}(1)\}\oplus\text{SOC}\{\text{I-D}(2)\}=\text{HSOC}\{\widehat{\text{-R}^{(5\text{R})}\text{R}^{(5\text{R})}\text{R-}}\}\oplus\text{SOC}\{\text{-R-S-S-}\}$$

2) No.14 并联机器人机构支路组合为

$$\begin{aligned}&\text{SOC}\{\text{II-A}(1)\}\oplus\text{SOC}\{\text{I-D}(1)\}\oplus\text{HSOC}\{\text{II-D}(1)\}=\\&\text{SOC}\{\text{-S-}\}\oplus\text{SOC}\{\text{-S-P-S-}\}\oplus\text{HSOC}\{\text{-P}^{(3\text{S}-2\text{P})}\text{-P}^{(3\text{S}-2\text{P})}\text{-R}^{(3\text{S}-2\text{P})}\text{-S-}\}\end{aligned}$$

3) No.19 并联机器人机构支路组合为

$$\text{3-HSOC}\{\text{I-C}(1)\}=\text{3-HSOC}\{\text{-R-P}^{(4\text{R})}\text{-S-}\}$$

步骤 4 确定基本回路的秩$\xi_{\text{L}j}$。

1) 支路组合为 HSOC{II-A (1) }⊕SOC{I-D (2) }的并联机器人机构，有

$$\sum_{j=1}^{2}\xi_{\text{L}j}=\sum_{i=1}^{m}f_i-F=12-3=9$$

因 HSOC{II-A(1)} 包含一个$\xi_{\text{L}1}=3$ 的球面回路，故$\xi_{\text{L}j}$分配方案只有一种：$\xi_{\text{L}1}=3$，$\xi_{\text{L}2}=6$。

2) 支路组合为 SOC{II-A(1)}⊕SOC{I-D(1)}⊕HSOC{II-D(1)} 的并联机器人机构，有

$$\sum_{j=1}^{3}\xi_{\text{L}j}=\sum_{i=1}^{m}f_i-F=21-3=18\ (\text{未含 3 个绕(S-S)轴线的局部转动自由度})$$

$\xi_{\text{L}j}$分配方案只有一种：$\xi_{\text{L}1}=\xi_{\text{L}2}=\xi_{\text{L}3}=6$。

3) 支路组合为 3-HSOC{I-C(1)} 的并联机器人机构，有

$$\sum_{j=1}^{5}\xi_{\text{L}j}=\sum_{i=1}^{m}f_i-F=24-3=21$$

因 3-HSOC{I-C(1)} 每条支路含一个$\xi_{\text{L}1}=3$ 的平面四杆回路，故$\xi_{\text{L}j}$分配方案只有一种：$\xi_{\text{L}1}=\xi_{\text{L}2}=\xi_{\text{L}3}=3$，$\xi_{\text{L}4}=\xi_{\text{L}5}=6$。

步骤 5 确定基本回路的结构组成。

1) 支路组合为 HSOC{II-A (1) }⊕SOC{I-D (2) }的并联机器人机构，当 $\xi_{\text{L}1}=3$，$\xi_{\text{L}2}=6$ 时，易知两基本回路的结构组成分别为

$$\text{SLC}_1\{\widehat{\text{-RRRRR-}}\},\quad \xi_{\text{L}1}=3$$

$$\mathrm{SLC}_2\{\text{-}\widehat{\mathrm{RRRR}}\text{-S-S-R-}\},\quad \xi_{\mathrm{L2}}=6$$

2）支路组合为 SOC{II-A(1)}⊕SOC{I-D(1)}⊕HSOC{II-D(1)} 的并联机器人机构，当 $\xi_{\mathrm{L1}}=\xi_{\mathrm{L2}}=\xi_{\mathrm{L3}}=6$ 时，易知三条基本回路的结构组成分别为

$$\mathrm{SLC}_1\{\text{-S-P-S-P-S-}\},\quad \xi_{\mathrm{L1}}=6$$

$$\mathrm{SLC}_2\{\text{-S-P-S-S-}\},\quad \xi_{\mathrm{L2}}=6$$

$$\mathrm{SLC}_3\{\text{-S-P-S-S-S-}\},\quad \xi_{\mathrm{L3}}=6$$

3）支路组合为 3-HSOC{I-C(1)} 的并联机器人机构，因 $\xi_{\mathrm{L1}}=\xi_{\mathrm{L2}}=\xi_{\mathrm{L3}}=3$ 的回路已存在于各支路中，而任意两条 HSOC{-R-$\mathrm{P}^{(4\mathrm{R})}$-S-}支路皆可构成 $\xi_{\mathrm{L}j}=6$ 的回路，即对应于秩分配方案的基本回路结构类型存在。

步骤 6 确定支路在两平台间的配置方位。

1）支路组合为 HSOC{II-A(1)}⊕SOC{I-D(2)}的并联机器人机构，当 $\xi_{\mathrm{L1}}=3$，$\xi_{\mathrm{L2}}=6$ 时，支路在两平台之间的配置方位如图 8-7 所示。其运动输出特征方程为

$$\boldsymbol{M}_{\mathrm{Pa}}=\begin{bmatrix}t^0\\r^3\end{bmatrix}\cap\begin{bmatrix}t^3\\r^3\end{bmatrix}=\begin{bmatrix}t^0\\r^3\end{bmatrix}$$

2）支路组合为 SOC{II-A(1)}⊕SOC{I-D(1)}⊕HSOC{II-D(1)} 的并联机器人机构，当 $\xi_{\mathrm{L1}}=\xi_{\mathrm{L2}}=\xi_{\mathrm{L3}}=6$ 时，支路在两平台之间的配置方位如图 8-8 所示。其运动输出特征方程为

$$\boldsymbol{M}_{\mathrm{Pa}}=\begin{bmatrix}t^0\\r^3\end{bmatrix}\cap\begin{bmatrix}t^3\\r^3\end{bmatrix}\cap\begin{bmatrix}t^3\\r^3\end{bmatrix}=\begin{bmatrix}t^0\\r^3\end{bmatrix}$$

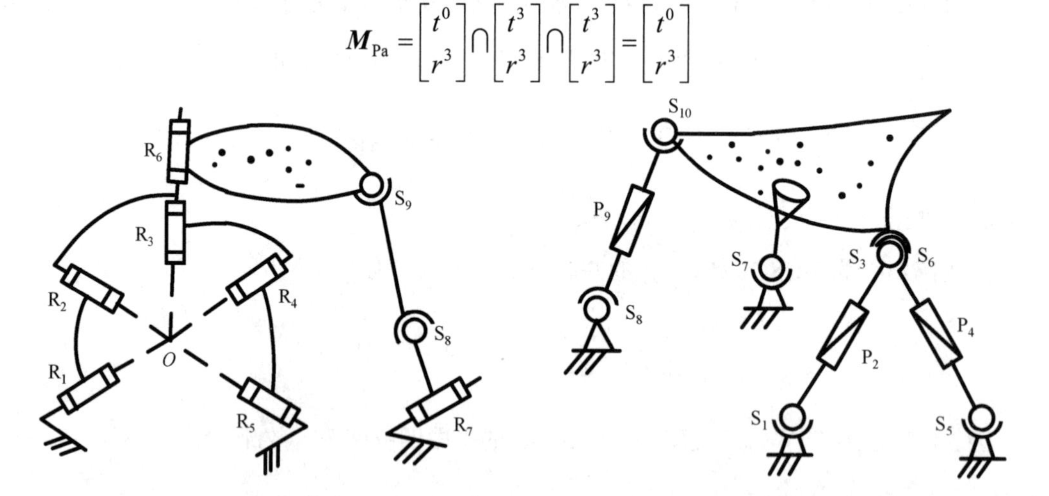

图 8-7　含球面 5R 回路的 0T-3R 并联机器人机构　　图 8-8　含 3S-2P 回路的 0T-3R 并联机器人机构

3）支路组合为 3-HSOC{I-C(1)} 的并联机器人机构，当 $\xi_{\mathrm{L4}}=\xi_{\mathrm{L5}}=6$ 时，支路在两平台之间的配置方位为 R_1、R_2 与 R_3 转动副的 3 条轴线交于一点 O 且不在同一个平面上，令 O 点是 S_1、S_2 与 S_3 中心运动轨迹的球心，取 O 为坐标系原点，如图 8-9 所示。其运动输出特征

方程为

$$\boldsymbol{M}_{\mathrm{Pa}}=\begin{bmatrix}t^1\\r^3\end{bmatrix}\cap\begin{bmatrix}t^1\\r^3\end{bmatrix}\cap\begin{bmatrix}t^1\\r^3\end{bmatrix}=\begin{bmatrix}t^0\\r^3\end{bmatrix}$$

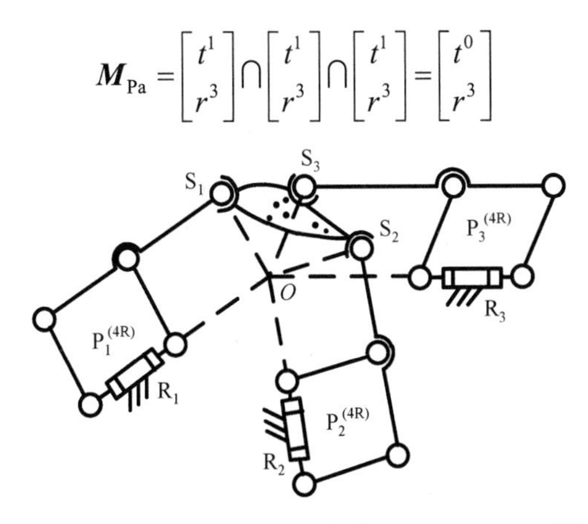

图 8-9　一种 0T-3R 并联机器人机构(3-HSOC{-R-P$^{(4R)}$-S-})

R_1、R_2 与 R_3 过原点，故无衍生平移输出。此外，3 条支路中的 P$^{(4R)}$ 的移动方向不互相平行，在交运算中也不会有平移输出。

步骤 7 判定消极运动副。

由消极运动副判定准则，不难判定图 8-7～图 8-9 所示的并联机器人机构皆不存在消极运动副。

步骤 8 确定主动副位置。

由主动副判定准则，容易判定图 8-7 和图 8-9 所示的并联机器人机构在同一平台上的 3 个运动副可同时为主动副，图 8-8 所示的并联机器人机构的 3 个 P 副也可同时为主动副。

步骤 9 确定机构耦合度。

根据耦合度算法，可确定多回路机构包含的基本运动链(BKC)类型、数目以及耦合度。

1) 对图 8-7 所示的并联机器人机构，两基本回路的秩为 $\xi_{L1}=3$ 及 $\xi_{L2}=6$，R_1、R_5 与 R_7 为主动副。由机构耦合度算法可知

$$\mathrm{SLC}_1\left\{\text{-}\widehat{\mathrm{R}_1\mathrm{R}_2\mathrm{R}_3\mathrm{R}_4\mathrm{R}_5}\text{-}\right\},\ \Delta_1=m_1-I_1-\xi_{L1}=5-2-3=0$$

$$\mathrm{BKC}_1\,[F=0,v=1,k=0]$$

$$\mathrm{SOC}_2\{\text{-}\mathrm{R}_6\text{-}\mathrm{S}_9\text{-}\mathrm{S}_8\text{-}\mathrm{R}_7\text{-}\},\ \Delta_2=m_2-I_2-\xi_{L2}=7-1-6=0$$

$$\mathrm{BKC}_2\,[F=0,v=1,k=0]$$

注：未计绕(S-S)轴线的局部转动自由度。

故该机构含两个基本运动链：$\mathrm{BKC}_1[F=0，v=1，k=0]$与 $\mathrm{BKC}_2[F=0，v=1，k=0]$。

2) 对图 8-8 所示的并联机器人机构，3 条基本回路的秩 $\xi_{L1}=\xi_{L2}=\xi_{L3}=6$，$P_2$、$P_4$ 与 P_9 为主动副。由机构耦合度算法可知

$$\mathrm{SLC}_1\left\{\text{-}\mathrm{S}_1\text{-}\mathrm{P}_2\text{-}\mathrm{S}_3\text{-}\mathrm{P}_4\text{-}\mathrm{S}_5\text{-}\right\}，\Delta_1 = m_1 - I_1 - \xi_{\mathrm{L1}} = 8-2-6=0$$

$$\mathrm{BKC}_1\ [F=0,\ v=1,\ k=0]$$

注：未计 3 个绕(S-S)轴线的局部转动自由度。

$$\mathrm{SOC}_2\left\{\text{-}\mathrm{R}^{(\mathrm{S}_1\text{-}\mathrm{S}_5)}\text{-}\mathrm{S}_6\text{-}\mathrm{S}_7\text{-}\right\},\ \Delta_2 = m_2 - I_2 - \xi_{\mathrm{L2}} = 6-0-6=0$$

$$\mathrm{BKC}_2\ [F=0,\ v=1,\ k=0]$$

注：未计绕(S_6-S_7)轴线的局部转动自由度。

$$\mathrm{SOC}_3\left\{\text{-}\mathrm{R}^{(\mathrm{S}_6\text{-}\mathrm{S}_7)}\text{-}\mathrm{S}_{10}\text{-}\mathrm{P}_9\text{-}\mathrm{S}_8\text{-}\right\},\ \Delta_3 = m_3 - I_3 - \xi_{\mathrm{L3}} = 7-1-6=0$$

$$\mathrm{BKC}_3\ [F=0,\ v=1,\ k=0]$$

注：未计绕(S_8-S_{10})轴线的局部转动自由度。

故该机构含 3 个基本运动链：BKC_1[F=0, v=1, k=0]，BKC_2[F=0, v=1, k=0]及 BKC_3[F=0, v=1, k=0]。

3）对图 8-9 所示的并联机器人机构，3 条支路的等效运动链为 3-HSOC{-R-$\mathrm{P}^{(4\mathrm{R})}$-S-}，所对应两条回路的秩 $\xi_{\mathrm{L4}} = \xi_{\mathrm{L5}} = 6$，$R_1$、$R_2$ 与 R_3 为主动副。由耦合度算法可知

$$\left.\begin{aligned}&\mathrm{SLC}_1\{\text{-}\mathrm{R}_1\text{-}\mathrm{P}_1^{(4\mathrm{R})}\text{-}\mathrm{S}_1\text{-}\mathrm{S}_2\text{-}\mathrm{P}_2^{(4\mathrm{R})}\text{-}\mathrm{R}_2\text{-}\},\ \Delta_1 = m_1 - I_1 - \xi_{\mathrm{L4}} = 9-2-6=1\\&\mathrm{SOC}_2\{\text{-}\mathrm{R}_3\text{-}\mathrm{P}_3^{(4\mathrm{R})}\text{-}\mathrm{S}_3\text{-}\mathrm{R}^{(\mathrm{S}_1\text{-}\mathrm{S}_2)}\text{-}\},\quad \Delta_2 = m_2 - I_2 - \xi_{\mathrm{L5}} = 6-1-6=-1\end{aligned}\right\}\sum_{j=1}^{2}\Delta_j = 0$$

注意：SLC_1 未计绕(S_1-S_2)轴线的局部转动自由度。

机构耦合度 $k = \dfrac{1}{2}\sum_{j=1}^{2}\Delta_j = 1$。该机构只含一个 BKC[$F$=0, v=2, k=1]。

步骤 10 确定活动度类型与控制解耦性。

图 8-7 所示的并联机器人机构因含两个 BKC，其主动副在不同 BKC 的支路中，由活动度类型判定准则可知其为部分活动度，其中，R_3 副的轴线方向只与主动输入 R_1 与 R_5 有关。又因第一个 BKC(由 R_2、R_3 与 R_4 构成)与并联机器人运动输出连杆(动平台)相邻，且 R_3 与 R_6 同轴，故运动输出连杆的 R_6 轴线方向也只与主动输入 R_1 和 R_5 有关。因此，该并联机器人机构属于拓扑解耦方式下的部分控制解耦。

图 8-8 所示的并联机器人机构含有 3 个 BKC，其主动副在不同 BKC 的支路中，由活动度类型判定准则可知其为部分活动度，其中，S_6 球心的位置和(S_6-S_7)轴线方向都只与主动输入 P_2 和 P_4 有关，而绕(S_6-S_7)轴线的转动与主动输入 P_2、P_4 和 P_9 三者有关。因此，该并联机器人机构属于拓扑解耦方式下的部分控制解耦。

对于图 8-9 所示的并联机器人机构，因机构只含一个 BKC，故为完全活动度，不存在拓扑控制解耦。由于动平台位姿取决于 3 个主动输入，所以不存在控制解耦。该并联机器人机构称为 Argos 机构。

8.3　0T-3R 并联机器人机构拓扑结构类型及其分类

8.3.1　拓扑结构类型

1．0T-3R 并联机器人机构基本类型

对 8.1.3 节给出的 19 种支路组合方案，按照上述机构结构类型综合过程，共得到 0T-3R 并联机器人机构的 19 种基本类型，分别为表 8-2 中 No.1～No.18 及 No.20 并联机器人机构。同时，也给出了诸机构的拓扑结构特性。

2．0T-3R 并联机器人机构结构类型扩展

1) 基于等效支路替代的类型扩展。

由表 8-1 可知，支路 $\mathrm{SOC}\{\mathrm{I\text{-}C(2)}\}$ 与支路 $\mathrm{SOC}\{\mathrm{I\text{-}C(1)}\}$ 运动输出特征等效，若以前者替代图 8-4 所示的机构各支路，由此得到的新机构类型如表 8-2 中的 No.19 所示。

2) 基于改变运动副轴线方位的类型扩展。

保持支路运动输出特征不变，改变运动副轴线方位，有时可得到具有良好性能的新机构类型。例如，对于表 8-2 中的 No.17 并联机器人机构，若使动平台两支路 $\mathrm{SOC}\{\text{-}\widehat{RRR}\text{-}\}$ 的两个 R 副轴线重合，得到的新机构如图 8-10 所示，即表 8-2 中的 No.15 并联机器人机构。若该机构的 R_1、R_5 与 R_7 为主动副，易知动平台上 R_3 的轴线方向只与主动输入 R_1 与 R_5 有关。而动平台绕 R_3 轴线的转动与主动输入 R_1、R_5 与 R_7 三者有关。因此，该机构部分控制解耦，其拓扑结构特性如表 8-2 中的 No.15 并联机器人机构所示。

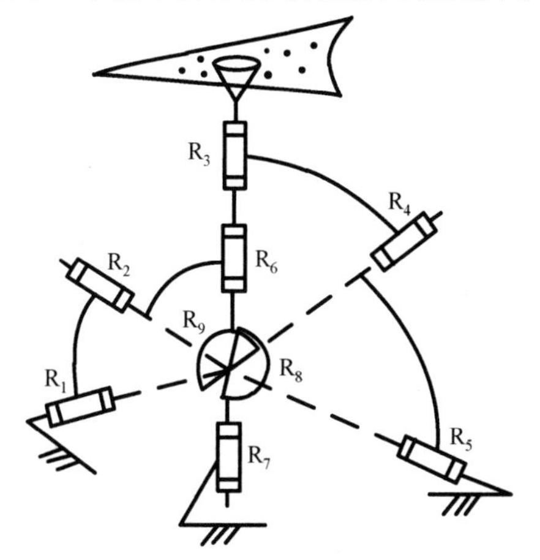

图 8-10　一种控制解耦的 0T-3R 并联机器人机构

应注意到：表 8-2 只给出了部分 0T-3R 并联机器人机构，有兴趣的读者可构造出更多的新机构类型。

表 8-2　0T-3R 并联机器人机构拓扑结构类型及其拓扑结构特征

No.	1	2	3
机构简图	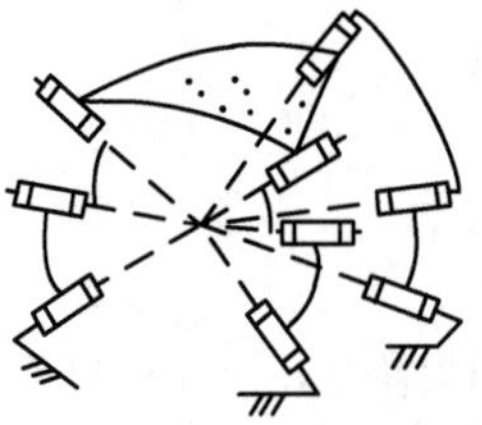	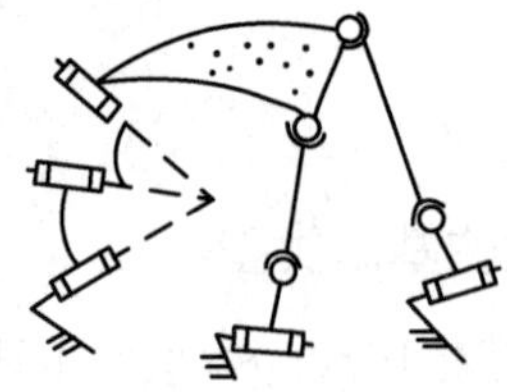	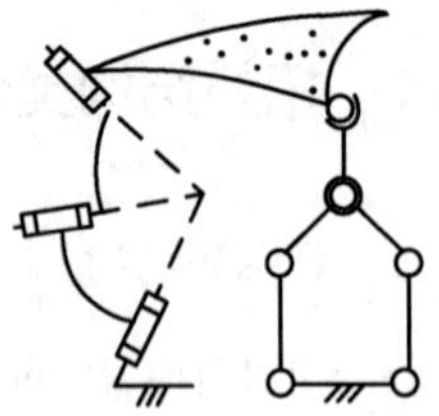
基本回路的秩	3，3	6，6	3，6
机构耦合度k	1	1	k_1=0，k_2=0
控制解耦性	无	无	无
主动副位置	3个主动副可位于同一平台	3个主动副可位于同一平台	3个主动副可位于同一平台
对称性	3条支路结构相同	2条支路结构相同	支路结构不同
消极运动副	无	无	无

No.	4	5	6
机构简图	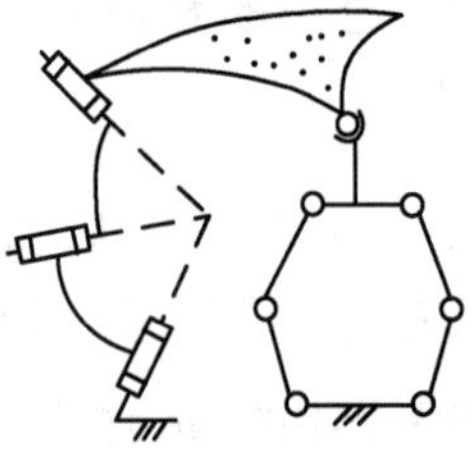	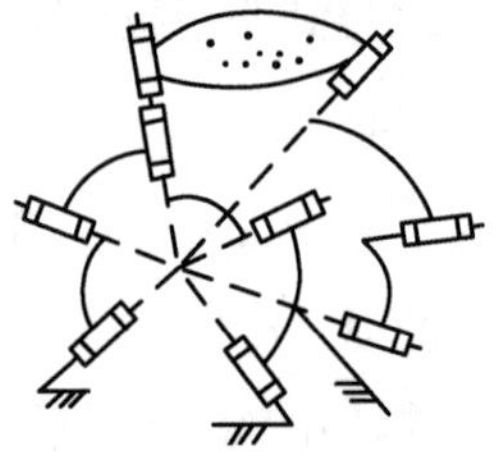	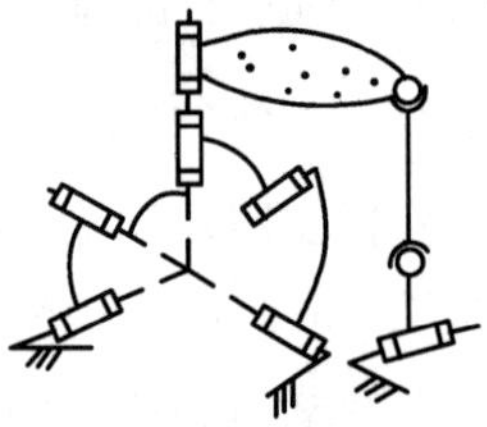
基本回路的秩	3，6	3，3	3，6
机构耦合度k	1	k_1=0，k_2=0	k_1=0，k_2=0
控制解耦性	无	部分控制解耦	部分控制解耦
主动副位置	3个主动副可位于同一平台	3个主动副可位于同一平台	3个主动副可位于同一平台
对称性	支路结构不同	支路结构不同	支路结构不同
消极运动副	无	无	无

No.	7	8	9
机构简图	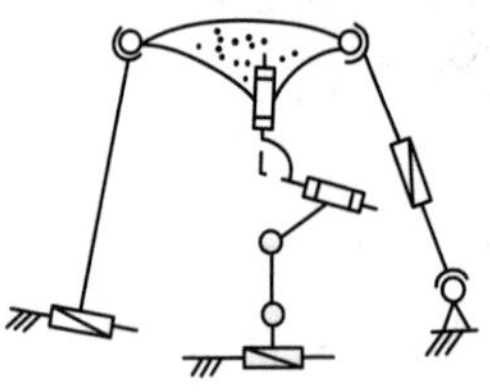	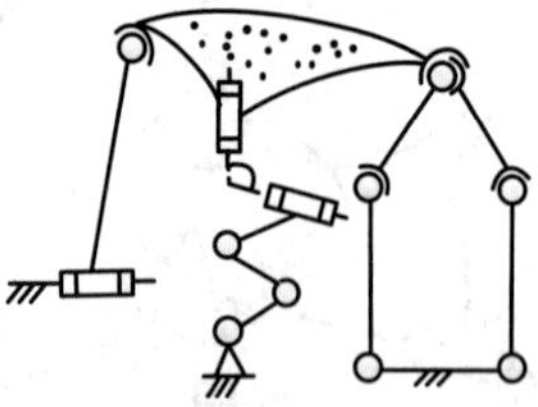	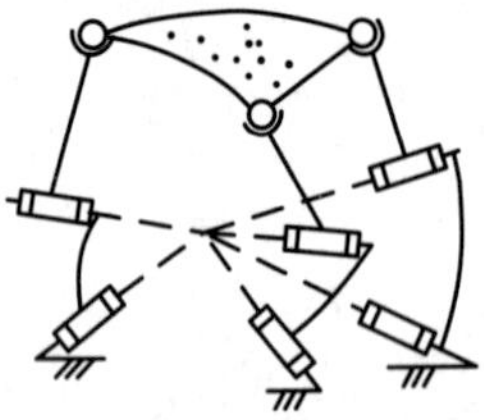
基本回路的秩	6，6	6，6，6	3，3
机构耦合度k	1	k_1=0，k_2=0，k_3=0	1
控制解耦性	无	部分控制解耦	无
主动副位置	3个P副可同时为主动副	3个主动副可位于同一平台	3个主动副可位于同一平台
对称性	3条支路结构不同	3条支路结构不同	3条支路结构相同
消极运动副	无	混合单开链中的回路包含3个消极自由度	每一个S副有两个消极自由度

续表

No.	10	11	12
机构简图	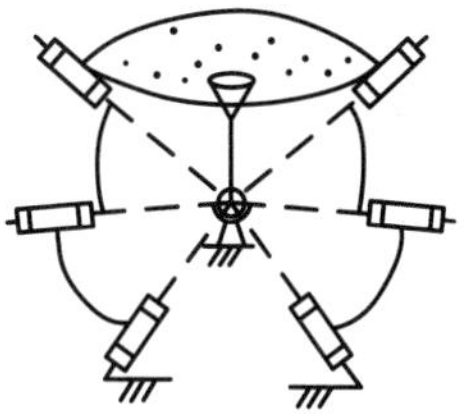	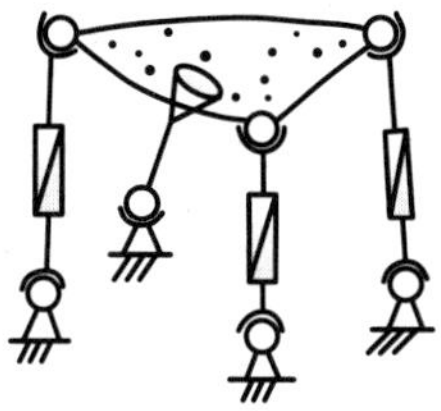	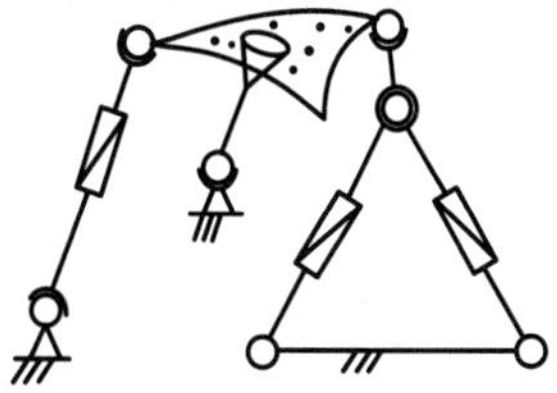
基本回路的秩	3，3	6，6，6	3，6，6
机构耦合度k	1	2	k_1=0，　k_2=0，　k_3=0
控制解耦性	无	无	部分控制解耦
主动副位置	3个主动副不宜位于同一平台	3个P副可同时为主动副	3个P副可同时为主动副
对称性	2条支路结构相同	3条支路结构相同	3条支路结构不同
消极运动副	无	无	无

No.	13	14	15
机构简图	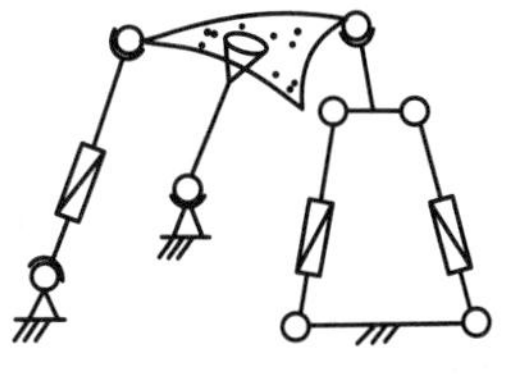	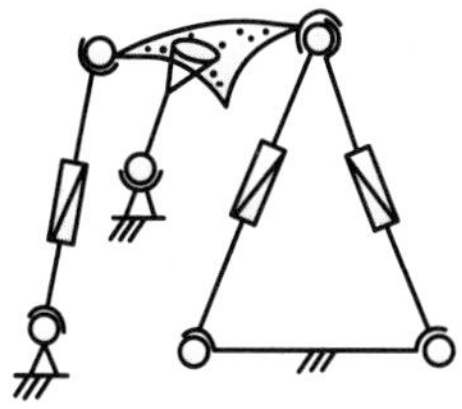	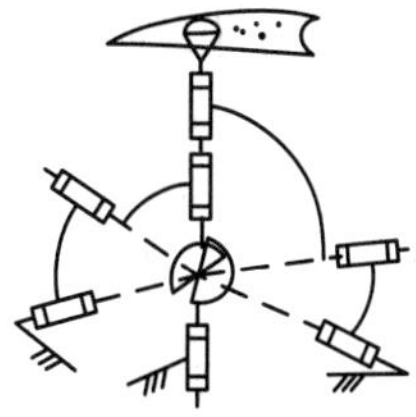
基本回路的秩	3，6，6	6，6，6	3，3
机构耦合度k	k_1=0，　k_2=0，　k_3=0	k_1=0，　k_2=0，k_3=0	1
控制解耦性	无	部分控制解耦	部分控制解耦
主动副位置	3个P副可同时为主动副	3个P副可同时为主动副	3个主动副可位于同一平台
对称性	3条支路结构不同	支路结构不同	2条支路结构相同
消极运动副	无	混合单开链中的回路包含3个消极自由度	无

No.	16	17	18
机构简图	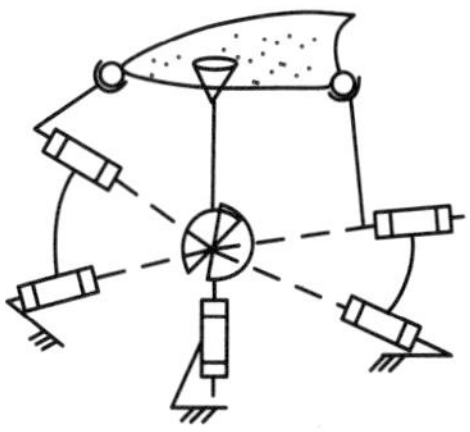	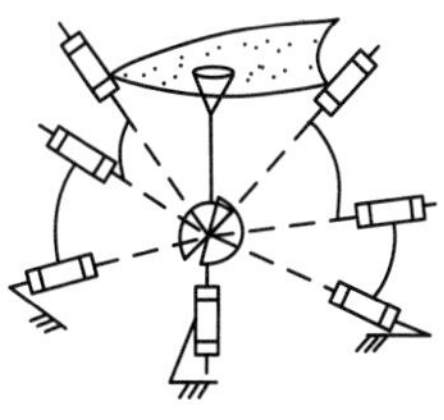	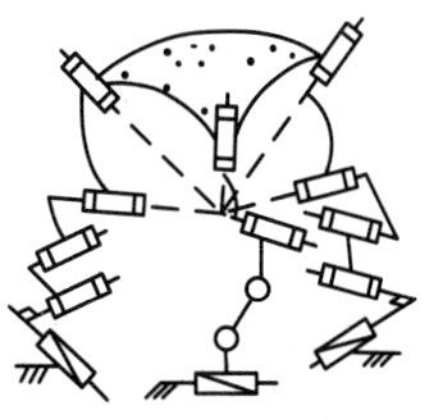
基本回路的秩	3，3	3，3	6，6
机构耦合度k	1	1	2
控制解耦性	无	无	无
主动副位置	3个主动副可位于同一平台	3个主动副可位于同一平台	3个主动副可位于同一平台
对称性	2条支路结构相同	2条支路结构相同	3条支路结构相同
消极运动副	每一个S副有两个消极自由度	无	无

续表

No.	19	20	
机构简图			
基本回路的秩	6，6	3，3，3，6，6	
机构耦合度k	2	1	
控制解耦性	无	无	
主动副位置	3个主动副可位于同一平台	3个主动副可位于同一平台	
对称性	3条支路结构相同	3条支路结构相同	
消极运动副	无	无	

8.3.2 拓扑结构特征及其分类

基于基本回路的秩、机构耦合度、控制解耦性、主动副位置、结构对称性以及消极运动副存在性等方面，对经综合得到的 0T-3R 并联机器人机构进行分类，如表 8-2 所示。

根据机构设计的不同要求，可由表 8-2 择优推荐机构类型。

1．含若干 R 副恒共点的结构类型

对于表 8-2 中 No.1～No.6、No.9～No.10、No.15～No.19 等并联机器人机构。一般地，恒共点的 R 副越多，其制造与装配越困难。其中，9 个 R 副共点的有 No.1、No.5、No.10、No.15、No.17 等机构；6 个 R 副共点的有 No.9、No.18、No.19 等机构；3 个 R 副共点的有 No.2～No.4、No.20 等机构；2 个 R 副共点的有 No.7、No.8 等机构。

2．不含若干 R 副恒共点的结构类型

对于表 8-2 中 No.11～No.14 等并联机器人机构，其制造、装配较为容易，但支路一般较复杂。

3．支路含 U 副的结构类型

对于表 8-2 中 No.15～No.17 等并联机器人机构，该类机构有利于小型化设计。

4．支路结构对称性较强的类型

对于表 8-2 中 No.1、No.9、No.11、No.18～No.20 等并联机器人机构。一般地，对称性较强机构的耦合度较大，运动学正解问题较为复杂。比如，No.11，No.18 与 No.19 机构的耦合度 k=2，难度更大。

5. 具有控制解耦性的类型

对于表 8-2 中 No.5、No.6、No.8、No.12、No.14、No.15 等并联机器人机构，一般地，可依次分析各基本回路得到解析正解，但总伴随着机构支路结构之间的不对称性。

习　题

8-1　试构造除表 8-1 外包含 0T-3R 的其他支路结构类型。

8-2　对照表 8-1，试对采用如下支路组合方案的 0T-3R 并联机器人机构进行拓扑结构综合。

1) $\text{SOC}\{\text{I-A}(1)\}\oplus\text{HSOC}\{\text{II-D}(1)\}$。

2) $\text{SOC}\{\text{I-A}(1)\}\oplus 2\text{HSOC}\{\text{II-D}(2)\}$。

3) $\text{SOC}\{\text{II-A}(1)\}\oplus\text{SOC}\{\text{I-D}(1)\}\oplus\text{HSOC}\{\text{III-C}(2)\}$。

4) $\text{SOC}\{\text{II-A}(1)\}\oplus 2\text{HSOC}\{\text{II-C}(2)\}$。

8-3　应用拓扑结构类型扩展方法，对 0T-3R 并联机器人机构进行扩展。

第 9 章 移动机器人的运动机构

移动机器人相对于串联机器人而言没有固定的基座，具有机动性，在其约束范围内，其工作空间是自由的，理论上可以无限大。移动机器人可应用于工业、农业、家庭、物流、防爆、救援以及军事等场合。

9.1 概述

移动机器人运动机构类型众多。目前，已经有行走、跳跃、跑动、滑动、溜冰、游泳、飞翔和滚动等形式运动的机器人。通常，这些运动形式受到生物学对应物的启示，如表 9-1 所示。然而，有一个例外，轮式机构是人类发明的，它在平地上具有极高的运动效率。但在生物系统中也能找到轮式运动的痕迹，比如，人类的双足行走系统可以用一个边长为 d(相当于步伐跨距)的多边形滚动来近似，如图 9-1 所示。随着步距的减小，多边形就逼近为一个圆或轮。但是在自然界中，没有完整的有源动力轮式运动，这体现了人类的智慧。

表 9-1 生物的运动机制

运动类型		基本运动学	
渠中水的流动		漩涡运动	
爬行		纵向振动	
滑行		横向振动	

续表

运动类型		基本运动学	
奔跑		弹簧振子的周期摆动	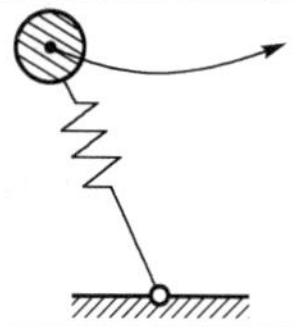
行走		多边形滚动	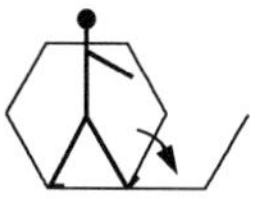

一些生物系统能够灵活地穿越各种崎岖不平的环境，我们希望开发出类似它们那样的运动机构。但是，复制自然界生物体的运动是很困难的。比如，生物界中的千足虫有几百条腿和成千上万根感知纤毛，通过人工制作来完全模拟几乎是不可能的。此外，一些大型动物和昆虫具有自身的生物能量存储系统、肌肉以及液压激励系统，其产生的力矩大小、响应时间和转换效率远远超过了同等规模的人造系统。受这些因素的限制，人类研制的移动机器人在运动机构上都给予了大幅简化。一般地，地面移动机器人的运动机构形式主要有 3 种，即腿式移动、轮式移动以及履带式移动。相比较而言，空中及水下移动机器人涉及流体动力学以及三维空间运动，其运动机构要更加复杂。这里，本书仅介绍两种常见的移动机器人运动形式，即腿式移动机器人和轮式移动机器人。

人类大部分生活在经过修整的较平坦的环境，因此，面向服务的移动机器人多数采用某种形式的轮式运动。轮式移动机器人相对简单，非常适合于平整的硬地表面。在这种条件下，轮式运动要比腿式运动的效率高出 1～2 个数量级。铁轨是一种理想的轮式运动表面，由于其坚硬而平坦，可极大降低火车车轮的滚动摩擦阻力。但是，如果接触表面很软，轮式运动会因滚动摩阻大而失效，而腿式运动与地面只是点接触，故其受摩擦影响较小。图 9-2 给出了各种移动机构在不同路面条件下的速度与功率对照情况。相比较而言，轮式运动效率主要依赖于环境质量，尤其是地面的平整度与硬度，而腿式运动效率主要依赖于腿和身体的质量。在步行过程中，腿式移动机器人要对上述质量做功。

腿式移动机器人的每条腿为多关节着地机构，其运动轨迹是离散的点，这种特点使其在行走中能够选择最佳支撑点，因此可更好地适应复杂的非结构化环境。在自然界中，多数生物采用腿式运动，因为大部分生物生活在粗糙而崎岖的环境中。就生活在森林中的昆虫而言，其行走表面在垂直方向的起伏变化要比昆虫身高大一个数量级，这证明了腿式运动的高度适应性。此外，腿式运动还具有一定的隔振能力，尽管地面高低不平，而机身的运动仍然可以保持平稳。相比轮式移动机器人，腿式移动机器人在崎岖且松软的地面上运动速度更快，效率更高。

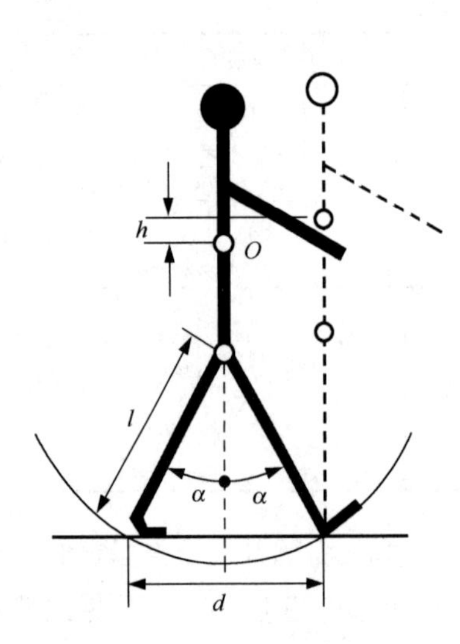

图 9-1　双足行走系统简化模型

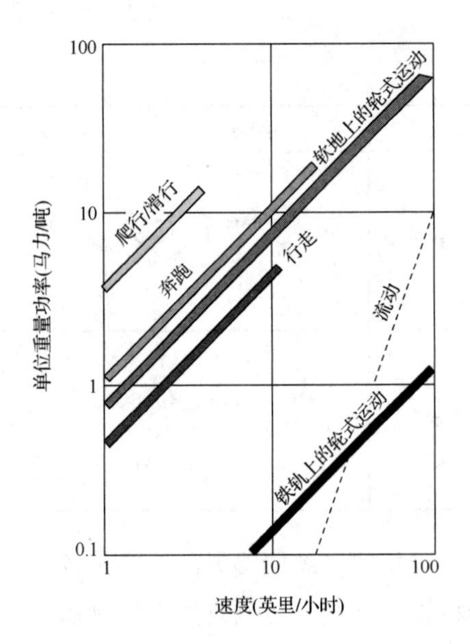

图 9-2　各种运动机构的速度与功率对照

腿式移动机器人根据支撑腿数量可划分为单腿、双腿、三腿、四腿、六腿、八腿，甚至更多腿的移动机器人。腿的数目越多，支撑能力越强，行走稳定性越好，这适用于重载和慢速移动。但腿的数目多也会带来机器人臃肿，步态规划复杂的问题。在实际应用中，由于双腿和四腿移动机器人具有最好的适应性和灵活性，也最接近人类和动物，所以用得最多。

9.2　运动的关键问题

移动机器人经运动才能到达目的地，进而完成对目标的操作。移动机器人运动就是与周边环境的作用力交互过程，只有开发出具有期望运动学和动力学特性的移动机构，才能使移动机器人更好地适应周边环境。移动机器人的运动涉及稳定性、接触特征和环境类型等核心问题，下面分别给予说明。

稳定性包含如下内容：

1) 接触点的数目和几何形状。

2) 重心位置。

3) 静态/动态稳定性。

4) 地形的倾斜度。

接触特征包含如下内容：

1) 接触点/路线的尺寸和外形。

2）接触角度。

3）摩擦力。

环境类型包含如下两方面：

1）结构化环境和非结构化环境。

2）介质（如水、空气、软或硬的地面）。

由于移动机器人完成既定任务的前提是要保持稳定，这里对稳定性给予进一步的说明。移动机器人具有两种稳定状态，即静态稳定和动态稳定。在机器人研究中，我们将不需要依靠运动过程中产生的惯性力而实现的稳定叫静态稳定。反之，在机器人运动过程中，如果重力、惯性力和离心力等让机器人处于一个可持续的稳定状态，我们将这种稳定状态称为动态稳定。

静态稳定比较容易理解，只要机器人竖直方向的重心落在支撑点所构成的区域内，即可实现静态稳定。通常腿式移动机器人在静态稳定行走过程中总保持三足着地，即构成一个支撑三角形，如图 9-3 所示，*A*、*B* 和 *C* 是腿式移动机器人的三个着地点，*G* 为移动机器人在竖直方向的重心，d_1、d_2 和 d_3 是机器人重心投影点距离三角形各边的距离，三者的最小值（图中 d_3）为该机器人静态稳定的稳定裕度。机器人静态稳定的充要条件是稳定裕度大于 0。为了提高机器人的稳定性，稳定裕度越大越好。

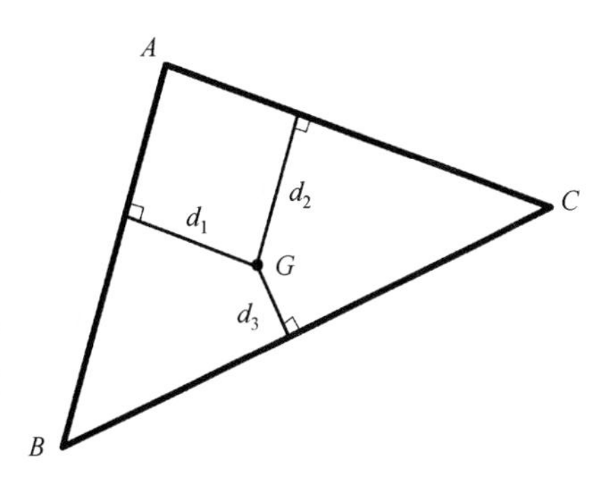

图 9-3　静态稳定的几何描述

接下来，介绍一下动态稳定。当刚体处于运动状态时，其平衡的充要条件是所受重力和惯性力合力的延长线经过支撑区域内部。合力的延长线与支撑区域的交点称为零力矩点（Zero Moment Point，ZMP），换句话说，只要 ZMP 落在支撑区域内，即可实现动态稳定。

上述是从机械学和物理学出发对移动机器人运动的基本原理进行的理论分析，接下来，进一步探讨腿式移动机器人和轮式移动机器人。

9.3　腿式移动机器人

腿式移动机器人能够适应复杂地形，具有高度的机动能力。腿式移动机器人运动以机器人足底和地面之间的接触是一系列离散点为特征。由于接触点非连续，故只要机器人根据路况调整地面步距，就可以忽略步距之间的地面质量，这使得它在粗糙地形上行走具有高度的自适应性和灵活性。比如，只要行走机器人的步距大于地面裂缝的宽度，它就能跨越该裂缝，而不会影响其在该种地形下的机动能力。

腿式移动机器人运动的缺点主要是机械和驱动系统的复杂性。由于每条腿最少有两个自由度(包括抬腿和摆腿)，多腿移动机器人的自由度就是一个很大的数字，这对步态规划是一个挑战。此外，这些腿必须能够支撑机器人本体以及载荷质量，合理地选择驱动形式是机器人设计的另一个重要命题。

9.3.1 腿的数目

因为腿式移动机器人的设计受到生物学的启发，所以不妨观察一下我们周边的动物，分析这些多腿系统是如何适应周边环境的。如图 9-4 所示，一些大型动物(如哺乳动物和爬行动物)有 4 条腿，昆虫有 6 条腿或更多，而某些哺乳动物仅靠 2 条腿行走已经很完美了。尤其是人类，平衡能力已经进化到可用单腿进行跳跃的水平。这种超乎寻常的机动性对于移动机器人而言涉及更复杂的主动控制，需要以更高代价来保持身体的平衡。相比之下，如果动物有 3 条腿且能保证其重心处于与地面接触点所构成的三角区内，它就能够像 3 条腿的凳子一样展示静止、稳定的状态。静态稳定意味着不需要通过运动而保持平衡。轻推 3 条腿的凳子会让凳子的稳定状态有所偏离，但在外界扰动力停止时，其会自动恢复到稳定状态。

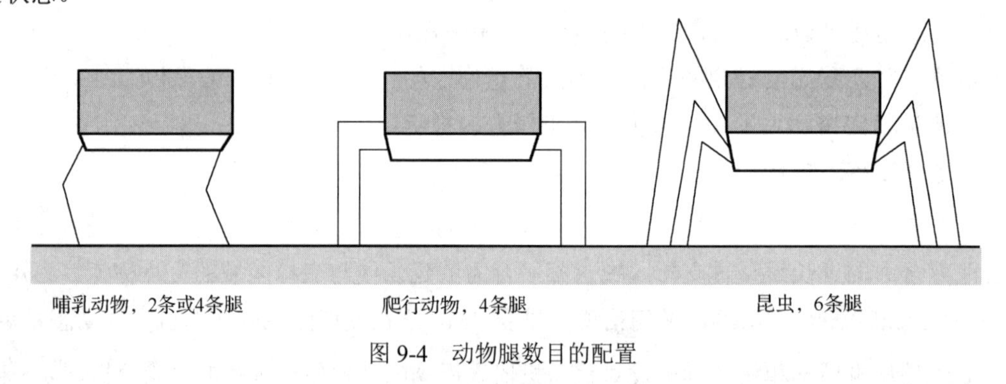

图 9-4 动物腿数目的配置

仅仅保持静态稳定性是不够的，机器人必须能够抬腿行走。为了能达到静态行走，机器人至少要有 4 条腿。在行走过程中，机器人本体与负载的重心必须位于 3 条腿支撑所构成的三角区内。目前，人们所研究的腿式移动机器人多数为 2 条腿、4 条腿或 6 条腿的移动机器人。

9.3.2 单腿的自由度

在生物世界，腿的种类繁多，有巨大的差异。例如，毛毛虫的每条腿只有一个自由度，它通过增加或减小体腔的液体压力使腿伸展或回缩，这使其腿在机械结构上较简单，但需借助身体的表面肌肉完成复杂的整体运动。与此相对应的是，人的每条腿有 7 个以上的主动自由度，15 个以上的肌肉群，激励 8 个复杂关节。对于腿式移动机器人，一般要求至少有 2 个自由度，通过提腿和摆腿使机器人移动，如图 9-5 所示。稍复杂的腿，附加了第 3 个自由度，如图 9-6 所示。最新研发的双腿移动机器人中，每条腿可达 7 个自由度(例如，LOLA 仿人机器人，臀部有 3 个自由度，膝部有 1 个自由度，踝部和脚有 3 个自由度)，大幅增加了机械复杂性。单腿自由度的增加提高了机器人的行走能力，增强了机器人对地形的适应能力，但它带来了动力、控制和质量方面的问题。

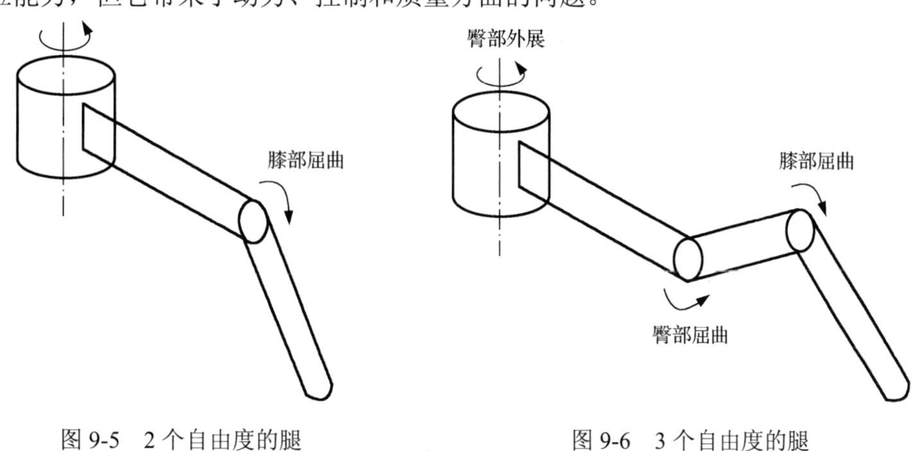

图 9-5　2 个自由度的腿　　　　图 9-6　3 个自由度的腿

9.3.3　步态规划

步态是指机器人的每条腿按一定顺序和轨迹的运动过程，这是确保步行机构稳定运行的重要因素。步态规划就是确定机器人每条腿在行走过程中抬起和放下的序列，即机器人的行走方式，这里包含几个重要的概念，下面分别予以说明。

支撑相(support phase)：腿部着地的状态。

摆动相(transfer phase)：腿由地面抬起，处于悬空的状态。

腿式移动机器人在行走过程中，各腿交替呈现两种不同的状态，即支撑相和摆动相。腿处于支撑相时，腿的末端与地面接触，支撑机器人的重量，并且能够通过蹬腿使机器人的重心移动；处于摆动相时，腿悬空，不和地面接触，向前或向后摆动，为下一次迈步做准备。

步态周期：腿式移动机器人完成一个步态所需要的时间，也就是机器人所有腿轮番完成一次“提起—摆动—放下”动作所花费的时间。

占空系数(duty factor，也称有荷因数)：在一个步态周期 T 内，机器人各腿处于支撑相的时间占该步态周期的比例，如果各腿占空系数不相等，则分别表示。

规则步态(regular gait，也称固定步态)：机器人的腿部按固定的顺序和轨迹运动的过程，这种步态呈周期性的变化，也称周期步态。此时，所有腿的占空系数均相等。这种步态适合机器人在平整的路面上行走。

非规则步态(free gait，也称自由步态)：机器人腿部运动的顺序和轨迹是不固定的，机器人能够根据传感器获取的地面状况和自身状态，实时改变各条腿的摆动次序以及运动轨迹。这种步态也称为随机步态或实时步态。这种步态的设计过程相对复杂，需要参考专业的文献。

以上阐述了机器人步态规划的一些基本概念，接下来介绍腿式移动机器人的步态类型。腿式移动机器人运动的步态种类依赖于腿的数目 k，对一个有 k 条腿的移动机器人来说，腿式移动机器人可能的步态类型总数 N 为

$$N=(2k-1)! \tag{9-1}$$

例如，对于 2 条腿的移动机器人，可能的步态类型总数 N 为

$$N=(2k-1)!=3!=3\times2\times1=6 \tag{9-2}$$

这 6 种步态分别如下：

1) 双腿下—右腿下/左腿上—双腿下。

2) 双腿下—右腿上/左腿下—双腿下。

3) 双腿下—双腿上—双腿下。

4) 右腿下/左腿上—右腿上/左腿下—右腿下/左腿上。

5) 右腿下/左腿上—双腿上—右腿下/左腿上。

6) 右腿上/左腿下—双腿上—右腿上/左腿下。

第 1) 种步态右腿始终着地，左腿重复抬起放下，可以原地转向；第 2) 种步态类似于第 1) 种步态，只是左右腿交换；第 3) 种步态相当于双腿跳跃；第 4) 种步态相当于正常的人类行走，双腿交替向前；第 5) 种步态相当于用右脚单腿蹦；第 6) 种步态相当于用左脚单腿蹦。

机器人腿数量的增加会使步态类型迅速增多。理论上，步态种类要大于式(9-1)所计算的数量，对于一个 6 条腿的机器人来说，实际步态要超过 N=11!=39916800。

如前所述，4 条腿的移动机器人可以实现静态行走。如果在移动过程中机器人始终能够实现静态稳定，则意味着机器人至少有 3 条腿一直着地，而且机器人与负载的重心在竖直方向上始终位于支撑点所构成的三角区内部。图 9-7 所示为四腿移动机器人静态行走步态类型。在行走前，首先调整腿的支撑点，使移动机器人的重心位于ΔABD或ΔBCD 区域中[图 9-7(a)]，此时，可以移动 C 或 A 支撑腿。假定首先选择 C 支撑腿向前迈出，落地后 C 支撑腿与 A、B 支撑腿构成了ΔABC 区域[图 9-7(b)]。此时，重心位于该区域内，形成了静态稳定平衡，则 D 支撑腿可以选择向前迈出[图 9-7(c)]。在 C、D 支撑腿完成迈步动作后，这两条腿同时向后蹬，使机器人整体向左前方移动[图 9-7(d)]。此时，机器人重新回到初始状态，只是机器人偏向左边。为了对方向进行校正，在接下来的步态设计中我们选择移动 A、B 支撑腿，则机器人的头部会回正

[图 9-7(e)、(f)和(g)]。至此，完成了一个步态周期。这样，机器人就会一左一右地向前移动了。

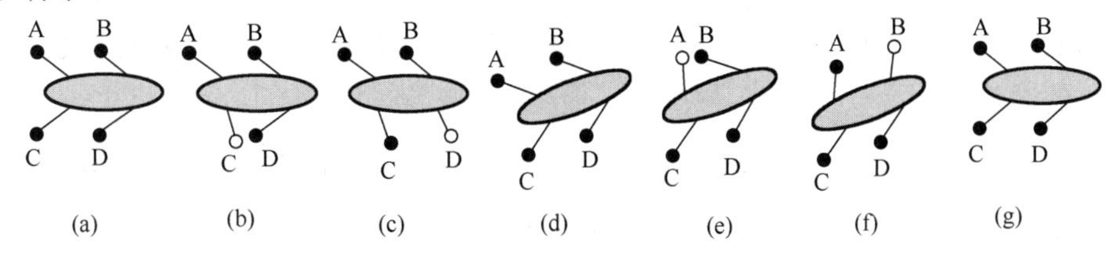

图 9-7　四腿移动机器人静态行走步态类型

图 9-8(a)为多数四足哺乳动物的一般行走步态，其特征是对角线的两条腿交替向前移动，该种步态下四腿移动机器人在行走过程中总是存在两条腿同时处于摆动相的状态；图 9-8(b)是部分哺乳动物(如狮子、马)的跳跃奔跑步态，其特征是前面两条腿、4 条腿以及后面两条腿顺次处于腾空状态，该步态下出现了两条腿甚至 4 条腿同时处于摆动相的状态。上述这些状态均不能使移动机器人形成三角稳定支撑，因此，行走和跳跃步态均为动态步态。

六腿移动机器人实现静态稳定行走是比较容易的，它可以同时迈出 3 条腿，而另外 3 条腿形成稳定支撑(重心在这 3 条支撑腿所构成的三角形区域内)，如图 9-9 所示。

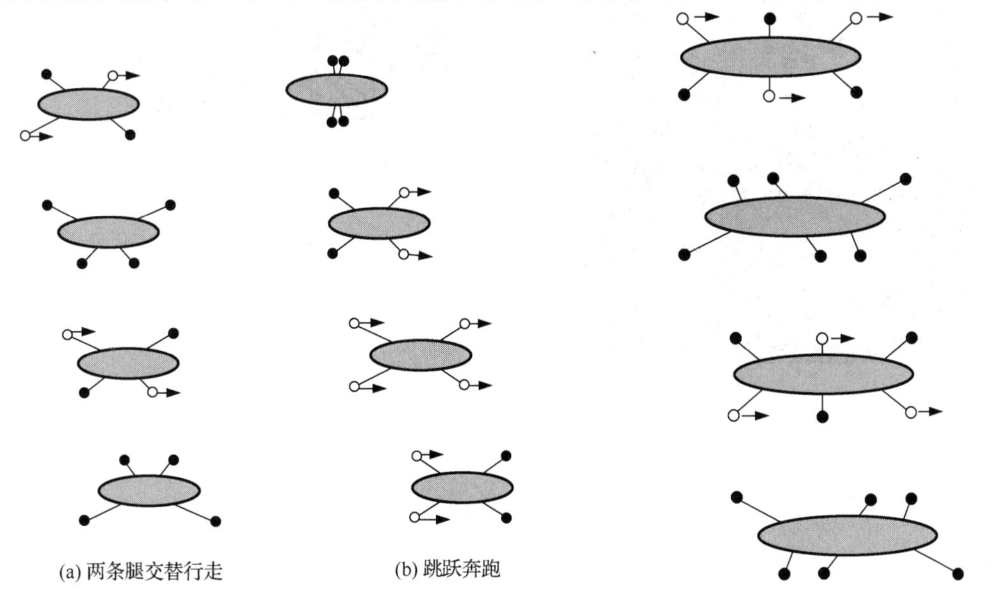

(a) 两条腿交替行走　　(b) 跳跃奔跑

图 9-8　四腿移动机器人的两种动态行走步态

图 9-9　六腿移动机器人静态行走步态

9.3.4　运动机构

1. 单腿机器人

腿式移动机器人腿的最少数目是 1，也就是只有一个支撑点，所以单腿机器人难于保持平衡，更不可能实现静态行走，机器人只能通过不断改变重心、施加校正力主动地寻求自我平衡。成功的单腿机器人必须能够实现动态稳定。单腿机器人的优点是腿的质量轻、设计制造简单。此外，单腿机器人与地面只有单点接触，其对粗糙地形的适应能力更强，它可以通过助跑跨越比它步幅更大的沟隙，而多腿行走的机器人只限于跨过与它最大步距一样大小的沟隙。

图 9-10 是由麻省理工学院 Raibert 教授领导的腿部实验室所研制的最著名的单腿跳跃机器人，它主要是为了研究腿部运动的主动平衡和动力学特性而设计的。该机器人总高度为 1.1 m，质量为 17.3 kg，它由腿和身体两部分组成，其中腿部包含大腿和小腿，二者之间有一个移动副，由气动机构(压缩空气)进行驱动。此外，在大腿和身体(髋部)之间有一个万向节，这样，可利用身体部位的两个液压驱动器控制身体和大腿之间的二维倾角(俯仰和偏摆)。

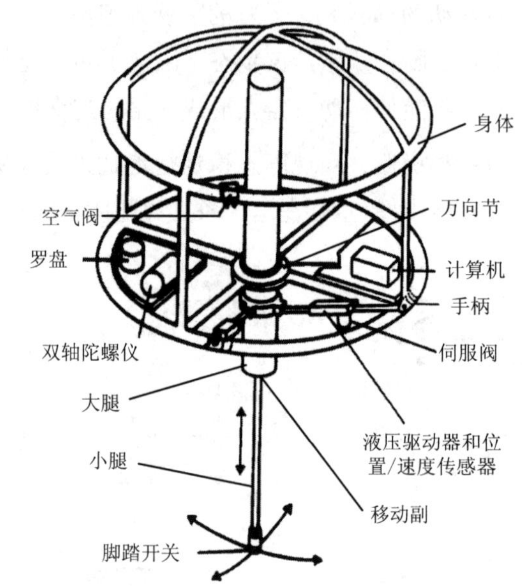

图 9-10　三维空间单腿跳跃机器人

为什么研制只有一条腿的跳跃机器人呢？主要有四个原因：第一，用一条腿研究机器人的平衡问题比较简单，因为它消除了多条腿的耦合行为；第二，它迫使人们专注于机器人的平衡，因为仅有一条腿，别无选择；第三，单腿机器人的行为和控制是研究多腿系统中每条腿的基石；第四，单腿机器人系统结构简单，这意味着更短的研发时间，更少的机械故障以及更可靠的操作。

单腿跳跃机器人的实验表明，可以通过简单的控制系统实现机器人平衡。该控制系统由三个独立的部分组成，其中一个控制前进速度，一个控制身体姿态，还有一个控制跳跃高度。单腿跳跃机器人能够沿简单的路径以指定的速度行进，并在受到干扰时保持平衡，其最快行走记录为 2.2 m/s。

图 9-11 是加州大学伯克利分校一个研究小组研发的一种名为 Salto 的单腿跳跃机器人

（以下简称 Salto 机器人）。Salto 机器人由可进行能量调制的连杆机构、串联弹性驱动器以及用于姿态控制的惯性尾翼组成，重 100 g，完全伸展时高 26 cm。研究人员从一种夜间灵长类动物夜猴(Galagos)获得了设计灵感，该动物通过自然选择在逃避捕食者方面展现出惊人的跳跃能力，它可以在不到 4 s 的时间内跳到 5 倍于自身的高度，其最高垂直跳跃敏捷度(起跳高度/跳跃时间，这里跳跃时间指起跳开始后激励时间与离地腾空时间之和)达 2.2 m/s。研究小组的博士生 Haldane 将驱动电机、扭簧以及机械加载装置整合到跳跃机器人中，它能够模仿夜猴起跳前的蹲伏状态，以便积蓄尽可能多的能量。Salto 机器人超出了大多数普通人的垂直跳跃高度，其跳跃敏捷度达 1.75 m/s，远优于目前最敏捷机器人的记录(1.12 m/s)。

Salto 机器人的跳跃原理来自所设计的能量调制(将势能转换为动能的过程)连杆机构，如图 9-12 右侧所示。该机构包含两套四连杆机构，其中位于大腿和小腿之间有一套四连杆机构，其通过输出连杆铰接到机体部位；另一套四连杆机构位于大腿和机体之间，它接受来自电机的扭矩输入(同时扭簧受到扭转力矩作用而蓄能)，该扭矩是从动力输入连杆的中间销轴传递到四连杆机构的。该跳跃机构为平面机构，总活动度为 1，图 9-12 的左侧为能量调制模型。

Salto 机器人的控制方法较大程度上沿袭了麻省理工学院所研制的单腿跳跃机器人，具有一定的继承性。Salto 机器人制作轻巧、敏捷，该团队在研制机器人时就考虑到了搜救用途，它能够在地震、火灾等不幸事件中被毁掉的建筑废墟中探寻生命迹象。

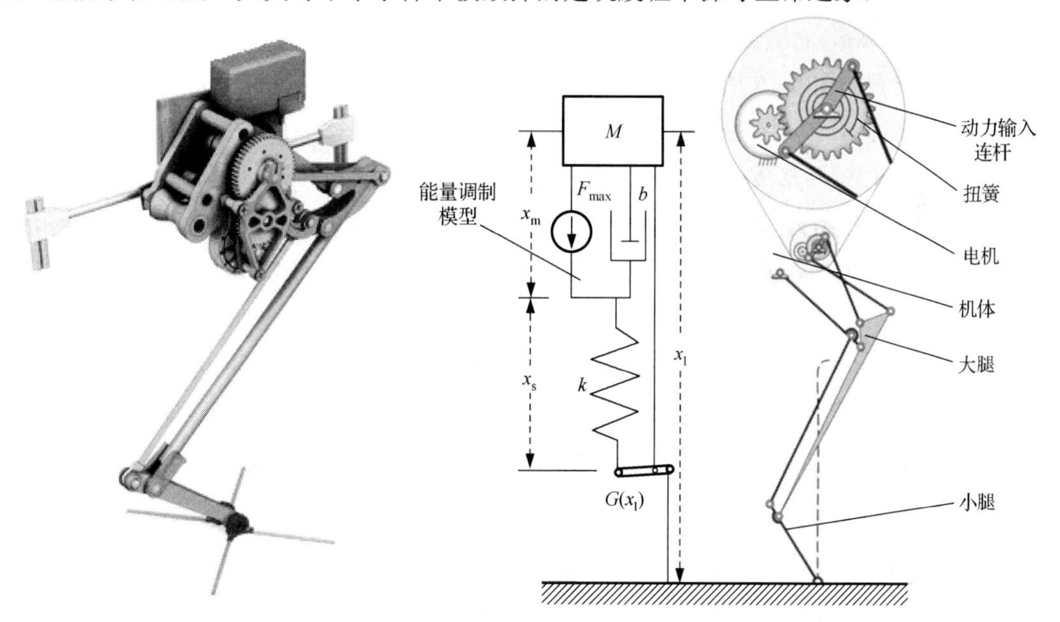

图 9-11　Salto 单腿跳跃机器人　　　图 9-12　Salto 机器人的能量调制机构

2．双腿机器人

双腿机器人多数是以仿人为目标而发展起来的。由于双腿机器人以动态行走为主，其步态规划和控制颇具挑战性，故其在设计、研发过程中经历了复杂而艰难的探索。本田公司从 1986 年研制了世界上首个双腿行走机器人 E0 起，又相继研制了 E2/4/5/6 和 P1，直到 1996 年才发布了世界首个类人智能双腿步行机器人 P2，如图 9-13 所示。由于其把电机、驱动器、控制器、电池以及无线通信模块等封装在机器人身体内部，不仅实现了无线遥控，还让其在外观上更接近于人，成为真正的仿人机器人。

图 9-13　本田公司研制的 P2 机器人

P2 机器人身高 182cm，重 210kg，每条腿有 6 个自由度，其行走速度超过 1km/h，最大速度可达到 2 km/h。而且，P2 机器人还能实现像人一样完成爬楼梯这一高难度动作，它走得极为平稳，一步一个台阶，令人赞叹。此外，P2 机器人也能模拟人类的一些简单动作，如用扳手拧螺丝。

以 P2 和后续的 P3 仿人机器人为基础，本田公司在创造新产品和发展新技术的推动下，于 2000 年研发了世界上最早具有人类行走能力的仿人机器人 ASIMO，如图 9-14 所示。ASIMO 机器人共有了三代，每一代均有明显的进步。2011 年研制出的最新一代机器人身高 1.3 m，重 48 kg，它腿部的自由度配置与 P2 机器人相同，每条腿有 6 个自由度，腿部机构的自由度配置如图 9-15 所示，这使 ASIMO 机器人非常灵活。ASIMO 机器人基于 ZMP 进行行走稳定控制，在单腿支撑阶段让 ZMP 位于支撑腿的接触面内，在双腿支撑阶段让 ZMP 位于双腿接触面形成的支撑多边形内，从而形成动态稳定平衡。如果行走环境复杂，其还需要地面反作用力控制以及落脚点的位置控制。ASIMO 机器人实现了从行走到奔跑的跨越，最高速度达 9 km/h，这对于通过蹬踏地表获得前进动力的仿人机器人而言是一个巨大的挑战。

ASIMO 机器人运动性能非常惊人，它可以在不平整和倾斜的地板上行走，可以爬楼梯，而且将走路、跑步结合得非常自然，没有明显的停顿；它也可以进行单腿连续跳跃或双腿连续跳跃。ASIMO 机器人已被投入应用，它能像人一样在家庭、办公室以及工厂等场合开展不同的工作。

日本的索尼公司以运动表演和交际娱乐（如跳舞和唱歌）为目的开发了小型双腿仿人机器人 QRIO。QRIO 起源于 1997 年开始的 SDR（Sony Dream Robot）项目，其先后开发了 SDR-0、SDR-1、SDR-2、SDR-3X、SDR-4X 和 SDR-4XII 等原型机。其中，SDR-3X 的头部装有单目摄像机和麦克风，可以在地板上表演一些体操动作、准舞蹈（日本现代快步舞）和足球。索尼公司通过电机、减速器和伺服控制电路的模块化实现了较高的比功率（功率重量比），在此基础上，于 2002 年 3 月研制了 SDR-4X。该机器人具有集成

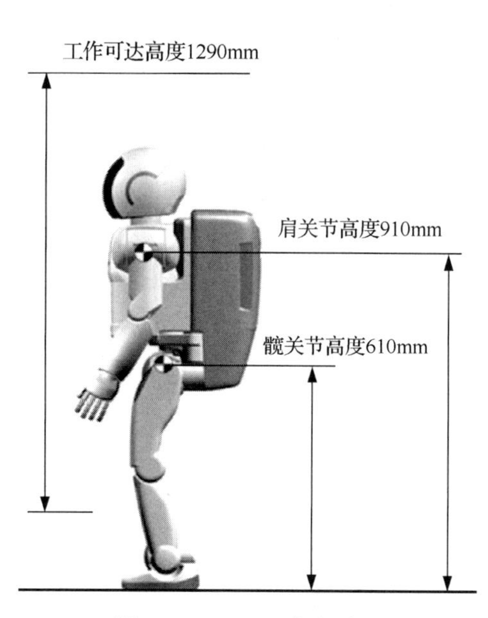

图 9-14　ASIMO 机器人

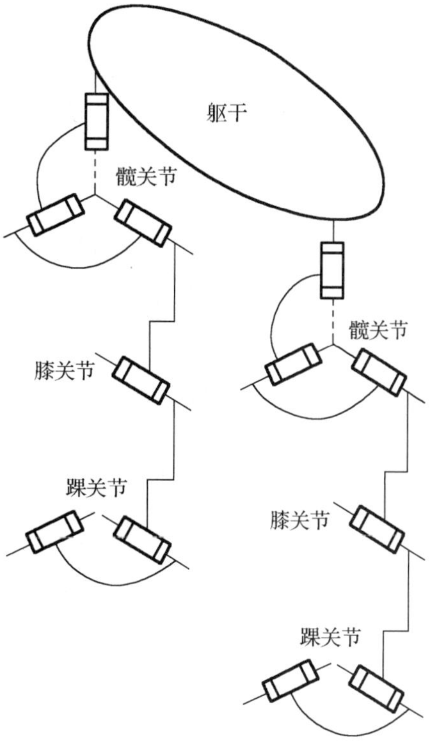

图 9-15　腿部机构的自由度配置

实时自适应控制系统，增强了其适应和识别能力，即使在不规则的地形上，也能稳定行走。开发者在它的头部还安装了多个麦克风，可以对声音方向进行估计并且识别说话人。同时它还集成了语音合成技术，实现了无伴奏的演唱。时隔一年，SDR-4XII 发布，它解决了双腿步行机器人最重要的问题之一——摔倒问题，其安全性能得以进一步提高。2003 年 9 月，SDR-4XII 更名为 QRIO，意思是“追求好奇心”，象征着索尼对技术创新的不断探索。

QRIO 比较小，身高 58 cm，体重约 7 kg，它总共有 38 个自由度，其中，每条腿有 6 个自由度，与 ASIMO 的配置相同，如图 9-16 所示。QRIO 在骨盆部位装有用于运动控制的陀螺和加速度计，其每只脚底配置四个力传感器，此外，其身体表面还分布若干接触传感器和温度传感器，以便安全使用。

早稻田大学从 1967 年开始研究双腿机器人，已经开发了多种仿人机器人，其中包括 1973 年研制的 WABOT-1（早稻田机器人 1 号，是世界上第一个全尺寸仿人机器人）和 1997 年研制的 WABIAN。本节所介绍的仿人双腿机器人 WABIAN-2R 于 2006 年研制，高 1.48m，重 64 kg，它有 41 个自由度（两个 6 自由度的腿，一个 2 自由度的腰，一个 2 自由度的躯干，两个 7 自由度的手臂，两个 3 自由度的手，一个 3 自由度的脖子和两个有被动脚趾关节的 1 自由度脚），如图 9-17 所示。

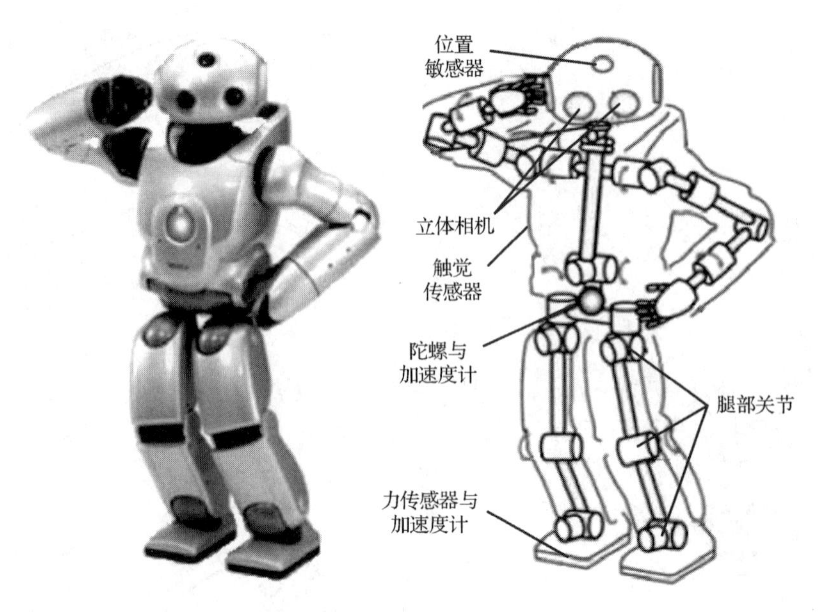

图 9-16　索尼公司 QRIO 机器人

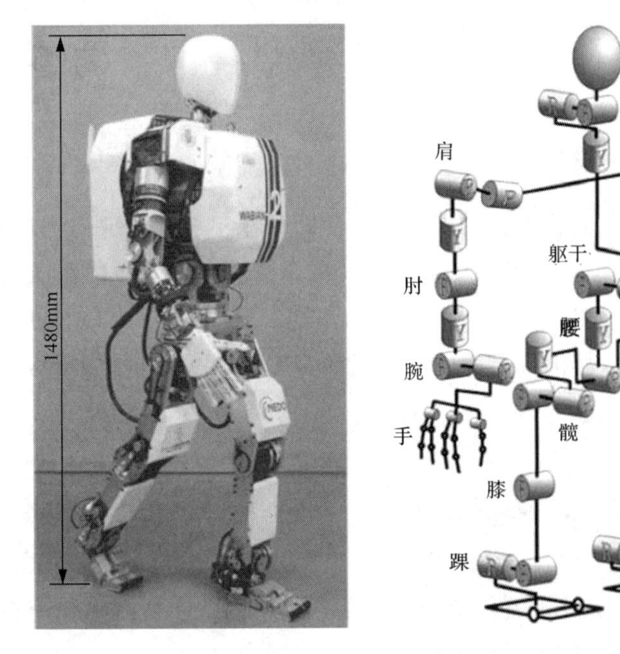

图 9-17　WABIAN-2R 机器人

WABIAN-2R 机器人利用被动脚趾关节和模拟人类骨盆运动的 2 自由度腰转机构实现了类人行走，包括膝盖拉伸，脚跟接触和脚趾脱离运动。人类行走的一个显著特点是垂直地面的反作用力有两个峰值，WABIAN-2R 机器人在行走过程中膝关节伸展时，其垂直地面的反作用力同样有两个峰值，这与人的行走相似。如果机器人屈膝行走，不会出现双峰。WABIAN-2R 可替代人体对助行器、假肢等康复器械进行定量评价。

双腿机器人的另一个一流设计是麻省理工学院腿部实验室所研制的平面双腿步行机器

人 Spring Flamingo，如图 9-18 所示。Spring Flamingo 的臀、膝和踝各有一个转动关节，它们的轴线相互平行，故构成一个平面步行机器人。这个机器人将线性压缩弹簧与腿部驱动器相连，具有很高的耐冲击性，并能够实现富有弹性的步态。Spring Flamingo 的设计旨在模仿长腿鸟，行走高效快速(最快速度达 1.2 m/s)，具有很高的稳定性，其仿生运动非常惊人。

当然，最值得一提的是当今世界上最先进的 Atlas 仿人机器人(图 9-19)，它由波士顿动力公司(由麻省理工学院腿部实验室的 Marc Raibert 教授所创立)研制。Atlas 源于波士顿动力公司的早期 Petman 人型机器人，从 2012 年第一代 Atlas Proto 开始，至今已经发展出了多个版本，Atlas 身高约 1.5 m，重 80 kg，有 28 个液压关节，由头部、躯干和四肢组成，其中，每条腿有 6 个关节，其关节自由度配置与前面所述的 ASIMO 类似，只是由于关节为液压驱动，需要将平移运动输出转换为转动输出。Atlas 头部包含立体相机和激光测距仪，它能够像人类一样用双腿直立行走。

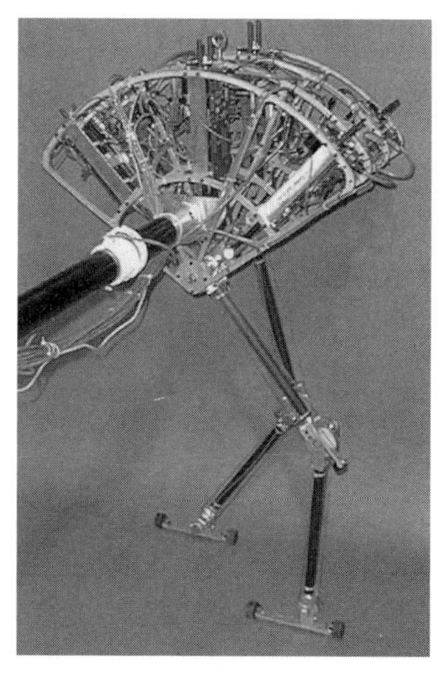

图 9-18　平面双腿步行机器人 Spring Flamingo

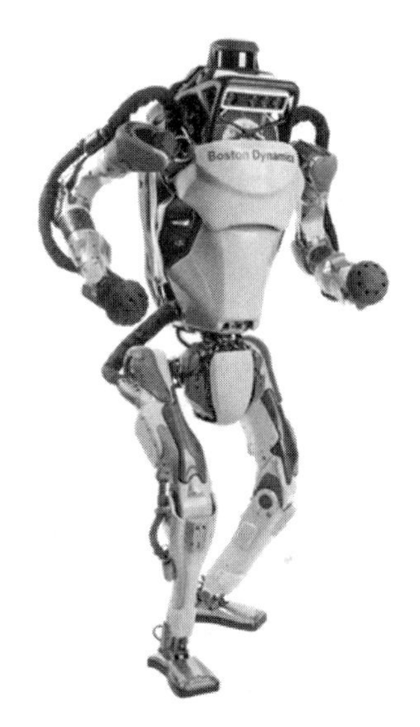

图 9-19　Atlas 仿人机器人

Atlas 可以执行多种复杂的作业任务。在 2015 年的 Darpa 机器人挑战赛中，新研制的具有独立电源和决策自治权的无线 Atlas 版本能够在现场驾驶多功能车，用手持式电动工具在墙上凿洞，穿越碎石堆，打开门进入建筑物，爬楼梯，找到并关闭泄漏管道附近的阀门，展现了令人惊奇的作业能力。

作为双腿移动机器人，我们最关心的还是其行走能力。事实上，Atlas 行走能力已接近成年人，比如，它可以在崎岖的雪地中步行，即使遇到脚滑，凭借其超强的平衡能力，也能保持身体稳定。最新版本的 Atlas 演示了在开阔地自由奔跑并轻松越过小型障碍的能力，然后，又在高低错落的三个箱体上完成了“三连跳”，中间无停顿，展现了良好的身体协调能力。Atlas 也能完成一些体操动作，包括倒立、翻跟头、360° 旋转跳跃、劈腿跳跃以及后空翻等。

3. 四腿机器人

双腿机器人只能在某些限定条件下实现静态稳定，前面所述的 P2 和 WABIAN-2R 等仿人机器人即使站着不动，通常也需要伺服电机以帮助其平衡校正。而对于四腿机器人，由于容易形成支撑三角形，其静态平衡问题相对好解决。但四腿机器人行走仍具有挑战性，因为在步行期间，为了保持稳定，静态行走的四腿机器人重心必须位于支撑三角形内；而动态行走的四腿机器人所受重力和惯性力的合力的延长线要经过支撑区域内部，即 ZMP 位于支撑域内。

索尼公司在 1999 年 5 月年推出了第一代四腿机器人宠物狗 AIBO，旨在让其成为“智能且可训练的机器人伴侣”，其商业版本为 ERS-110。此后，又陆续推出了三代机型 ERS210、ERS-7 以及 ERS-1000，如图 9-20(a)、(c)所示。为了研制这款机器人，索尼开发了新的实时操作系统 Aperios 以及功率更强大的伺服电机。该机器人初期销量很高，第一年就卖了 60000 多台。AIBO 可以像真狗一样走路、吠叫、发牢骚、咆哮，还可以玩球，而永远不需要主人清理。它也能做出各种有趣的动作，如摇尾巴、打滚等。

ERS-7 的高度为 27.7 cm，长度为 31.7 cm，宽度为 18 cm，重量为 1.6 kg，它的身体布满各种类型的传感器，如距离传感器、边缘传感器、触觉传感器等。它能听懂人类对它的称呼和责备。无论哪个版本，AIBO 腿部的关节自由度均为 3 个，且都是转动副，ERS-7 腿部关节构型如图 9-20(b)所示。

索尼公司为世界各地大学提供了 AIBO，让它们参加机器人世界杯的四腿机器人足球比赛。

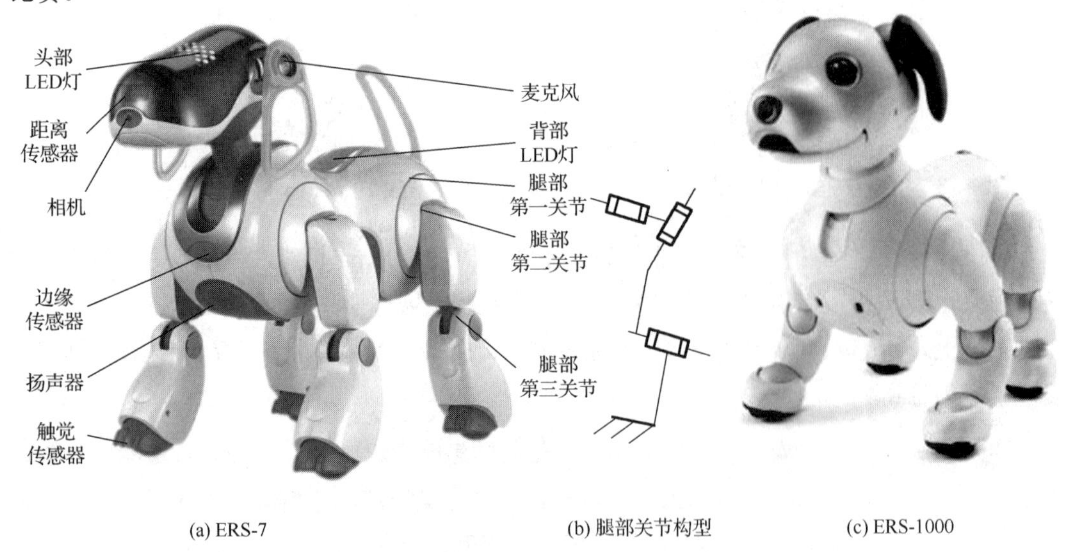

(a) ERS-7　　(b) 腿部关节构型　　(c) ERS-1000

图 9-20　索尼公司研制的机器人宠物狗

东京工业大学研制了一款用于实验的四腿机器人 Titan VIII，如图 9-21 所示。该机器人高度为 0.25 m，重量为 9 kg，每条腿有 3 个旋转自由度，其靠近身体端关节绕偏航轴旋转，而另两个关节绕俯仰轴旋转。该机器人腿部机构的一个显著特点是使用了钢丝和螺旋滑轮驱动系统。Titan VIII 不适合快速行走，因为它的功率重量比较低。

BigDog（机器人大狗）由波士顿动力公司于 2005 年研发，该项目由美国国防高等研究计划署资助，目的是研制一种能够负重的机械载具，让其和士兵一起在传统车辆无法行驶的粗糙地形上作战。

如图 9-22 所示，BigDog 长 1 米，高 0.7 m，重 75 kg，几乎相当于一头小骡子的体积。BigDog 没有车轮或者履带，而是采用四条机械腿来行走，其中，每条腿有三个液压激励的旋转关节。它的腿完全模仿动物的四肢设计，其内部安装有柔顺元件，能够吸收振动并将能量传导。BigDog 能够走、跑、爬并运载重负荷。目前，它能够载重 150 kg 以 10 km/h 的速度奔跑；能够爬上 35° 的斜坡，穿越粗糙地形，走过泥泞的小道，甚至在雪地和水里行走。

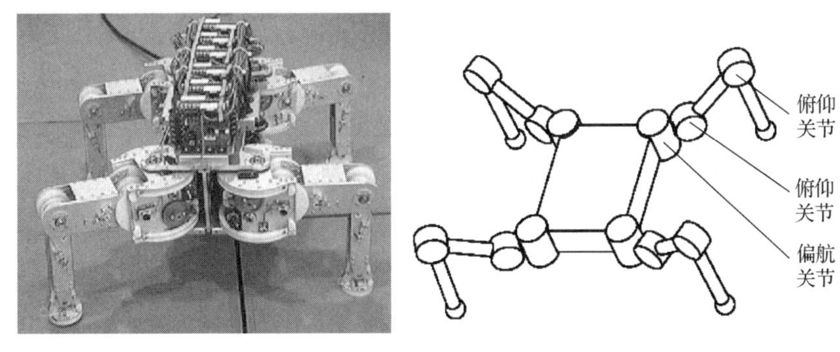

图 9-21　东京工业大学研制的四腿机器人 Titan VIII

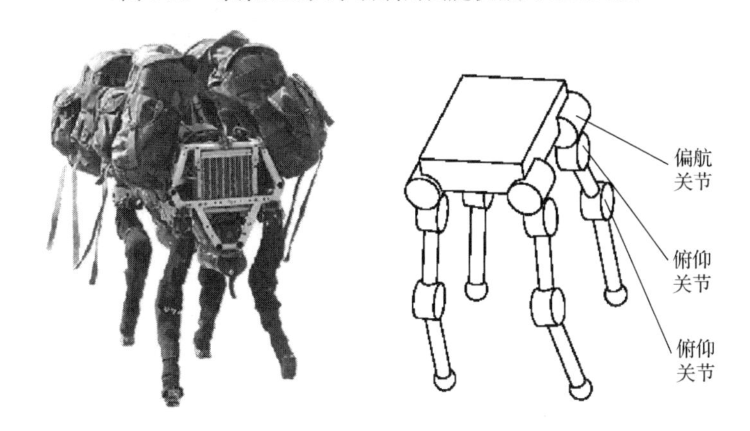

图 9-22　波士顿动力公司研制的四腿机器人 BigDog

BigDog 的传感系统涉及关节位置、关节力、地面接触、陀螺仪、激光雷达和立体视觉等，这能够保障操作人员实时地跟踪它的位置并监测其系统状况，它的内部计算机也可以基于传感信息根据环境的变化来调整步态。

4．六腿机器人

根据前面步态规划所述，六腿机器人可以将三对足分成两组，以三角步态实现静态行走，这降低了腿式移动机器人的控制复杂性。六腿机器人虽然移动速度较慢，但是运动灵活，可靠性高，它可以利用离散的地面支撑点上下台阶以及在崎岖的路面行走，它也能避开障碍甚至跨越障碍，其对复杂地形和不可预知的环境具有极强的适应性。

从 1994 年开始，德国卡尔斯鲁厄大学研制的六腿机器人 Lauron 系列已经经历了五代，图 9-23 为 Lauron Ⅲ，该机器人的总重量为 18 kg，所能承担最大负载为 10 kg。它的每条腿具有 3 个自由度，关节构型配置与 Titan VIII 类似，关节电机装备有电流传感器，用于检测关节的作用力；它的头上有一个摇摆/倾斜机构，可以使摄像机指向任何方向；它的每只脚在三个方向上都具有力传感器，用于感受来自行走路面的反作用力。Lauron Ⅲ 能够收集周围环境的信息，并自动规划路径以实现给定目标。在行走过程中，它可以发现障碍物，并根据障碍物的高度选择越过障碍物或绕过障碍物。

1989 年，美国麻省理工学院人工智能实验室研制了用于地外行星(如火星)探测的六腿机器人 Genghis，如图 9-24 所示，它的每条腿有两个旋转自由度，采用基于位置反馈的伺服电机(集成了电流测量单元以获取关节力矩信息)驱动。其身体装备了两个触觉传感器、两个单轴加速度计，可在复杂路面上高效行走。

图 9-23　德国卡尔斯鲁厄大学研制的六腿机器人 Lauron III

图 9-24　麻省理工学院研制的六腿机器人 Genghis

相比于擅长穿越所有可能地形的六足昆虫，所研制的六腿机器人的性能仍然存在很大差距。这并非由于机器人缺足够数目的自由度，而是因为昆虫把为数不多的主动自由度与被动结构结合起来，如微细倒毛和质地粗糙的肉趾极大地增强了各腿的抓力。此外，相比动物肌肉激励系统所达到的效率，目前机器人的驱动水平仍相距甚远，在能量存储方面远不如生物体的能量密度。由此可以看出，腿式移动机器人与其对应的生物相比还有许多地方需要改进。不过，腿式移动机器人最近已取得了重要进展，这主要源于人们在电机设计方面的进步。

9.4 轮式移动机器人

如前所述，轮式移动机器人适合在平坦的硬地表面运动，它可以达到很高的效率，而在松软的表面，它的效率甚至低于用腿行走。但是，迄今为止轮子仍旧是移动机器人和交通车辆中最流行的运动机构。轮式移动机器人具有结构和机构简单、运动灵活、操控容易的特点。在移动机器人这个大的族群里，由于轮式机器人应用的广泛性，它占有重要的主导地位。

通常，轮式移动机器人在运动过程中任何时刻均与地面接触，显然，3 个轮子就足以保证车体静态稳定平衡，因此在轮式移动机器人设计中，平衡不是主要的研究问题。两轮机器人也可以保持静态稳定，但一般其都处于动态稳定状态。如果机器人使用轮子的数量多于 3 个，当其运动在崎岖不平的地形时，就需要一个悬挂系统以使所有轮子均保持与地面接触。

9.4.1 轮子的类型

讨论轮式移动机器人运动机构时，必须优先考虑轮子的类型。接下来，我们来分析各种轮子的类型，并评价其特有的优点和缺点。

目前，轮子主要有 4 种类型，如图 9-25 所示。在运动学方面，它们差别很大，因此，轮子类型的选择对轮式移动机器人的运动有很大的影响。标准轮和小脚轮均有一个旋转主轴，是高度有向的，如果沿指定的方向运动，必须操纵垂直于移动表面的主轴，以改变轮子方向。这两种轮的主要差别在于：操纵标准轮时无附加作用，因为操纵杆的旋转中心经过标准轮与地面的接触点；而小脚轮的操纵轴与地面接触点有一定的距离，在操纵小脚轮过程中会引起附加力矩，该力矩作用到机器人的底盘。

相比于传统的标准轮，瑞典轮和球形轮所受的方向约束要少一些。由于瑞典轮在轮子周围布满辊子(有的垂直于轮轴方向，如瑞典 90° 轮；有的与轮轴呈 45°，如瑞典 45° 轮，也被称为迈克纳姆轮)，所以其在轮轴方向有很低的阻力。瑞典轮设计的主要优点在于：尽管只给轮子的主轴提供动力(对轮轴施加旋转力矩)，但轮子可以在运动平面按运动学原理全向移动或转动，而不仅仅是向前或者向后移动。

球形轮是一种真正的全向轮，轮子经常被设计成在主动力作用下可沿任何方向旋转的机构形式。其有一种模仿计算机鼠标的球形机构，其在球的顶部安装有提供动力的辊子，以此对球形机构施加旋转力矩。

无论采用何种类型的轮子，移动机器人一般情况下都需要一个悬挂系统以使轮子保持与地面接触。一种最简单的悬挂方法是将轮子本身设计成柔性的，例如，对于使用小脚轮的室内四轮机器人，一些厂家用可变形的软橡胶来制造轮子轮胎。当然，这种有限的解决方案不能与现实车辆中错综复杂的悬挂系统相比。对于崎岖的非结构化地形，轮式移动机器人需要更加适应严苛环境的悬挂系统。

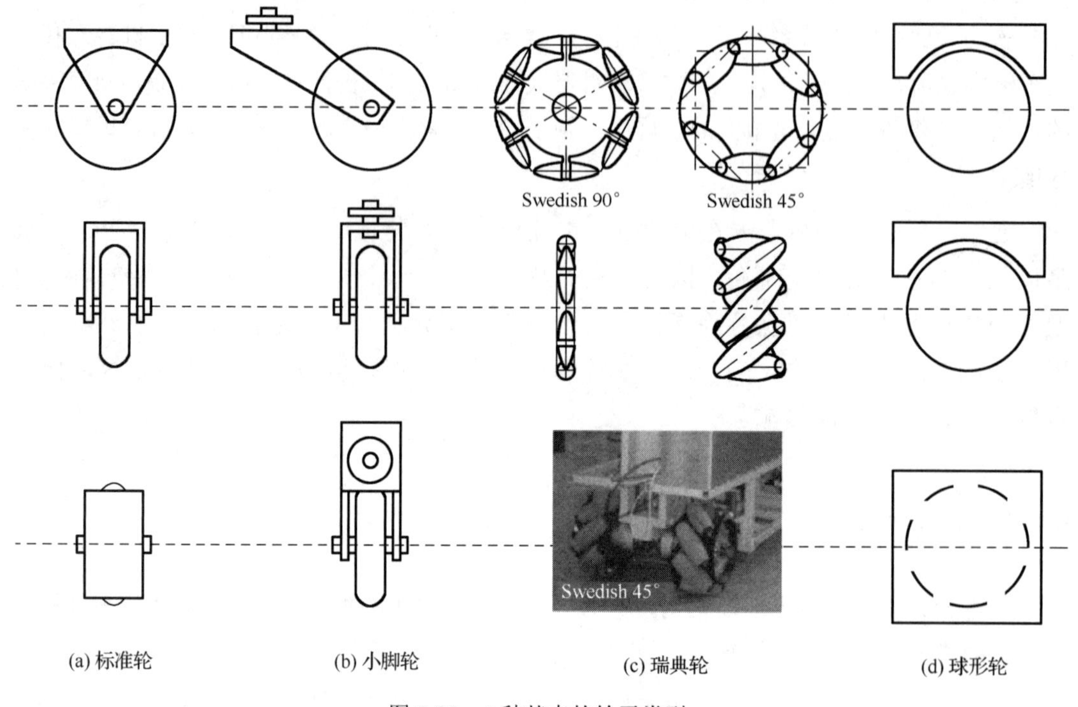

图 9-25　4 种基本的轮子类型

9.4.2　常见的轮式移动机器人底盘结构（运动机构形式）

轮式移动机器人轮子类型的选择与底盘结构紧密相关，开发人员在设计轮式移动机器人运动机构时必须同时考虑这两个问题，因为这涉及它的机动性、可控性和稳定性。

汽车多数基于高度标准化的公路网络而设计，而轮式移动机器人的设计需要考虑到各种纷繁复杂的环境。汽车底盘一般采用相似的轮子结构，因为标准化环境（铺好的公路）所给予的充分设计空间可使汽车的机动性、可控性和稳定性最大。然而，轮式移动机器人应用于各种不同的复杂环境，单一的轮子结构往往不能使这些品质最大化，所以轮子种类较多。目前，除了为道路系统设计的轮式移动机器人外，很少有机器人采用汽车的 Ackerman 轮子结构，因为其机动性较差。

按照轮子数目排序，表 9-2 给出了多数轮式移动机器人底盘的结构类型，并对结构类型的特点给予了说明。可以注意到，表 9-2 所示的某些底盘结构其实在轮式移动机器人中很少应用，如两轮自行车结构，其机动性中等，可控性差。不过，表中所列结构类型是轮式移动机器人底盘结构的重要参考。

表 9-2　轮式机器人底盘结构类型

No.	轮子数量	结构类型	说明	典型例子
1	2	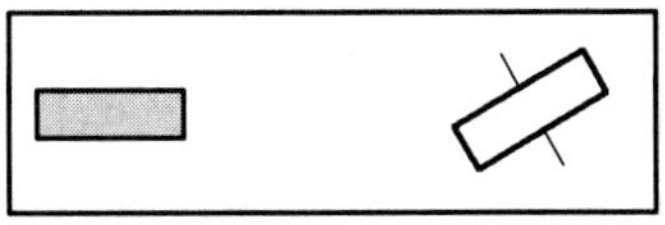	前端一个操纵轮，后端一个动力轮	自行车，摩托车
2		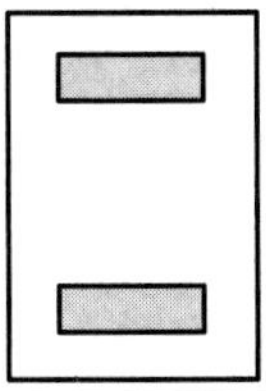	两个动力轮差动驱动，质心(COM)在转轴下面	Cye 个人机器人，平衡车
3	3	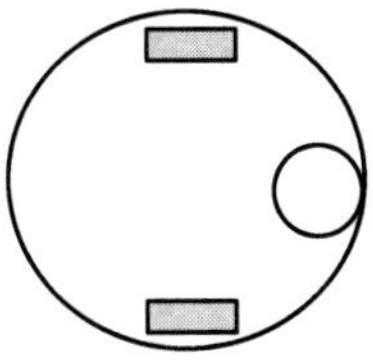	前端一个非动力全向轮，两个动力轮居中差动驱动	Nomadic 技术公司研制的 Nomad Scout 机器人以及瑞士联邦理工学院研制的 Smart-Rob 机器人
4		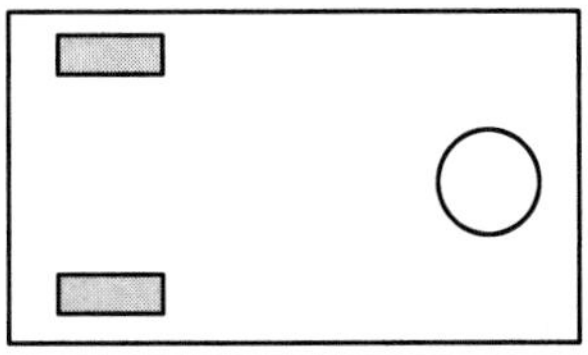	后/前端有 2 个独立驱动的动力轮，前/后端有 1 个无动力全向轮	许多室内机器人，包括瑞士联邦理工学院研制的 Pygmalion 和 Alice 机器人
5		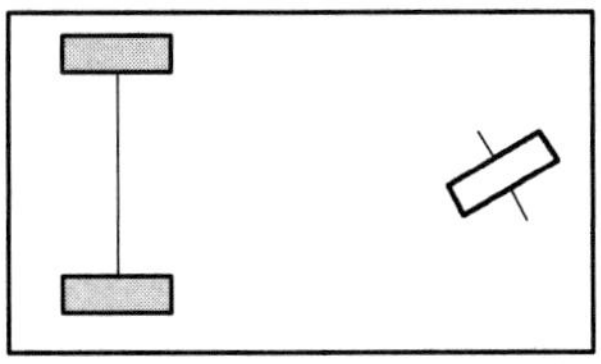	后端有 2 个相连的动力轮，前端有 1 个可操纵的标准轮；需要用差速器调节后端两轮的转速，以避免滑动/打滑	Piaggio 微型卡车
6		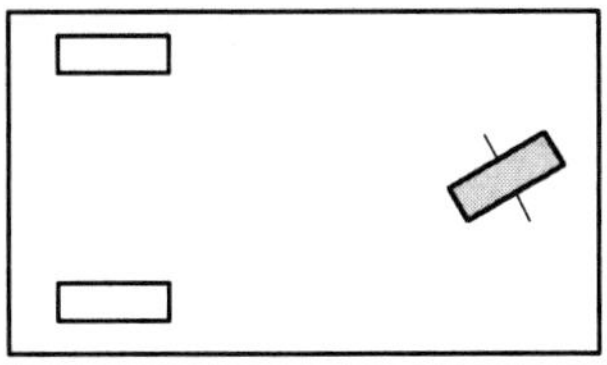	后端有 2 个标准轮，前端有 1 个可操纵的动力轮	卡内基梅隆大学研制的 Neptube 移动机器人
7		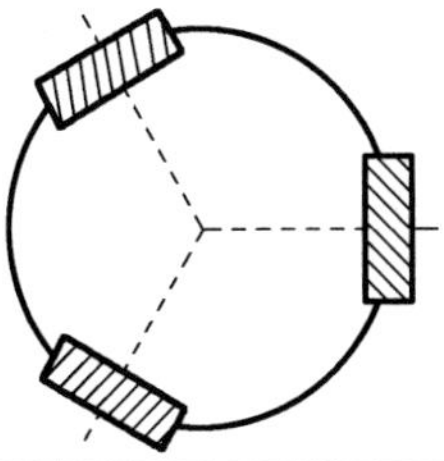	3 个动力瑞典轮或球形轮排列成三角形，可以全向运动	瑞士联邦理工学院研制的 Tribolo 机器人
8	4	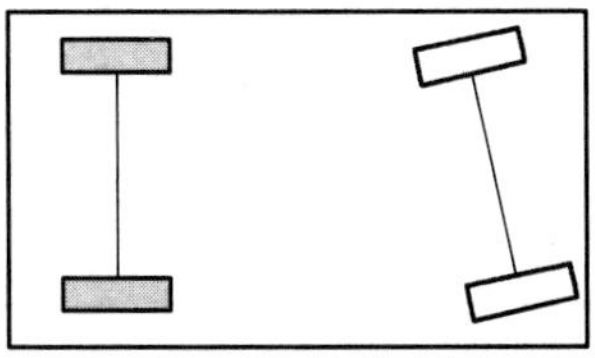	后端有 2 个相连的动力标准轮，前端有 2 个可操纵的标准轮；需要用差速器调节后端两轮的转速，以避免滑动/打滑	后轮驱动的小车

续表

No.	轮子数量	结构类型	说明	典型例子
9	4	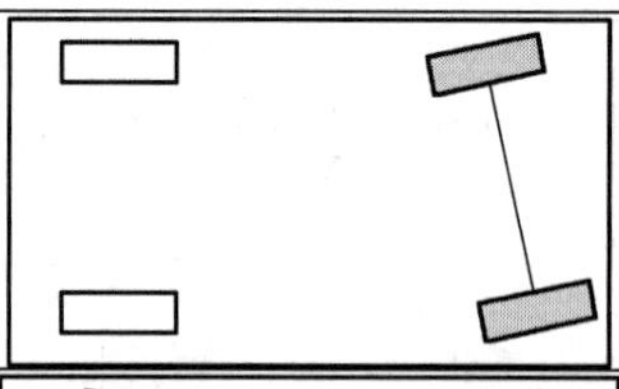	前端有2个相连的可操纵动力标准轮，后端有2个标准轮；需要用差速器调节前端两轮的转速，以避免滑动/打滑	前轮驱动的小车
10		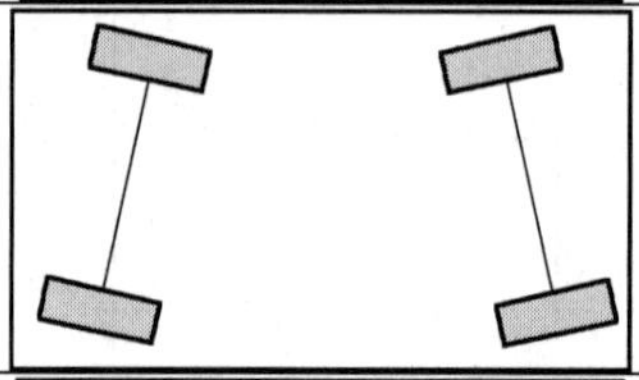	4个可操纵的动力标准轮	卡内基梅隆大学研制的四轮驱动、四轮操纵的Hyperion太阳能机器人
11		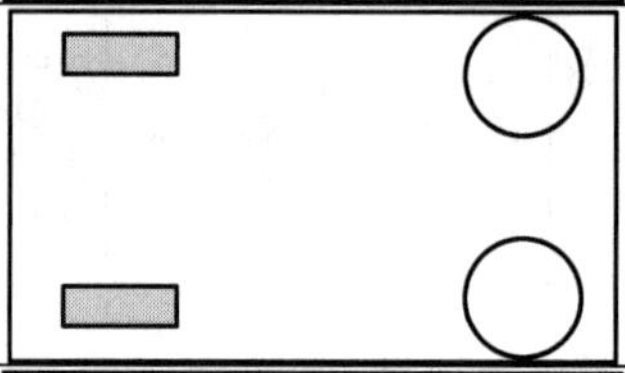	后/前端2个动力轮(差动)，前/后端2个全向轮	瑞士联邦理工学院研制的Charlie机器人
12		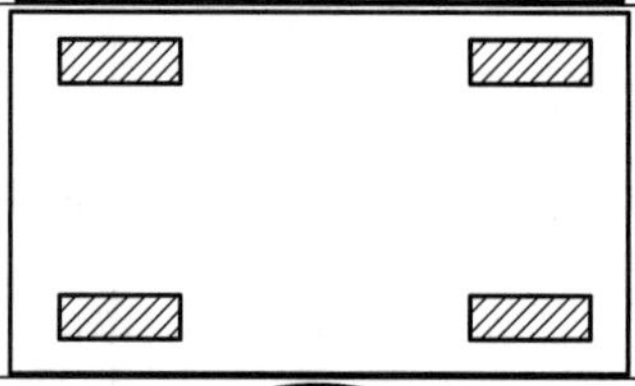	4个动力瑞典轮	卡内基梅隆大学研制的Uranus机器人
13		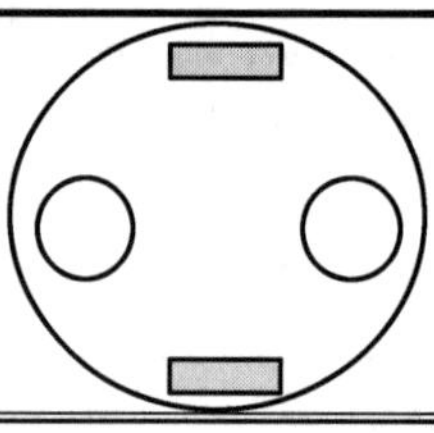	中间有2个动力标准轮差动驱动，前后各有1个全向轮	瑞士联邦理工学院研制的Khepera机器人
14		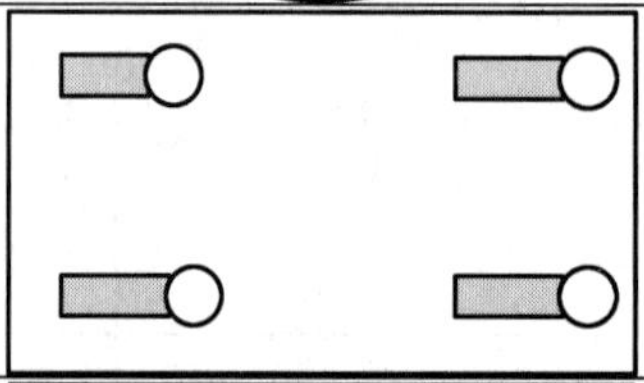	4个可操纵的动力小脚轮	Nomadic 技术公司研制的Nomad XR4000移动机器人
15	6	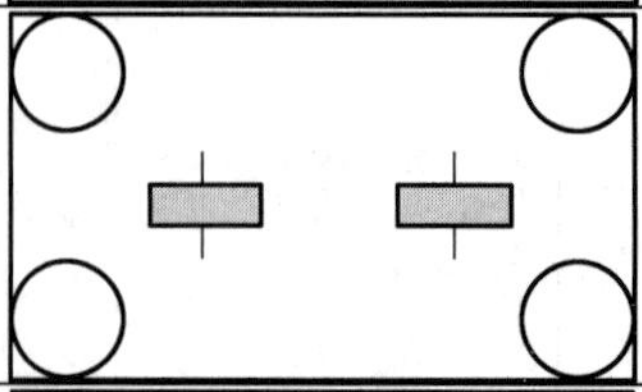	中央有2个可操纵动力标准轮，四角各有1个全向轮	首次出现
16		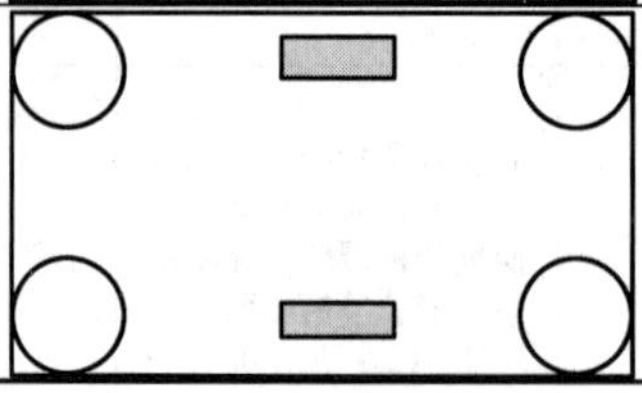	中央有2个动力标准轮(差速驱动)，四角各有1个全向轮	卡内基梅隆大学研制的Terregator移动机器人

注：表 9-2 中的轮子类型解释如下。

	非动力全向轮(球形轮、小脚轮和瑞典轮)		动力瑞典轮
	非动力标准轮		动力标准轮
	可操纵的动力小脚轮		可操纵的标准轮
	连接轮		

9.4.3　设计所考虑的关键问题

接下来，讨论一下轮式移动机器人设计所必须考虑的三个关键问题，即稳定性、机动性和可控性。

1. 稳定性

对于轮式移动机器人而言，静态稳定所要求的最小轮子数目是 2 个。如果质心在轮轴下面，一个两轮差动驱动的机器人(表 9-2 中的 No.2)就可以实现静态稳定，Cye 个人机器人以及辅助行走平衡车就是使用这种底盘结构的典型商业移动机器人，如图 9-26 所示。可是，在一般情况下，这种底盘结构要求轮子的直径很大。因此，通常有静态稳定要求的移动机器人至少要 3 个轮子，而且重心必须在轮子与地面接触所构成的三角区内。增加轮子可以改善移动机器人的稳定性，但是接触点超过 3 个后，在崎岖不平的地形运动时需要某种形式的悬挂系统，以保证所有轮子均与地面接触。

(a) Cye 个人机器人

(b) 平衡车

图 9-26　两轮移动机器人

2. 机动性

轮式移动机器人机动性包括活动性(机器人在环境中直接运动的能力)和可操纵度(机器人依据操纵角度的变化而运动)。如果轮式移动机器人可在任何时刻能沿运动平面的任意方向运动(包括机器人绕自身垂直轴的旋转)，则该机器人是全向的，具有完全活动性。通常，全向轮式移动机器人需要能朝多个(大于或等于 2)方向滚动的轮子(全向轮)，因此全向机器人经常使用瑞典轮或球形轮。卡内基梅隆大学研制的 Uranus 机器人(见表 9-2 中的 No.12)是一个很好的例子，如图 9-27 所示，这个机器人使用 4 个动力瑞典轮，它能够不受限制地沿任何方向平移以及绕车体垂直轴旋转。

一般来说，用瑞典轮和球形轮所构造的移动机器人由于机械结构上的约束，会使其底盘高度受限，这影响了移动机器人在崎岖、有障碍路面的通过性。另一个全向移动机器人的解决方案是采用前面所提到的小脚轮方案，如 Nomadic 技术公司研制的 Nomad XR4000 移动机器人(见表 9-2 中 No.14)，如图 9-28 所示。在这种结构方案中，4 个小脚轮均匀布置在底盘，且轮的操纵和转动都受到主动控制。对于该种类型的移动机器人，即使当前小脚轮与期望的行走方向垂直，通过操纵 4 个小脚轮，机器人仍能向所期望的方向移动。由于小脚轮操纵轴与轮子和地面接触点有偏置，操纵小脚轮会导致一个附加转矩，使移动机器人的运动方向发生改变。

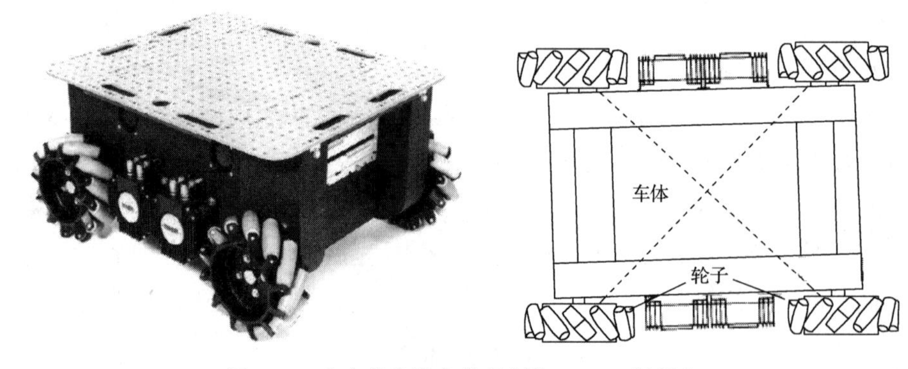

图 9-27　卡内基梅隆大学研制的 Uranus 机器人

图 9-28　Nomadic 技术公司研制的 Nomad XR4000 移动机器人(4 个小脚轮配置)

可实现高度机动性的其他非全向移动机器人种类也很多，相比于全向移动机器人，它们的活动性能要差一点。对于这种类型的机器人，如果要使它在任意时刻沿某特定方向运动，需要在开始时给予其一个旋转运动。例如，表 9-2 中的 No.2 所述的两轮差动驱动机器人，如果要改变移动方向，可以通过两轮差动实现。

3. 可控性

一般来说，移动机器人的可控性和机动性之间存在逆相关性。例如，前面所提到的机动性好的全向移动机器人 Nomad XR4000，需要把期望的车体转动和平移速度转换成单个轮子的指令，这造成了控制的复杂性。不仅如此，对于机动性较好的移动机器人，沿一个特定方向的运动控制也相对困难。例如，对于一个机动性较差的 Ackerman 车辆，通过锁住操纵轮，该车辆就可以简单地沿直线行走；而对于机动性较好的差动驱动的车辆，必须精确地按规划速度独立驱动装在轮上的两个电机。考虑到轮子、电机以及环境方面的差异，这并不简单。对于四轮全向驱动的 Uranus 机器人，这会更加困难，因为使该机器人按理想直线运动必须精确地以相同速度驱动 4 个瑞典轮。

此外，全向轮式移动机器人的轮子有更多的自由度，例如，瑞典轮沿轮周有一组自由转动的辊子，这些辊子会引发滑动的积累，导致航位推算准确度降低，同时也增加了设计的复杂性。

总之，没有“理想”的底盘结构可以同时使稳定性、机动性和可控性最大化。设计者必须优先考虑移动机器人的应用背景，再综合各个要素选择最优的轮式底盘运动机构。

9.5　轮腿混合移动机器人

如前所述，腿式移动机器人对粗糙的地形具有更好的适应性，但它在平坦的硬地平面上效率低；而轮式移动机器人刚好相反。那么有没有一个折衷的方案能够兼顾轮、腿移动机器人的优点呢？答案是肯定的。

如图 9-29 所示，瑞士联邦理工学院研制了一个叫 Shrimp 的全地形移动机器人，它有 6 个动力轮，能够爬过尺寸为其轮子直径 2 倍的障碍物，这使它可以攀爬标准楼梯。Shrimp 机器人呈菱形结构，前端和后端各有一个操纵轮，其侧面各有两个轮子安装在转向架上。它的前轮有一个弹簧悬架，可让所有车轮在任何时候都能与地面保持最佳接触。Shrimp 机器人的操控是通过前后轮同步以及侧面 4 轮的速度差来实现的，它允许 4 个中心轮(两侧的 4 个轮子)在打滑最小的情况下实现高精度机动和原地转弯。此外，前轮和转向架采用平行铰接，可在轮轴产生一个虚拟的旋转中心，即使车轮和地面间摩擦系数很低，也能保证机器人的最大稳定性和爬行能力。与大多数类似机构复杂性的机器人相比，Shrimp 机器人爬行能力不同凡响，这主要由于其特殊的几何特征以及机器人质心相对于轮子随时间而改变的方式决定的。

图 9-29　全地形移动机器人 Shrimp

近年来，瑞士联邦理工学院研制了一款命名为 ANYmal 的新型四足轮腿复合移动机器人(将轮子固定在脚上)，如图 9-30 所示。带有驱动轮的 ANYmal 极大地提高了机动性。如果车轮转向的话，可以驱动腿部的第一个关节，即通过髋关节内缩/外展来实现，而不需要增加额外的自由度。ANYmal 选择了一种最佳的混合步态，相当于车轮滚动和腿部行走的融合，二者之间的切换是无缝过渡的，而且它可以在没有任何视觉设备或激光雷达信息的情况下，仅仅基于车轮下面的地形感觉即可实现行走。ANYmal 可以攀爬楼梯，跨越沟壕，能够适应各种复杂环境。

图 9-30　ANYmal 移动机器人

图 9-31　Handle 移动机器人

另外，值得一提的是波士顿动力公司研制的两足轮腿复合移动机器人 Handle，如图 9-31 所示。它身高接近 2 m，速度达 14.5 km/h，垂直跳跃高度达 1.2 m；用电池为电机和液压驱动器供电，一次充电可行驶大约 24 km。Handle 每条腿有 3 个关节，动力轮采用差动驱动，它使用了许多与四腿和双腿机器人相同的动力学、平衡及操纵原理，但复杂度明显降低。Handle 专门为物体搬运应用而设计，它有一个能够拾取重达 15kg 箱子的机械臂，还有一个摆动的“尾巴”，帮助它在狭小的空间里保持平衡和动态移动。Handle 可以找到需要搬运的单个箱子，用车载视觉系统对标记过的托盘进行跟踪导航，并将箱子放在托盘上，而且它能够通过力控制将每个箱子紧靠在一起。Handle 将车轮和腿结合在一起，实现了这两种行走方式的最佳效果。

随着机械以及控制等方面研发能力的提高，研究人员将能开发更加复杂的移动机器人。在不远的将来，我们期望能看到一些结合诸多优点、令人印象深刻以及独特的移动机器人，以此来改变我们的生活，让生活变得更加美好。

习　　题

9-1　试说明腿式移动机器人和轮式移动机器人的异同点。

9-2　何谓静态稳定性和动态稳定性？

9-3　对于一个八腿行走的机器人，根据腿抬起/放下事件的序列考虑其步态。

1) 存在多少可能的步态？

2) 利用图 9-7 所用的符号，制定两种不同的静态稳定行走步态。

9-4　描述两种书中未提到的全向运动轮式移动机器人，并利用表 9-2 中的符号画出结构。

9-5　假如只用一个轮子构建一个动态稳定的机器人，考虑书中提到的 4 种基本轮子类型，说明对于该机器人而言是否可用。

参 考 文 献

[1] 杨廷力. 机器人机构拓扑结构学[M]. 北京：机械工业出版社，2004.

[2] 黄真，赵永生，赵铁石. 高等空间机构学[M]. 北京：高等教育出版社，2006.

[3] 西格沃特，诺巴克什，斯卡拉穆扎. 自主移动机器人导论[M]. 李人厚，宋青松，译. 2版. 西安：西安交通大学出版社，2013.

[4] 王曙光，袁立行，赵勇. 移动机器人原理与设计[M]. 北京：人民邮电出版社，2012.

[5] Ambarish Goswami, Prahlad Vadakkepat. Humanoid Robotics: A Reference[M]. Berlin: Springer, 2019.